U0325865

"十三五"国家重点图书出版规划项目 ｜ 城市安全风险管理丛书　编委会主任：王德学　总主编：钟志华　执行总主编：孙建平

城市生态环境风险防控
Ecological and Environmental
Risk Management in Urban Areas

单耀晓 主 编　 沈清基 伍爱群 王 勇 副主编

同济大学 出版社
TONGJI UNIVERSITY PRESS

图书在版编目(CIP)数据

城市生态环境风险防控 = Ecological and Environmental
Risk Management in Urban Areas / 单耀晓主编. —上海:同
济大学出版社,2018.11
(城市安全风险管理丛书)
"十三五"国家重点图书出版规划项目
ISBN 978 - 7 - 5608 - 8203 - 1

Ⅰ.①城… Ⅱ.①单… Ⅲ.①城市环境—生态环境—
风险分析—中国 Ⅳ.①X321.2

中国版本图书馆 CIP 数据核字(2018)第 248649 号

"十三五"国家重点图书出版规划项目
城市安全风险管理丛书

城市生态环境风险防控

Ecological and Environmental Risk Management in Urban Areas

单耀晓　主编　沈清基　伍爱群　王　勇　副主编

出　品　人：华春荣
策划编辑：高晓辉　吕　炜　马继兰
责任编辑：吕　炜　马继兰
责任校对：徐春莲
装帧设计：陈益平

出版发行　同济大学出版社　www.tongjipress.com.cn
　　　　　(上海市四平路1239号　邮编:200092　电话:021 - 65985622)
经　　销　全国各地新华书店、建筑书店、网络书店
排版制作　南京新翰博图文制作有限公司
印　　刷　上海安兴汇东纸业有限公司
开　　本　787mm×1 092mm　1/16
印　　张　18
字　　数　449 000
版　　次　2018 年 11 月第 1 版　2018 年 11 月第 1 次印刷
书　　号　ISBN 978 - 7 - 5608 - 8203 - 1
定　　价　88.00 元

内容简介

　　本书对城市生态环境风险这一全新领域的知识体系进行了理论的、系统的阐述，紧密结合政府管理的需求和趋势，通过"事前科学预防""事中有效控制""事后及时救济"，明确了城市生态环境风险防控总体目标和任务，构建了城市生态环境风险防控体系模板，提供了实施路径。

　　生态环境风险管理和防控是保护国家自然财产安全，有效解决环境问题的利器，具有迫切性和必要性。出版规划项目结合理论与实践，汇集了最新的具有代表性的科技成果，具有较强的学术性和实用性。采选大量的实际经典案例，通过结合体制机制、政策法规等支撑体系，提出针对精细化管理要求的对策方法。介绍先进的城市生态保险及绿色金融的理念和案例，建立生态环境风险分担、分散机制。

　　本书是城市决策者、管理者及相关技术人员在风险管控领域的必备读物，尤其为生态环境管理部门及所有会对生态环境造成影响的行业管理人士及相关从业人员提供理论与技术指导。

作者简介

单耀晓

男,高级工程师、高级经济师,上海聚隆建设集团董事长,上海聚隆生态保护技术研究中心法人,杨浦区人大代表,上海市园林绿化行业协会副会长、杨浦区工商联总商会副会长。从事城市绿化工作40余年,在生态文明建设领域积累了丰富经验,主持多项科技课题与重点工程,如屋顶绿化大乔木栽植关键技术集成研究与示范、困难绿地技术研究、2017上海—英国产业创新合作项目"绿地消减城市热岛效应监测评估技术与标准体系研究与应用",2011年"上海世博会—白莲泾公园"获上海建筑施工行业协会白玉兰奖,2014年"马桥镇133号商品住宅"获中国风景园林学会金奖,2015年"金虹桥国际中心"获中国风景园林学会金奖等,拥有3项发明和9项专利技术。

沈清基

男,博士生导师,高级城市规划师,国家注册规划师,现任同济大学建筑与城市规划学院教授,《城市规划学刊》副主编,中国城市规划学会会员,中国生态学会会员,国际景观生态学会会员,中国城市规划学会城市生态规划与建设学术委员会副主任委员。1993年至今,发表50多篇论文,主持10多项科研项目,获10多个奖项。出版有《城市生态环境:原理、方法与优化》《城市生态与城市环境》等著作,主持编制《上海市宝山区罗店镇富锦小区控制性详细规划》等规划,科研成果有"崇明东滩基础设施生态化研究"(上海市科技进步三等奖)等。

"城市安全风险管理丛书"编委会

《城市生态环境风险防控》编撰人员

主　　　编　单耀晓

副　主　编　沈清基　伍爱群　王　勇

执 行 编 辑　胡芳亮

编　　　撰　（按姓氏笔画排序）

丁　青　马卫平　王　勇　尤坤运　朱子根　刘利锋
刘群录　孙　文　杜　乐　李　娟　李雯怡　杨　进
杨伟才　屈铭志　胡芳亮　施玉雪　徐　曦　殷　杉
郭　宝　黄青青　黄舒欣　韩　涛　鲁政委　谢晓影
颜士鹏　戴晓波

总序

　　浩荡 40 载,悠悠城市梦。一部改革开放砥砺奋进的历史,一段中国波澜壮阔的城市化历程。40 年风雨兼程,40 载沧桑巨变,中国城镇化率从 1978 年的 17.9% 提高到 2017 年的 58.52%,城市数量由 193 个增加到 661 个(截至 2017 年年末),城镇人口增长近 4 倍,目前户籍人口超过 100 万的城市已经超过 150 个,大型、特大型城市的数量仍在不断增加,正加速形成的城市群、都市圈成为带动中国经济快速增长和参与国际经济合作与竞争的主要平台。但城市风险与城市化相伴而生,城市规模的不断扩大、人口数量的不断增长使得越来越多的城市已经或者正在成为一个庞大且复杂的运行系统,城市问题或城市危机逐渐演变成了城市风险。特别是我国用 40 年时间完成了西方发达国家一二百年的城市化进程,史上规模最大、速度最快的城市化基本特征,决定了我国城市安全风险更大、更集聚,一系列安全事故令人触目惊心,北京大兴区西红门镇的大火、天津港的"8·12"爆炸事故、上海"12·31"外滩踩踏事故、深圳"12·20"滑坡灾害事故,等等,昭示着我们国家面临着从安全管理 1.0 向应急管理 2.0 及至城市风险管理 3.0 的方向迈进的时代选择,有效防控城市中的安全风险已经成为城市发展的重要任务。

　　为此,党的十九大报告提出,要"坚持总体国家安全观"的基本方略,强调"统筹发展和安全,增强忧患意识,做到居安思危,是我们党治国理政的一个重大原则",要"更加自觉地防范各种风险,坚决战胜一切在政治、经济、文化、社会等领域和自然界出现的困难和挑战"。中共中央办公厅、国务院办公厅印发的《关于推进城市安全发展的意见》,明确了城市安全发展总目标的时间表:到 2020 年,城市安全发展取得明显进展,建成一批与全面建成小康社会目标相适应的安全发展示范城市;在深入推进示范创建的基础上,到 2035 年,城市安全发展体系更加完善,安全文明程度显著提升,建成与基本实现社会主义现代化相适应的安全发展城市。

　　然而,受制于一直以来的习惯性思维影响,当前我国城市公共安全管理的重点还停留在发生事故的应急处置上,突出表现为"重应急、轻预防",导致对风险防控的重要性认识不足,没有从城市公共安全管理战略高度对城市风险防控进行统一谋划和系统化设计。新时代要有新思路,城市安全管理迫切需要由"强化安全生产管理和监督,有效遏制重特大安全事故,完善突发事件应急管理体制"向"健全公共安全体系,完善安全生产责任制,坚决遏制重特大安全事故,提升防灾减灾救灾能力"转变,城市风险管理已经成为城市快速转型阶段的新课题、新挑战。

　　理论指导实践,"城市安全风险管理丛书"(以下简称"丛书")应运而生。"丛书"结合城市安全管理应急救援与城市风险管理的具体实践，重点围绕城市运行中的传统和非传统风险等热点、痛点，对城市风险管理理论与实践进行系统化阐述，涉及城市风险管理的各个领域，涵盖城市建设、城市水资源、城市生态环境、城市地下空间、城市社会风险、城市地下管线、城市气象灾害以及城市高铁运营与维护等各个方面。"丛书"提出了城市管理新思路、新举措，虽然还未能穷尽城市风险的所有方面，但比较重要的领域基本上都有所涵盖，相信能够解城市风险管理人士之所需，对城市风险管理实践工作也具有重要的指南指引与参考借鉴作用。

"丛书"编撰汇集了行业内一批长期从事风险管理、应急救援、安全管理等领域工作或研究的业界专家、高校学者，依托同济大学丰富的教学和科研资源，完成了若干以此为指南的课题研究和实践探索。"丛书"已获批"十三五"国家重点图书出版规划项目并入选上海市文教结合"高校服务国家重大战略出版工程"项目，是一部拥有完整理论体系的教科书和有技术性、操作性的工具书。"丛书"的出版填补了城市风险管理作为新兴学科、交叉学科在系统教材上的空白，对提高城市管理理论研究、丰富城市管理内容，对提升城市风险管理水平和推进国家治理体系建设均有着重要意义。

中国工程院院士

2018 年 9 月

前言

城市生态环境是以人类为主体的生命共同体的生存环境,生态环境是生命体生存、发展、繁衍、进化的所依赖和支撑的各种生态要素、生态过程和生态关系的总和。

城市生态环境风险指在全球气候变化和生态系统退化的现当代,越来越频发的不确定性的事件(如环境污染)或灾害对城市生态系统及其组分可能产生的不利影响,具有不确定性、危害性、客观性、复杂性和动态性等特点。

1949 年以来,国民的生态环境保护意识在逐年提高,推动了生态环境保护相关的法律法规的立法进程,政府也出台了相关的生态环境保护政策及管理条例,生态环境相关立法的完善和国民环保素质的提升推进城市生态环境管理体系的完善。随着经济腾飞、社会文明、公众教育水平的提高,在倡导绿色发展的指导下,通过系统性的手段解决日益严峻的生态环境问题,达到人与自然和谐共处,成为国民的共识。

当前,我国生态环境安全面临很大挑战,近年来各种突发恶性事件不断,有自身城市化发展带来的隐患,也有世界范围内各种环境改变引起的效应。因此,城市生态环境风险事件在追溯时,有更大的空间性和时间性,并且有较强的开放性和外部性。以往长期实行的以污染事件驱动的灾后管理、应急措施,乃至近几年开始尝试的应急管理虽然取得了一定成效,但只能做到最大限度地保障公众生命财产和生态环境安全,努力防止最差情况出现。由于生态环境的特点,单一和群体突发事件造成的直接和间接损失惊人,很多事件的影响深远,还会造成潜在危害我国自然资源、生态系统服务和人民健康的慢性长期风险。因此,对生态环境进行风险管理非常必要和重要,对城市生态环境风险进行管理必须加强理论平台建设,积累实践经验,运用智能化手段形成具有我国特色的决策体系、执行体系以及法律法规、新技术、信息平台等体系。

城市生态环境风险管理是一项有时代意义的、创新的系统工程,涉及政治、经济、社会、生态、文化等各个领域。而要实现这项系统工程的良好运行,法律法规是依据和准绳,体制机制是执行和抓手,绿色金融是资金保障,综合保险是分责监管,生态信息是决策基础,良好沟通是群力共治。他们有机结合在一起才能成为管理系统性和有效性的保证。

本书从主体架构上分为三个篇章。第 1 篇(1—3 章)为总论,主要解决是什么、为什么、怎么办的理论问题。介绍了城市生态环境风险的相关理论,提出了城市生态环境风险管理的概念,明确了管理对象和主要风险源,阐释了生态环境主要要素之间及与支撑体系的关系,分析了国内城市生态环境风险管理现状,展望了我国未来城市生态环境风险防控总体目标和任务,构建了防控体系模板,提供了实施路径。第2篇(4—9章)为分论,根据总论的框架思路,并按各专业的方法论,对现行的几个主要环境要素的风险源进行了论述,包括河道、土壤、大气污染、废弃物、噪声污染、热效应等风险源进行识别、分析、评价与预警。第3篇(10—12章)为专论,对国内外生态环境风险管控的前沿问题进行论述和案例分析,包括生物多样性、平安智慧公园、绿色金融、生态保险、生态环境安全信息化建设等专题。

本书结构体系框架图			
1 城市生态环境风险概论			
1.1 基础知识			
1.2 生态风险与环境风险	研究对象背景知识	发现问题	
1.3 城市生态环境风险理论			
1.4 城市生态环境管理			
2 城市生态环境管理现状	现状分析		
3 我国城市生态环境风险管理的思考	发展方向		
4-9 各环境要素风险防控体系研究与实践	风险识别、分析及管控	分析问题解决问题	
10-12 城市生态环境风险防控研究与实践前沿	风险管控	解决问题与展望	

本书可作为高等院校生态、环境、城市规划、风景园林、管理等专业的教材,并可供科研院所、城市政府管理部门等有关人员参考。

本书由长期在城市生态环境第一线工作的专家学者团队完成编写。具体分工如下:

前言、第1章、第3章由屈铭志、徐曦、胡芳亮等编写;2.1节及法律法规相关内容由颜士鹏等编写;2.2节及组织结构相关内容由胡芳亮等编写;2.3节及生态环境安全信息化相关内容由刘利锋、马卫平等编写;2.4节及绿色金融相关内容由鲁政委等编写;第4章由屈铭志等编写;第5章由杨进、李娟等编写;第6章由丁青等编写;第7章由杨伟才等编写;第8章由殷杉等编写;第9章由韩涛、黄青青、戴晓波等编写;第10章由徐曦等编写;第11章及生态环境保险相关内容由王勇、谢晓影等编写;第12章由刘群录等编写。校对及图表绘制由李雯怡、施玉雪、黄舒欣、孙文等完成。全书审稿由沈清基等完成。感谢所有参加编撰人员的辛勤劳动。

感谢上海同济大学城市风险管理学院、上海交通大学农生学院、上海市规划与土地管理局、上海市市容绿化管理局、上海市公共绿地管理中心、上海市公园管理中心、上海市环境科学研究院、上海聚隆绿化发展有限公司、上海实朴检测技术服务有限公司、浙江省环保联合会等单位提供大力支持。

编者

2018 年 9 月

目录

第2篇　城市生态环境风险防控研究与实践

第3篇　城市生态环境风险防控研究与实践前沿

(a) 2017 年 12 月 20 日

(b) 2018 年 4 月 3 日

(c) 2018 年 6 月 6 日

环境综合整治常态管理示例

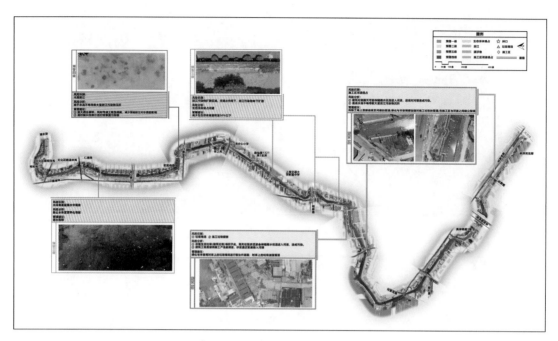

图 3-5 风险源分布图示例——某河水质风险地图（2018 年 6—8 月）

1—2：某河全流域无死角的信息快速获取；3：基于人工智能的环境变迁分析，迅速确定新出现各类排污（水）口；

4：高分辨率可视化环境数据的采集，获得高达 2 cm 分辨率的河道及沿岸可视化数据。

图 4-7 "河道立体监测技术体系"在某河案例中的应用

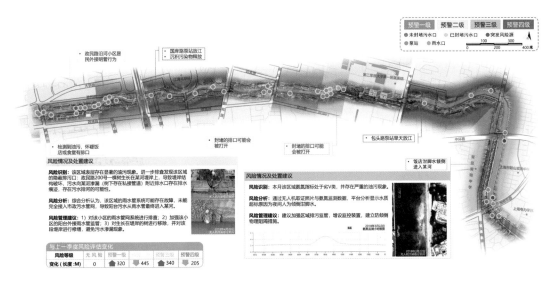

图 4-8　河水质风险地图示例——上海市某河水质风险地图（2018 年 4 月）

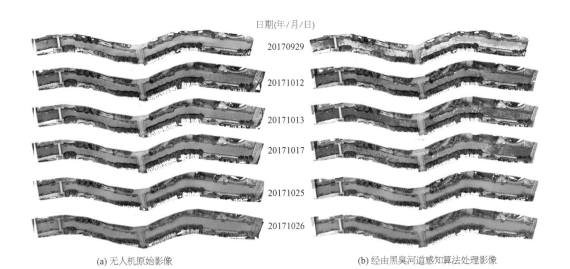

日期(年/月/日)

20170929

20171012

20171013

20171017

20171025

20171026

(a) 无人机原始影像　　　　　　　　　　(b) 经由黑臭河道感知算法处理影像

注：紫色：重度黑臭；黄色：轻度黑臭；原色：无黑臭

图 4-9　水质风险现状变化图

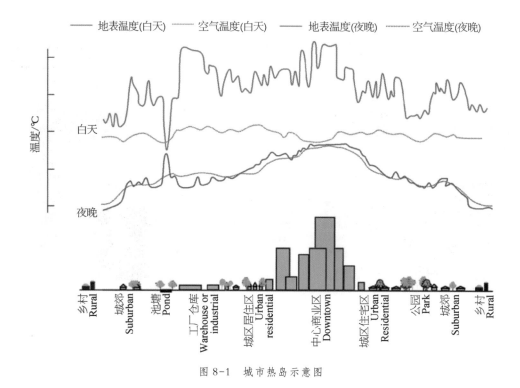

图 8-1 城市热岛示意图

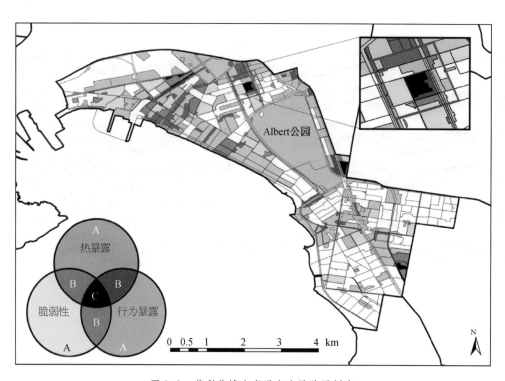

图 8-3 菲利普城市高温灾害风险区划定

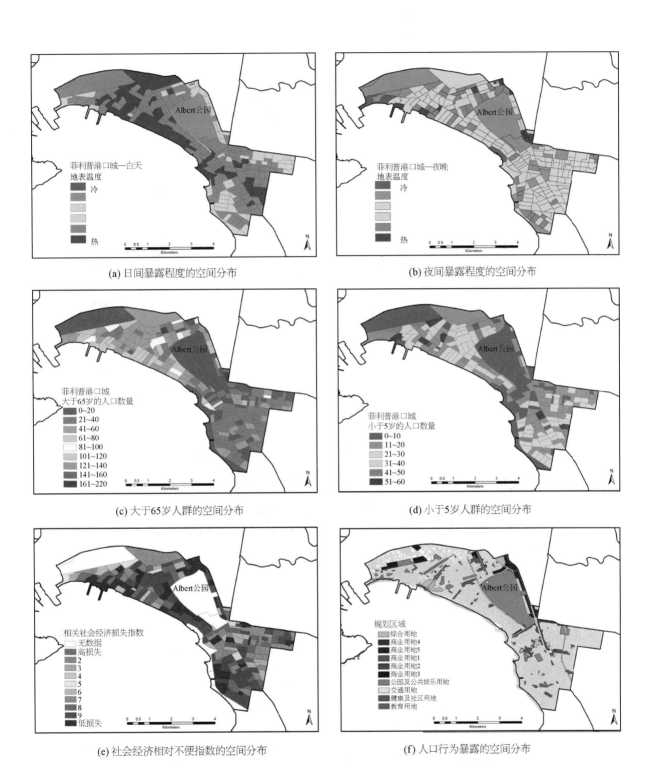

(a) 日间暴露程度的空间分布

(b) 夜间暴露程度的空间分布

(c) 大于65岁人群的空间分布

(d) 小于5岁人群的空间分布

(e) 社会经济相对不便指数的空间分布

(f) 人口行为暴露的空间分布

图 8-2　菲利普城市风险因子分析

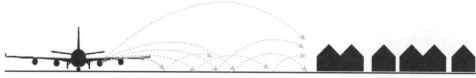

低频声波突发事件

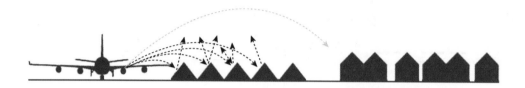

图 9-1　Buitenschot 公园的噪音防控示意

图 9-2　城市噪声地图示意

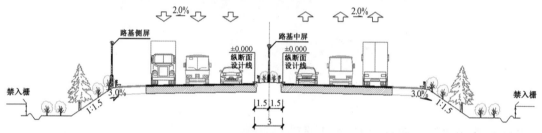

图 9-25　声屏障措施的设计及建模

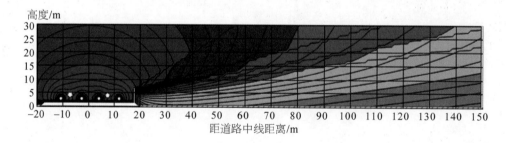

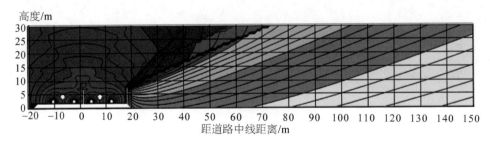

图 9-26　实施声屏障措施后的模拟计算

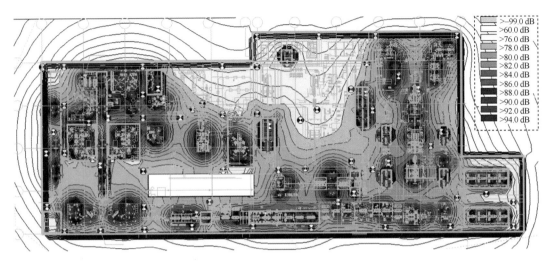

图 9-36　TFA3B1 车间噪声分布的模拟计算图(计算高度:离地 1.6 m)

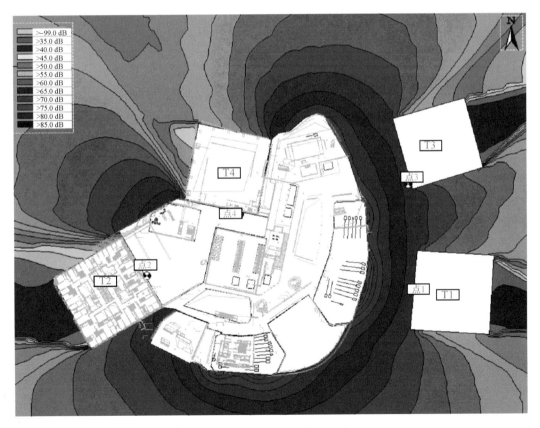

图 9-49　某商业综合体声场分布图

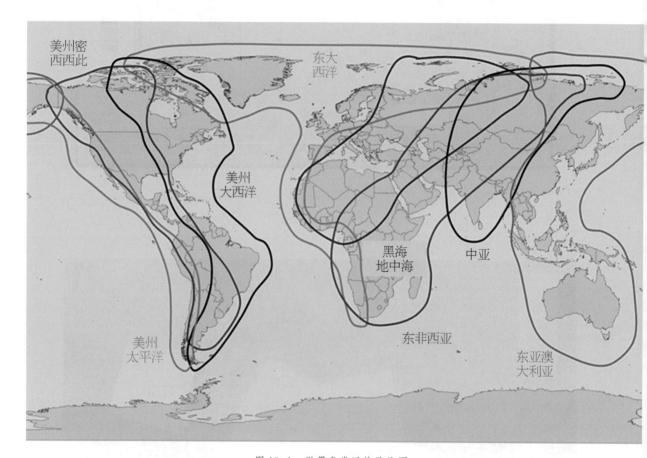

图 10-1　世界鸟类迁徙路线图

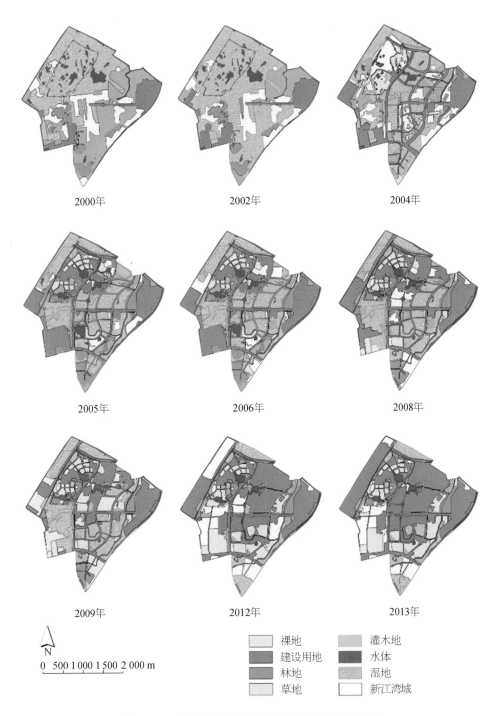

图 10-6 上海新江湾城城市化过程土地覆盖变化图

2000年　　　　2002年　　　　2004年

2005年　　　　2006年　　　　2008年

2009年　　　　2012年　　　　2013年

0 500 1 000 1 500 2 000 m

裸地　　　灌木地
建设用地　水体
林地　　　湿地
草地　　　新江湾城

第 1 篇
城市生态环境风险理论与管理

1 城市生态环境风险概论

1.1 基础知识

1.1.1 风险

1. 风险的概念

风险,通常是指在既定条件下的一定时间段内,某些随机因素可能引起的实际情况与预定目标产生偏离的情况。其概念包括两方面内容:一是风险意味着损失;二是损失出现与否是一种随机现象,无法判断是否出现,只能用概率表示出现的可能性大小,其一般数学表达式为

$$R = P \cdot C$$

式中　R—— 该行动中风险的数值度量;

　　　P—— 该行动中风险事件发生的概率;

　　　C—— 该行动中风险事件发生造成的损失(负面影响)[1]。

"风险"一词由来已久,并随着人类活动的复杂性和深刻性而逐步深化,无论如何定义风险,其基本的核心都是"未来结果的不确定性或损失"。有人进一步将风险定义为"个人和群体在未来遇到伤害的可能性以及对这种可能性的判断与认知"。如果采取适当的措施使破坏或损失的概率降低,或者说,通过智慧的认知、理性的判断,继而采取及时而有效的防范措施,那么风险则有可能带来的是机会,由此进一步延伸的意义在于风险不仅被规避,可能还会带来不等的收益。有时风险越大,回报越高,机会越大。

风险不同于危险,它是对意外事件的一种把握,不作为也常常是有风险的。有些风险不仅是个人的风险,还因为对众多人群产生集体影响,它们潜在地影响着地球上的每一个人,例如生态环境风险和核安全风险[2]。城市生态环境风险,一方面来自城市自身的发展建设触碰或违反了自然规律;另一方面来自无法控制的全球生态系统变化,如气候变暖、生物多样性损失等。而城市作为人口集中的聚居地,城市生态环境风险一旦发生,所造成的损失是特别巨大的。在这种风险广泛存在的环境里,任何城市管理部门都不可能置身事外,也不可能独善其身。

2. 风险理论的发展历程

风险管理理论始于 20 世纪 30 年代,至 60 年代中期逐步发展成为一门学科。

当代西方社会风险理论的形成主要经历了四个阶段,如图1-1所示。

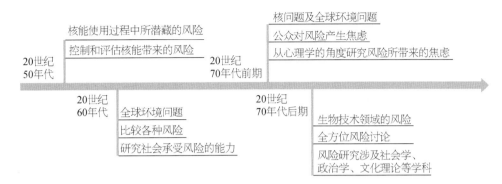

图1-1　风险理论发展历程

随着社会的进步,风险理论的发展一直处于不断的更新状态。慕尼黑大学和伦敦政治经济学院社会学教授乌尔里希·贝克(Ulrich Beck)在1986年出版的《风险社会》一书中首次提出了"风险社会"概念。贝克指出,风险在人类社会一直存在,但今天风险社会的现代风险在性质上与过去的完全不同:一是在物理和化学领域里的现代风险是看不见的;二是产生这些新型风险的基础是工业的过度生产,而风险管理成为对现代化本身引起的偶然性和不安全性的处理系统;三是随着人类技术能力的增长,技术发展的后果变得难以测算,这种不可控制的力量逐渐演变成历史和社会的主宰力量。"9·11"事件后,贝克提出了"全球风险社会"概念,生态危机、全球经济危机、跨国恐怖主义网络所带来的危险等使得我们开始进入了一个不可预测、不可控制、不可言传的局面,这种局面将使地球上的所有生命都面临灭绝的危险;为了抵御人类风险,必须将全球风险统一起来,即"共同的命运所组成的共同体"。风险理论达到了新的高度。

1.1.2　生态环境

1. 生态环境的主要要素组成

生态环境主要要素组成见图1-2。

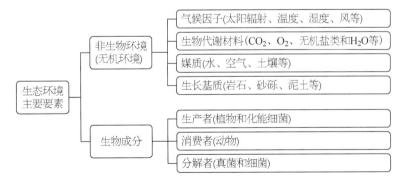

图1-2　生态环境主要要素组成结构图[8]

（1）环境要素（Environmental Factor）也称为环境基质，是构成人类环境整体的各个独立的、性质不同的而又服从整体演化规律的基本物质组分。分为自然环境要素和人工环境要素[4]。

特点：以环境标准和已纳入经济、决策体系的要素为核心，自然环境要素、人工环境要素。侧重各个体要素与人之间的关系。

（2）生态要素（Ecological Factor）常直接作用于生命共同体的个体和群体，主要影响生物的生存和繁殖、种群分布和数量、群落结构和功能等，就性质来说主要可分为生物要素和非生物要素两类。一般指有内在联系的植物、动物以及生物群落及其周围无机环境要素，强调的是生命共同体与其所在环境的关系[4]。

特点：以生命共同体为核心，包括尚未或已纳入经济决策体系的公共和私有资源，包括生物要素和非生物要素，侧重各要素之间联系的系统性、时空性与开放性。

（3）生态环境要素（Ecological Environment Factors）包括环境要素和生态要素中的重要因素。与人、人类社会和经济体之间密切相关，影响人类生活和生产活动的各种自然（包括人工干预下形成的第二自然）力量（物质和能量）或作用的总和的要素。包括物质要素、生态系统状态和生态系统服务三个部分。其中物质要素包括动物、植物、微生物、土地、矿物、海洋、河流、阳光、大气、水分等天然物质要素，以及地面、地下的各种建筑物和相关设施等人工物质要素；生态系统状态包括各种生态系统的生物群落特征、时间空间边界和质量水平；生态系统服务包括生态系统为人类提供的供给服务、调节服务、文化服务和支持服务[5]。

特点：与人、人类社会和经济体的可持续发展有关的要素，包含已纳入和未纳入经济、决策体系的公共和私有的资源，既承认经济（Economy）的理性，又尊重生态（Ecology）的理性，为可持续发展的未来建立要素间新的价值体系和决策体系。

（4）环境要素的内容与生态要素的内容相同，包括水、大气、生物、阳光、岩石、土壤等。不同点在于环境要素侧重各个体与人之间的物质性关系，生态要素侧重于包括人的生命共同体与其所在环境的物质性、系统性、时空行和开放性的关系。

生态环境要素，指与人类可持续发展有关的要素，即环境要素和生态要素中可识别的、已纳入、试图纳入和未纳入经济决策体系的重要部分。

以集合的理念阐述三者之间的关系如下，环境要素集合与生态要素集合是一样大的，但从集合内部而言，环境要素内部各元素关系混乱，生态要素内部元素关系较单一。如图 1-3 所示。

图 1-3(1)为环境要素：a 为以人为核心的已纳入环境标准和经济决策体系的要求，b，c，d，e 为各种独立的自然或人工的物质要素；

图 1-3(2)为生态要素：A 为人类社会生存和发展的需要，B 为人以外的生物生存和发展的需要，C，D，E 为其他支撑生命共同体生存和发展的生态系统组成成分；

图 1-3(3)为生态环境要素：以 A 人类可持续发展的需要为核心，包括支撑可持续发展的其他物质要素、生态系统状态和生态系统服务。

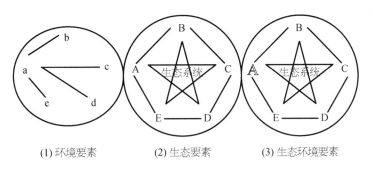

(1) 环境要素　　　　(2) 生态要素　　　　(3) 生态环境要素

图 1-3　环境要素 生 态要素、生态环境要素三者之间的关系

2. 生态环境的主要要素相互关系

"物物相关""相生相克"、转化与再生、动态平衡、协同进化和有效极限是生态平衡的基础,是一个相互联系相互作用的过程。物质循环又称为生物地球化学循环,是指各种化学物质在生物或非生物之间的循环运转。如碳循环、水循环等(图 1-4、图 1-5)。各种生态环境主要要素,对生物体是同时共同起作用的,它们共同构成了生物的生存环境。生物只有适应环境才能生存[6]。

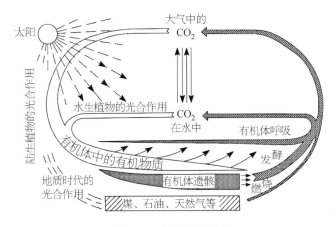

图 1-4　碳循环模式[8]

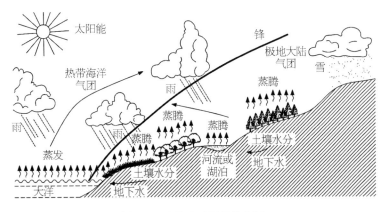

图 1-5　水的全球循环模式[8]

1.1.3 生态系统及其服务

生态系统一直免费为我们提供供给、调节、文化和支撑等四大类型的服务(表1-1),如食物、淡水、燃料、原材料、新鲜的空气、水源地涵养、水土保持、植物传粉、游憩、旅游、美学、精神、碳平衡、水平衡等[7],是人类生存、农业、工业和服务业等经济部门赖以可持续发展的重要福祉。破坏生态环境造成的首要损失,是这些尚未计入经济体系和决策体系的生态系统服务价值的减少;其次是当生态系统破坏导致服务功能不断减弱以至于达到某个临界点时,所造成的不可恢复的损害,以及进而可能造成大量经济和社会问题的不确定性损失。因此,预防生态系统失衡极为重要。

表1-1 生态系统服务的四大类型

方式	内容
供给	从生态系统获取的商品或产品,如食物、淡水、木材和纤维等
调节	从气候、水流、土壤形成、授粉等自然过程中获得的好处,以及对自然灾害的调蓄能力等
文化	从生态系统中获得的非物质好处,如休闲价值、精神价值和审美价值等
支持	维持所有生态系统服务的自然过程,如水循环、营养物质循环和初级生产力等

资料来源:工 商业活动与生态系统和生物多样性经济学 改 编自千年生态系统评估(MA)2 005[8]

1.2 生态风险与环境风险

1.2.1 基本概念

"生态风险"和"环境风险"这两个术语非常相似,容易混淆。本书中所用的"生态环境风险"包含了"生态风险"和"环境风险"两部分的内容。

1. 生态风险

生态风险是各种自然和人为灾害导致人居环境和人类赖以生存的生态支持系统(水文、土壤、空气、气候、生物、地质)及人群生态健康损害的连锁反应型风险。这种风险引起的生态灾难是各类生态因子从量变到质变长期积累、集中爆发或慢性释放的结果,而不只是直接的单因单果关系。这种类型的灾难跨越大的时间尺度(累积性)、空间尺度(区域性)、管理尺度(行业、部门),产生多种复合的生态效应(化学的、物理的、生物的、生理的、心理的、社会的、经济的)和多环节的链式反应,打破正常的生态平衡,最终导致生物和人的致病、致残、致畸、致癌,给区域、部门和行业的社会经济发展带来直接和间接的负面影响[11]。

2. 环境风险

环境风险是指暴露在环境压力下,人体或生态系统健康产生有害后果的可能性[12],一般包括自然环境风险和人为环境风险。其中人为环境风险主要是由于工业发展产生的污染等造成的[13]。可用下式表示环境风险:

$$环境风险 = 事件导致环境损失的大小 \times 事件发生的概率$$

即不论成因(自然或人为),只要发生环境损害后果,并且这种后果发生存在可能性(概率),即可界定为环境风险[11]。

我国环境风险有如下特点:一是环境风险呈区域复合态势;二是环境高压态势下环境风险事件呈陡增趋势;三是环境痕量毒害污染物成为普遍性环境风险;四是区域性生态失衡风险已构成生存环境安全的潜在威胁[14]。

1.2.2　环境风险系统与环境风险链

在实际风险管理中,环境风险系统的概念更加符合利益相关者的普遍认知以及环境风险管理实践,它是由环境风险源、环境风险受体及控制机制三者组成的有机整体(图1-6)[11]。

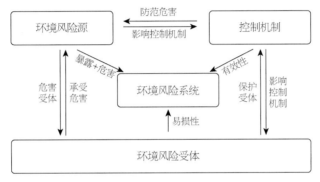

图 1-6　环境风险系统

1. 环境风险源

环境风险源指可能产生环境危害的源头,是环境风险事件发生的先决条件。易燃易爆或者有毒有害危险物生产、存储和使用设施,危险物供应过程中的运输、三废处理设施,在环境中长期存在的污染(如污染物排放导致的长期空气污染),污染场地的土壤和地下水等都可能成为环境风险源。值得注意的是,虽然工业设施中化学品爆炸等安全事故不一定会造成外界环境污染及损害,但这种可能性是存在的,即其环境风险是存在的。环境风险源分类见图1-7。

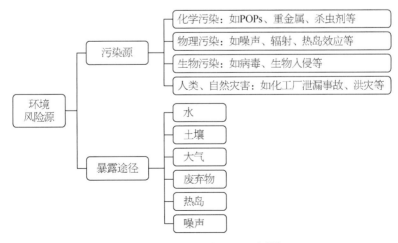

图 1-7　生态环境风险源分类[15]

2. 环境风险受体

环境风险受体即风险承受者,主要包括区域内人群、生态系统以及社会经济主体等。

3. 环境风险控制机制

环境风险控制机制指降低环境风险的政策、措施、技术等,包括控制环境风险源的维护、管理等主要与人有关的因素,以及对传播风险的自然条件的控制。

环境风险控制机制包括初级控制机制和次级控制机制。初级控制机制是指控制环境风险源释放风险因子(如污染物、能量因子等)这一转化过程的系统,其失效的引发因素包括排污、自然灾害、管理故障、机械故障、人为故障等。次级控制机制是指对风险因子转运的控制(如阻断和削减进入环境介质的污染物),以及减轻受体暴露及受危害程度的措施(如对潜在暴露人群的撤离)。对于自然灾害引发的环境风险,次级控制机制对于缓解环境危害更为重要。

环境风险系统的各个部分依次发生作用,最终导致环境风险事件的发生的过程,称之为环境风险链,大体包含四个环节,如图 1-8 所示。

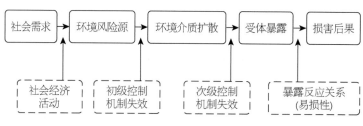

图 1-8 环境风险链[11]

从社会需求到环境风险事件产生的整个过程中,任何一个环节都可能存在诱发环境风险及其损害发生的原因。环境风险管理的目的就是在环境风险事件发生的全过程各节点中,通过法律法规、政策制度、技术手段等来降低风险事件的发生概率,减小风险事件的损害后果,实现"环境风险最小化",确保人群健康,自然环境与生态系统安全。

1.3 城市生态环境风险理论

基于生态风险和环境风险的基本内涵,可以将城市生态环境风险概括为在全球生态系统变化趋势下,城市发展建设和城市人类活动所导致的生态要素、生态过程、生物多样性和生态系统服务发生不良变化可能造成的人类健康、经济和社会受到威胁的程度和可能性。管理城市生态环境风险的方法包括两个阵营:风险评估(Risk Assessment)和风险管理(Risk Management)。风险评估用于确定风险的大小,而风险管理用于明确风险受体、审视不同控制风险举措的需求度(图 1-9)。

城市化意味着原有的生态系统服务被放弃,并转变为新的用途,这将产生净收益的损失,而使用自然资源的机会成本(Opportunity Cost)即为损失的净收益。例如,在将森林转变为新用途(如酒店群)的过程中,会导致有价值的生态系统服务丧失(如净化空气、涵养水源、提供栖息地等)。在转变林地为建设用地时不考虑生态系统服务价值丧失的做法显然是错误的[16],然而,这一损失向来并没有做到充分的评估和估值,导致破坏以后恢复所需要的成本远远高于当初破坏时所获得的收益。对于财政资源和承受能力都非常有限的城市政府,这是在城市化初期即要考虑的风险问题[7]。因此,"居安思危,强化风险意识"是城市风险管理的核心理念,需要改变以往"治已病"模式为"治未病"模式,防患于未然。事先算好自然生态环境已提供、正提供和未来将持续提供的生态系统服务价值,将其纳入城市化破坏带来的机会成本中,能促进有效决策、避免城市问题和城市病出现的风险。

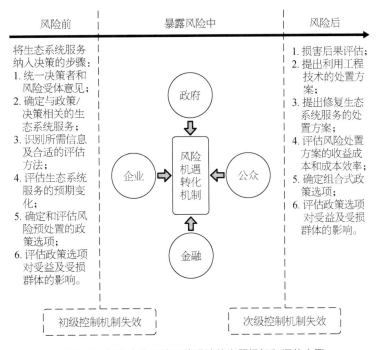

图 1-9　城市生态环境风险理论的主题框架和评估步骤

1.3.1　空间性与受体

城市生态环境风险源根据其不同的地理范畴可以分为城市中心区、城郊接合部和飞地(图1-10)。城市中心区是城市建设已趋于稳定的区域,风险特点主要反映在暴露在风险中的人口密度最高、不利疏散、外部依赖性极强以及外部影响性极高等。城郊接合部为城市化的前沿区,这一地区的城市化将导致区域性自然生态斑块的丧失和破碎化加剧,影响更大范围区域的生态系统和生物多样性水平,从而导致更大范围内生态系统服务功能的减弱,其风险受体较为隐秘,但其潜在影响积累到一定程度,将带来区域性风险。飞地为离开城市中心区以外跳跃式建设的新城区,这些地方往往是生态环境较为原始,具有一定保护价值的地区,如海岸带、高产农田、山地森林、湿地、矿区等。这些地区随着城市建设和人口的涌入,将导致全球、区域和当地生态系

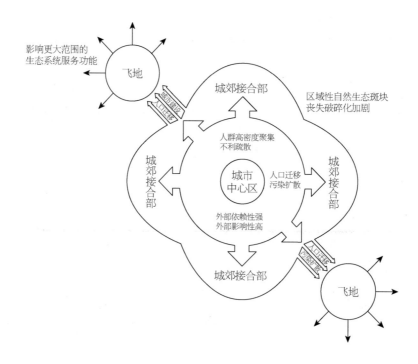

图 1-10　城市生态环境风险的空间性与受体关系

统和生物多样性的损失,包括下游地区、周边地区的生态环境破坏,其风险受体更为隐秘和扩大,使得其评估和管理过程更为复杂。

1.3.2　时空性与追溯

城市生态环境风险具有很强的累积性,包括生态环境恶化程度的累积性和风险受体暴露时间的累积性。当真正出现风险事故、造成经济社会损失时,其所产生问题的主因往往是隐秘的,需要向前或向更大区域进行责任追溯。并且在评估风险的经济成本与生态效益损失时,还需考虑货币价值和贴现率等经济问题。

1.3.3　开放性与多元共治

城市生态环境风险的时空特性决定了其典型的开放性特征,不仅风险受体在不同的时空范围内不同,而且风险源也需要在更广的时空范围内加以追溯。衡量与追溯这一问题不仅涉及包括生态学、经济学、环境经济学、景观生态学、统计学、社会学、环境法学等多种学科,还需要学科间精诚合作,删繁就简,提供公正、透明、最有效的解决方案。因此,面对这样一个复杂的开放系统,必须多方面收集信息,充分动用社会力量和公众参与,才能做到主动预防、有效控制和及时救济。

1.4 城市生态环境管理

1.4.1 基本概念

城市生态环境风险管理是风险管理理论在应对城市生态环境风险,保障城市生态环境安全上的具体应用。它是依据恰当的法规条例,选用有效的控制技术,进行风险管理的收益估计,从而决定适当的风险处置办法,目的是降低或消除事故风险度,保护人群健康与生态系统的安全[17]。在政策制定过程中的风险处置主要包括两个方面:一是确定和量化风险;二是确定多大的风险是可以接受的。前者主要是科学的和描述性的,后者则更偏重评估和规范化。

城市生态环境风险管理通常分为三个步骤:风险的识别、评估与管理。风险识别是指对可能产生生态环境风险的各类风险源和隐患的排查。风险评估的主旨在于确定物质的暴露和汇集是否或是多大程度上会对既定人群构成危害。风险管理则是运用各种技术手段将可能产生的危害降到最低,或避免发生[18]。

1.4.2 必要性

城市生态环境是社会经济发展的基础,是城市居民健康生活的重要基础,对人民生命财产安全有重要影响,对城市形象、品牌、舆论等社会关系有重要影响。良好的城市生态环境是建设国际化城市的重要条件之一,有利于吸引投资、扩大国际交往和发展国际旅游业。良好的城市生态环境也是现代文明城市的标志之一。因此,进行城市生态环境风险管理对城市发展和城市安全来说是非常必要的[19]。

1.4.3 管理对象

2018 年 3 月组建成立的生态环境部将统一行使生态和城乡各类污染排放监管与行政执法职责,加强环境污染治理,保障国家生态安全,建设美丽中国。城市生态环境管理的主要对象是:地表水、地下水、排污口设置、流域水环境、海洋环境保护,大气污染,土壤污染(含农业面源污染),城市废弃物处置,应对气候变化和减排,噪声污染,生物多样性脆弱,核与辐射安全等。城市生态环境风险管理的对象就是有可能因为生态系统变化对城市自然、经济、社会等造成一定损失的以上各种生态环境风险源。

城市生态环境风险管理应将损失纳入城市经营成本加以考虑。这些损失主要包括由大气、水、土壤、噪声、废弃物等环境污染造成的自然资产损失,各类自然资源资产减少的直接损失和生态系统服务功能的削弱而带来的直接和间接、现状和潜在的损失。

1.4.4 特征

城市生态环境风险管理具有以下特征:

(1)城市生态系统具有易损性和弹性,该特点要求管理者在制订管理措施时需考虑自然生态系统的完整性及其功能的恢复能力,提升城市整体的风险应对能力。

(2)城市生态环境具有动态性,第一应基于城市景观动态变化,模拟设计和评估风险调控措施;第二应从能量代谢和物质平衡的动态角度将碳平衡、水平衡、营养物质平衡等环境与能量关系纳入城市生态环境风险的风险管理中;第三应从城市生态格局优化着手,将风险防范管理纳入城市规划与政策制定。

(3)城市生态环境具有高异质性,该特点要求管理者应针对城市特定生态系统风险源制定风险地图,进而针对关键生态服务提供者的空间异质性,从服务提供与风险应对、关键服务协同与权衡等角度,形成最佳管理方案[20]。

(4)城市生态环境风险具有突发性和滞后性的特点。生态系统的破坏是一个长期的过程,当累积到一定阶段,超出了阈值,生态环境的灾难突发而至,但究其根源,却是多年以来的持续损害和无效修复。

1.4.5 内涵

城市生态环境风险管理是个复杂的、动态的、综合的过程,构建完整的风险管理体系应从城市化地区和自然生态系统整体水平上考虑风险的缘由、影响范围、损失大小以及预防与控制过程。城市生态环境风险管理的研究重点主要包括城市生态环境风险的监测与数据采集加工、指标体系的统一与整合、价值评估方法论、成本—收益分析方法论、空间分布特征与表达、预警与快速应急响应等风险处置办法几个方面[10]。

1.4.6 支撑体系

城市生态环境管理支撑体系由管理环境、标准化体系、技术体系和业务环境等组成(图1-11)。其中,标准化体系由其上通下联,操作落地,尤为重要。标准是法律、法规的技术延伸,在市场经济体制下,标准由于其能够增进社会的整体福利,提升企业的核心竞争力,规范市场主体的行为,从而更加受到各方面的重视;建立信息共享平台是解决资源重复建设、缺乏统一规划与协调、缺少合作协调等问题的关键。

1.4.7 生态环境标准体系

1. 环境标准体系

自1973年颁布《工业"三废"排放标准》以来,截至2004年我国共颁布了各类国家环境标准400余项。我国环境标准体系由环境质量标准、污染物排放标准、环境方法标准、环境基础标准、环境标准样品标准和环保设备仪器标准等组成,是呈现出具有三角形强力支撑的内在梯级结构。我国的生态环境保护职能分属各有关部门,涉及生态环境保护内容的标准也分散在不同的标准体系中,既有强制标准,也有推荐标准(表1-2)。

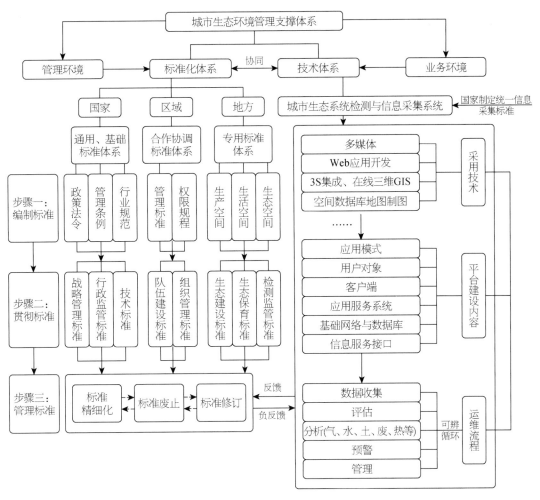

图 1-11 城市生态环境管理支撑体系构架图[2,11]

表 1-2 我国主要的生态环境标准

标准类别	标准名称
水环境保护标准	地表水环境质量标准(GB 3838—2002) 集中式饮用水水源地环境保护状况评估技术规范(HJ 774—2015) 集中式饮用水水源地规范化建设环境保护技术要求(HJ 773—2015) 水污染物排放总量监测技术规范(HJ/T 92—2002) 饮用水水源保护区标志技术要求(HJ/T 433—2008) 水污染源在线监测系统数据有效性判别技术规范(试行)(HJ/T 356—2007) 水污染源在线监测系统运行与考核技术规范(试行)(HJ/T 355—2007) 水污染源在线监测系统验收技术规范(试行)(HJ/T 354—2007) 水污染源在线监测系统安装技术规范(试行)(HJ/T 353—2007) 近岸海域水质自动监测技术规范(HJ 731—2014) 近岸海域环境监测点位布设技术规范(HJ 730—2014) 水质采样技术指导(HJ 494—2009 代替 GB 12998—91)

(续表)

标准类别	标准名称
大气环境保护标准	环境空气质量标准(GB 3095—2012) 环境空气质量指数(AQI)技术规定(试行)(HJ 633—2012) 环境空气质量评价技术规范(试行)(HJ 663—2013) 环境空气质量手工监测技术规范(HJ 194—2017) 环境空气质量监测点位布设技术规范(试行)(HJ 664—2013) 环境空气颗粒物(PM_{10}和$PM_{2.5}$)采样器技术要求及检测方法(HJ 93—2013) 环境空气气态污染物(SO_2、NO_2、O_3、CO)连续自动监测系统安装验收技术规范(HJ 193—2013 部分)
环境噪声与振动标准	声环境质量标准(GB 3096—2008) 社会生活环境噪声排放标准(GB 22337—2008) 环境噪声与振动控制工程技术导则(HJ 2034—2013) 环境噪声监测技术规范 城市声环境常规监测(HJ 640—2012) 环境噪声自动监测系统技术要求(HJ 907—2017) 功能区声环境质量自动监测技术规范(HJ 906—2017) 城市轨道交通(地下段)结构噪声监测方法(HJ 793—2016)
土壤环境保护标准	土壤环境质量标准(GB 15618—2018) 污染场地风险评估技术导则(HJ 25.3—2014) 污染场地土壤修复技术导则(HJ 25.4—2014) 场地环境监测技术导则(HJ 25.2—2014) 场地环境调查技术导则(HJ 25.1—2014) 土壤环境监测技术规范(HJ/T 166—2004) 食用农产品产地环境质量评价标准(HJ 332—2006)
固体废物与化学品环境保护标准	固体废物鉴别标准通则(GB 34330—2017) 生活垃圾焚烧污染控制标准(GB 18485—2014) 固体废物处理处置工程技术导则(HJ 2035—2013) 生活垃圾填埋场污染控制标准(GB 16889—2008) 危险废物处置工程技术导则(HJ 2042—2014) 危险废物收集 贮存 运输技术规范(HJ 2025—2012) 城市环境卫生指标标准(城建〔1997〕21 号) 生活垃圾填埋场无害化标准(CJJ/T 107—2005) 城镇垃圾农用控制标准(GB 8172—1987) 城市环境卫生设施规划规范(GB 50337—2003) 城市市容和环境卫生管理条例(2017 年 3 月 1 日修正版) 城镇环境卫生设施设置标准(CJJ 27—2005)
生态环境保护标准	生态环境状况评价技术规范(HJ 192—2015) 自然保护区管理评估规范(HJ 913—2017) 区域生物多样性评价标准(HJ 623—2011) 外来物种环境风险评估技术导则(HJ 624—2011) 生物多样性观测技术导则 淡水底栖大型无脊椎动物(HJ 710.8—2014) 生物多样性观测技术导则 蝴蝶(HJ 710.9—2014) 生物多样性观测技术导则 鸟类(HJ 710.4—2014) 生物多样性观测技术导则 大中型土壤动物(HJ 710.10—2014)

(续表)

标准类别	标准名称
环境影响评价标准	建设项目环境影响评价技术导则　总纲(HJ 2.1—2016) 环境影响评价技术导则　地下水环境(HJ 610—2016) 规划环境影响评价技术导则　总纲(HJ 130—2014) 环境影响评价技术导则　总纲(HJ 2.1—2011) 环境影响评价技术导则　生态影响(HJ 19—2011) 环境影响评价技术导则　农药建设项目(HJ 582—2010) 环境影响评价技术导则　声环境(HJ 2.4—2009) 环境影响评价技术导则　城市轨道交通(HJ 453—2008) 环境影响评价技术导则　大气环境(HJ 2.2—2008) 建设项目环境风险评价技术导则(HJ/T 169—2004) 环境影响评价技术导则　地面水环境(HJ/T 2.3—93)
核辐射与电磁辐射	环境核辐射监测规定(GB 12379—90) 辐射环境监测技术规范(HJ/T 61—2001) 电磁环境控制限值(GB 8702—2014) 核辐射环境质量评价的一般规定(GB 11215—89) 核动力厂环境辐射防护规定(GB 6249—2011)
园林绿化通用标准	城市绿化条例(2017 年 3 月 1 日第二次修订) 园林绿化工程施工及验收规范(CJJA3 82—2012) 城市古树名木保护管理办法(建城〔2000〕192 号) 国家园林城市标准(国家建设部 2005.3) 城市绿化和园林绿地用植物材料(CJ/T 24—1999)
林业通用标准	全国森林火险区划等级(LY/T 1063—2008) 国家湿地公园评估标准(LY/T 1754—2008) 数字林业标准与规范　第 3 部分:卫星遥感影像数据标准(LY/T 1662.3—2008) 公益林与商品林分类技术指标(LY/T 1556—2000) 森林生态系统定位观测指标体系(LY/T 1606—2003) 森林生态系统定位研究站建设技术要求(LY/T 1626—2005) 森林生态系统服务功能评估规范(LY/T 1722—2008) 林业有害生物发生及成灾标准(LY/T 1681—2006) 森林土壤水化学分析(LY/T 1275—1999)
其他	国家生态工业示范园区标准(HJ 274—2015) 环境信息系统安全技术规范(HJ 729—2014) 环境监测质量管理技术导则(HJ 630—2011) 突发环境事件应急监测技术规范(HJ 589—2010) 企业环境报告书编制导则(HJ 617—2011) 环境污染物人群暴露评估技术指南(HJ 875—2017) 环保物联网　总体框架(HJ 928—2017) 环保物联网　标准化工作指南(HJ 930—2017)

资料来源:中 华人民共和国生态环境部, 国家标准化管理委员会。

　　总体来说,一方面,虽然目前的环保标准涉及大气、水、噪声、土壤、固体废物与化学品、核辐射与电磁辐射等众多领域,但是远不能满足我国环境保护工作的总体需要,有关有毒有害物质的控制、生态环境的保护、人体健康的保护、产品安全的控制等方面还缺乏相关的标准,特别是有关人体健康的环境标准还非常不完善,在许多的领域至今仍是空白。另一方面,我国的环境标准向污染防治方向的倾斜过于强烈,导致针对城市自然资源的保护力度明显不够,尤其是针对生态环境风险管理的标准严重缺失,导致一元化行政管理为主导,政策的经济杠杆作用、工商业活动调节能力和社会大众的参与与知晓力度都非常不足,对风险的产生和发展具有滞后性,没有做到防患于未然,达到"治未病"的效果。

2. 生态标准体系

制定城市生态标准体系是我国转变城市发展模式、改善生态环境质量的重要探索。近年来,为了引导城市走可持续发展的道路,解决城市与资源环境的协调问题,生态环境部、住建部、国家发展改革委、国家林业和草原局等多部委相继制定出台了《国家环境保护模范城市考核指标》《全国生态文明示范区建设区试点考核验收指标》《国家园林城市标准(暂行)》《生态县、生态市、生态省建设指标》《国家生态文明建设示范区考核指标(试行)》等20余套与城市生态建设相关的指标或标准体系。然而,这些标准体系因源于不同部门,考察的内容各有侧重,体现的约束力各有差异,使得政策导向与城市建设行动难以有效衔接,影响了这些标准的执行效力。按照生态文明建设的总体要求,以"促进生产空间集约高效,生活空间宜居适度,生态空间山清水秀"为目标,制定和实施统一的城市生态标准体系,成为我国城市加强国土空间管理、实现科学发展、保障人民福祉的迫切需要。

3. 生态环境标准体系

参照我国现有较成熟的环境标准体系,将城市生态环境标准体系分为城市生态环境质量标准、城市资源开发生态保护标准、城市生态环境基础标准和城市生态监测方法标准四大类,再针对每一大类分别构建标准体系,形成总的城市生态环境标准体系(图1-12)。

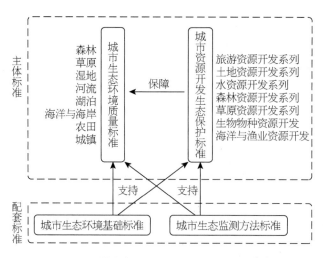

图 1-12 城市生态环境标准体系基本框架[211]

2 城市生态环境风险管理现状

2.1 城市生态环境风险相关法律体系现状

2.1.1 国外城市生态环境风险防控相关法律法规概况

国外城市生态环境风险防控相关立法概况详见表 2-1。

表 2-1 各国城市生态环境风险防控立法现状

国家	时间	阶段	制定法律	意义	总体概括
美国	20 世纪六七十年代	起步阶段	1972 年《清洁水法案》 1974 年《安全饮用水法》 1976 年《有毒物质控制法》	从立法层面上规范了城市水污染事故、化学污染事故应急救援行为	美国已经形成了以紧急状态法为基础、以环境应急管理专项法为主体的有效防控城市生态环境风险的法律体系。其中包括联邦法、联邦条例及行政命令、应急预案、规程和标准。如联邦法规定应急任务的运作原则、授权任务范围，联邦条例提供行政实施细则，各州、郡、市政府结合实际，出台严于联邦法律的地方性法规，职能部门制定有关政府应急预案和企业应急预案编制的指导性文件。在效力层次和可操作性上实现了良好衔接
	20 世纪八九十年代	迅猛发展时期	1980 年《综合环境反应、赔偿和责任法》	建立超级基金，为应对可能危害城市生态环境的危险物质排放或泄漏提供联邦资金使用授权，主要授权短期清理和长期修复行动	
俄罗斯	20 世纪 90 年代	立法时代	1995 年《俄罗斯联邦水法典》 1995 年《国家生态鉴定法》 1997 年《俄罗斯联邦关于安全使用杀虫剂和农用化学制品法》 1998 年《俄罗斯联邦生产废弃物和消费废弃物法》 1999 年《大气保护法》	开始注重城市生态环境的风险防控。其中的生态鉴定制度规定在生态鉴定过程中贯彻环境保护优先原则，即在进行生态鉴定时应当将保护环境放在优先的位置加以考虑，在社会生态利益和其他利益发生冲突的情况下，应当优先考虑社会生态利益。由此从根本上保证生态鉴	这些法律规定都在一定程度上反映了俄罗斯在应对城市各种生态环境风险防范上的法律规制

（续表）

国家	时间	阶段	制定法律	意义	总体概括
俄罗斯	20 世纪 90 年代	立法时代		定的质量,预防污染和破坏,促进环境、社会和经济的可持续发展。《大气保护法》,确立了向大气排放污染物的国家规制,并形成了俄罗斯在应对城市大气生态环境风险层面的法律基础	这些法律规定都在一定程度上反映了俄罗斯在应对城市各种生态环境风险防范上的法律规制
	21 世纪初	立法完善时代	2002 年新《环境保护法》 2005 年《反污染法》 2006 年新《俄罗斯联邦水法》	新《环境保护法》体现出俄罗斯在生态立法理念上的进步,该法更加注重生态经济机制在保障生态安全方面的作用,规定了生态审计制度、生态保险制度、生态许可制度和生态认证制度等,采取预防措施来保障生态安全。《反污染法》强制污染企业采用无污染的新技术	
日本	20 世纪 50 年代末		《水质综合法》《工场排水法》《烟煤控制法》		将"建设对环境负荷小、可持续发展的社会"的基本理念延伸至城市生态环境风险层面,在应对城市生态环境风险问题上,从以前注重公害控制层面到如今更加注重防御城市生态环境风险层面
	20 世纪 70 年代	立法高潮	1970 年底一次性通过了新制和修改的 14 部环境法律,其中有影响的是《公害对策基本法》。1973 年后还制定了《公害健康损害补偿法》与《恶臭防止法》	一方面完善了单行环境法律;另一方面,形成了公害防治方面和自然保护方面的两个综合性的基本法,即《公害对策基本法》和《自然环境保全法》	
	20 世纪 90 年代	环境问题日益严重	1993 年《环境基本法》	为了保持良好的环境,建设可持续发展的社会,应当把社会经济活动控制在公平负担之下的环境负荷比较小的水平,寻求对环境负荷小、健康的经济发展模式,环境保护必须要坚持防患于未然的原则	

2.1.2 我国城市生态环境相关立法发展历程

我国城市生态环境立法发展共分五个阶段,各阶段生态环境相关法律法规详见表 2-2。

表 2-2 各阶段生态环境相关法律法规

时期	成果
起步阶段: 1973—1979 年	1973 年 8 月制定《关于保护和改善环境的若干规定》,这是我国第一个综合性的环境保护行政法规。 1978 年我国修改后的《宪法》首次将环境保护工作列入国家根本任务。 1979 年原则上通过《环境保护法(试行)》,这是我国环境法走向体系化、作为独立法律部门的标志
第一次环境立法高潮: 20 世纪 80 年代中后期	1989 年 12 月,《环境保护法》颁布,我国初步形成了环境法体系框架
第二次环境立法高潮: 20 世纪 90 年代中后期	1993 年,全国人民代表大会成立了环境与资源保护委员会。 1994 年,环境与资源保护委员会展开具体工作,制定了一批污染防治、资源能源管理、灾害防治和自然保护方面的法律、法规和规章
第三次环境立法高潮: 2002—2008 年	2002 年后我国新制定的多部法律将各自的立法目的确定为可持续发展,这是我国立法的新动向
《环境保护法》时期: 2015 年后	2015 年后中央出台了一系列重要政策文件,明确了包括环境资源生态法治建设在内的生态文明建设的基本内容。 2014 年修订的《环境保护法》等一些法律均将"推进生态文明建设"列为其立法目的

我国生态环境主要的法律法规见表 2-3。

表 2-3 我国生态环境主要法律法规

颁布时间	法律名称
1979 年	《环境保护法(试行)》
1982 年	《海洋环境保护法》
1984 年	《水污染防治法》 《大气污染防治法》
1985 年	《草原法》
1986 年	《矿产资源法》
1988 年	《水法》 《野生动物保护法》
1989 年	《环境保护法》
1994 年	《自然保护区条例》
1995 年	《固体废物污染环境防治法》
1996 年	《环境噪声污染防治法》
1997 年	《防洪法》 《防震减灾法》
2001 年	《防沙治沙法》 《海域使用管理法》
2002 年	《环境影响评价法》 《中华人民共和国草原法》 《清洁生产促进法》

（续表）

颁布时间	法律名称
2003 年	《放射性污染防治法》
2014 年	《环境保护法》(修订)
2015 年	《大气污染防治法》(修订)
2016 年	《水法》(修订)
2018 年	《固体废物污染环境防治法》(修订)

我国城市生态系统管理法规体系见图 2-1。

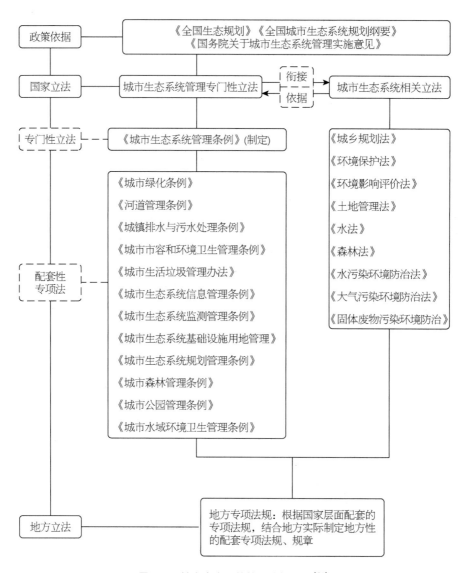

图 2-1 城市生态系统管理法规体系[21]

我国城市生态环境系统管理法规体系依据国家相关政策和规划纲要,由国家统一进行专门性、配套性专项法及与生态环境各要素相关的立法工作,地方则根据国家层面配套的专项法规,结合地方实际制定配套专项法规和规章。

2.1.3　我国城市生态环境风险防控现有基本法律

1. 环境保护规划方面

环境保护规划简称环境规划,是指根据国家或者一定地区的环境状况和经济社会发展的需要,对一定时期和一定范围内环境的保护和改善活动所做的总体部署和安排。环境保护规划制度是指有关环境规划目标、任务、指标体系、编制原则和程序以及规划实施的保障措施等所做的法律规定的总称[22]。

《环境保护法》第十三条规定了环境规划制度的编制和内容,在编制上分为国务院和县级以上人民政府两级;在内容上,环境保护规划应当包括生态保护和污染防治的目标、任务和保障措施等。

环境保护规划制度可以从环境保护的决策方面和具体指导各级政府及其环境保护主管部门开展城市生态环境保护具体工作方面,来防范城市生态环境风险。

2. 环境影响评价方面

我国《环境影响评价法》规定:"本法所称环境影响评价,是指对规划和建设项目实施后可能造成的环境影响进行分析、预测和评估,提出预防或者减轻不良环境影响的对策和措施,进行跟踪监测的方法与制度。"环境影响评价制度,是指有关环境影响评价的适用范围、评价内容、审批程序、法律后果等一系列规定的总称。

实行环境影响评价制度,是建议项目在规划审批之前和实施后,以及在建设项目兴建之前和建成投产后可能对城市生态环境造成的污染和破坏进行预测和评估,以期能够更好地防控规划和建设项目对城市生态环境造成的风险。

3. "三同时"制度

建设对环境有影响的一切建设项目,必须依法执行环境保护设施与主体工程同时设计、同时施工、同时投产使用的制度,简称"三同时"制度[22]。

《环境保护法》第四十一条对"三同时"制度的含义做出明确规定并且规定了防止污染的设施应当符合经批准的环境影响评价文件的要求,并不得擅自拆除或者闲置。

实行"三同时"制度既可以防止产生新的污染与破坏,又可根据"以新带老"的原则,对和建设项目有关的原有的污染源或者破坏源进行治理,从而能够从源头上防范新的生态环境风险的产生。

4. 环境监测方面

环境监测是指人们对影响人类和其他生物生存和发展的环境质量状况进行的监视性测定的活动。它是运用物理、化学和生物等现代科学技术方法监视和测定代表环境质量及变化规律的各种数据的全过程。环境监测制度是有关环境监测的机构、对象、范围、内容、程序和监测结果的效力的法律规范的总称[22]。

《环境保护法》规定,环境保护主管部门制定环境监测规范,组织监测网络,规划环境质量检测站点位置,建立监测数据共享机制,加强对环境监测的管理的内容。

环境监测制度下详实的环境监测数据与分析是应对城市生态环境风险防控方面的重要依据。通过环境监测所得出的数据记录与分析可以清楚地得出污染物的种类和分布状况,明确污染途径,预测污染的发展变化趋势,分析可能出现的城市生态环境问题,以便能够及时有效地提出应对城市生态环境风险的防控措施,以避免严重环境问题发生或者降低环境问题出现的可能性。

5. 环境标准方面

环境标准是指为了防治环境污染、维护生态平衡和保护人体健康,对环境保护工作中需要统一的各种技术规范和技术要求,按照法定程序指定的各种标准的总称,亦称环境保护标准。环境保护标准制度是有关环境保护标准的编制、审批、发布、实施和监督管理的一系列法律规范的总称[22]。

《环境保护法》在环境标准层面,主要规定了环境质量标准、污染物排放标准和环境基准研究三个方面的内容,对于环境质量标准和污染物排放标准都是分为国家和地方两级。

环境标准作为硬性规定,可以促使生产经营单位减少污染物的产生和排放,从强化生产经营单位责任的角度防范给城市生态环境带来的风险。

6. 环境信息公开方面

环境信息公开,是指由特定主体依法发布相关环境信息的行为。环境信息公开制度,是指有关环境信息公开的主体、范围、公开方式和程序、监督与责任等所做的法律规定的总称[22]。

《环境保护法》规定了环境信息公开的管理体制和环境信息公开的主体、内容等方面。城市生态环境风险防控离不开政府对于城市生态环境监督管理,也离不开政府、企业和公众对于相关环境信息的获取。

2.1.4 我国城市生态环境风险防控法律体系的问题

1. 环境规划方面

我国需要加强环境规划法规体系的建设,以实现环境规划制度运作过程的规范化、程序化和制度化。环境规划法制建设不仅要对拟订、实施和评估各个环节中相关管理部门的职权内容和范围进行设定,还要制订各个环节中所必须遵守的程序规定以及相关的处罚规定。把规划编制、审批、实施、评估、问责和公众参与等过程以法律的形式固定化,形成全面的环境规划法规体系,做到环境规划制度有法可依,依法实施,为防范城市生态环境风险提供更具指导意义的规划作用[23]。

2. 环境影响评价方面

尽管法律中对环境影响评价主体的义务进行了规定,但是环境影响评价主体在对环境进行评价时并不是利用法律政策进行的,使得环境评价结果不够客观、全面。加之法律责任不够明确,评价主体不需要承担责任、接受惩罚,极大降低了环境影响评价主体的积极性,敷衍行为比较多,责任意识不强且缺少法律约束,导致环境影响评价报告的可信度不高。而城市生态环境风险的防控与管理措施的制定正是以环境影响评价报告作为依据的[24],不准确的环境影响评价报告在一定程度上影响了城市生态环境风险的防控质量。

3. "三同时"制度方面

虽然在20世纪70年代"三同时"制度就已经出现,但迄今为止,我国现有法律关于"三同时"制度的相关规定仍不完善。针对违反"三同时"制度的行为,各法律条文规定不统一,很容易使规定处罚力度较强的法律在实际使用中被排除。相关法律条文存在与违反"三同时"制度的处罚金额有冲突的情况,以及处罚力度较低的情况,都容易导致相关生产经营单位的污染环境违法成本较低,从而轻视本身的违法行为带来的城市生态环境风险。

4. 环境监测方面

由于起步时间较晚,资金投入、基础设施、配套设备不足,经验技术、监测能力受限,许多现代化手段或技术尚处于试验试用或研究阶段,难以体现实用价值,我国当前的城市生态环境监测还停留在侧重于防治污染的层面。当然,我国生态环境监测事业在制度、体系、管理上也存在着不足,制度上缺乏正式法律法规的切实保障,造成各单位各部门职责交叉、资源浪费等现象的发生;体系上缺乏国家层面统一、完善、规范的生态环境监测网络体系,造成了生态监测网络的松散、单一、重复、不平衡等现象的发生;管理上也缺乏专职部门的统一管理。因此,应当从生态环境监测体系到管理各方面形成较为完善的生态环境监测制度锁链,将对生态环境监测数据结果的研究与分析作为防范城市生态环境风险的重要依据[25]。

5. 环境标准方面

环境标准是建立在环境基准的科学研究之上的。然而,包括环境基准在内的科学研究的科学性还不是十分的坚实。与此同时,在标准的制定上,受国家环境保护部门委托的起草单位一般都隶属于政府部门,制定环境标准专家的局限性、地域因素、行政管理因素等,都会影响到环境标准内容的合理性与科学性。只有加强作为防范城市生态环境风险的参照依据即环境标准具体数值设定的科学性,才能制定出合理、准确的针对城市生态环境风险的防范与管理措施[26]。

6. 环境信息公开方面

环境信息公开的广度、深度和准确性都直接关乎在应对城市生态环境风险防控上的及时性和有效性。新《环境保护法》只是明确规定了环境信息公开制度,而该制度在具体运作过程中只能参照《政府信息公开条例》和《政府信息公开办法》中的相关规定[27]。当前环境信息公开程度不足,具体反映在公开数据发布滞后或对企业的覆盖不完全,信息公开质量欠佳,环境影响评价报告公开及公众参与不足等问题,已在一定程度上制约了城市生态环境风险评估与管理决策。

2.1.5　小结

我国在经历了几次重大突发环境事件后,着手开展城市生态环境风险防控相关法律的制订。《突发事件应对法》、2015 年新修订实施的《环境保护法》均提出了预防为主、预防与应急相结合的原则。但总体来看,我国目前新形势下,城市生态环境风险管理法律法规仍然很不完善,存在法律空白,可操作度不高等问题,涉及环境风险管理的条款也不够具体和清晰。城市生态环境风险的管理与防控都离不开法律制度层面的保障。形成一整套较为全面而具体的城市生态环境风险防范法律制度保障体系非常必要且紧迫。

2.2 我国生态环境管理行政体系

2.2.1 我国生态环境管理行政体系发展历程

我国生态环境管理行政体系从新中国成立时的空白到 2018 年生态环境部的成立,共经历了五个阶段(表 2-4)。从新中国成立初期到 20 世纪 70 年代几乎是空白,尤其缺乏国家的方针和领导机构。1973 年,第一次全国环境保护会议召开。1974 年,国务院环境保护小组成立,并于 1979 年,首次颁布《中华人民共和国环境保护法(试行)》。1982 年,环境保护被正式确立为国家的一项基本政策,由城乡建设环境保护部内设的环境保护局统一领导。1988 年,环境保护局升格为国务院直属机构(副部级),《中华人民共和国环境保护法》通过并正式实行。1998 年,国家环境保护局升格为国务院直属机构(正部级),并颁布《全国环境保护工作纲要(1998—2002)》。2008 年国家环境保护总局升格为环境保护部,成为国务院组成部门。2018 年作为国务院组成部门,成立生态环境部,与自然资源部及其下属的国家森林与草原局一起成为我国生态环境管理的主要职能部门。

表 2-4 我国生态环境管理行政体系发展

阶 段	时 间	事 件	成 果
环境保护小组阶段(1974—1982)	1973 年 8 月 5 日	召开第一次全国环境保护会议	正式提出"全面规划,合理布局,综合利用,化害为利,依靠群众,大家动手,保护环境,造福人民"的环境保护方针
	1974 年 5 月	成立国务院环境保护小组	
	1975 年	国务院环境保护领导小组发布《关于环境保护的十年规划意见》	成立黄河水源保护管理机构——黄河流域水资源保护局
	1976 年		成立长江水源保护管理机构——长江水源保护区
	1979 年 9 月		首次颁布《中华人民共和国环境保护法(试行)》
环境保护局阶段(1982—1988)	1982 年 2 月	召开第五届全国人大常委会	组建城乡建设环境保护部,部内设环境保护局
	1983 年 12 月 31 日	召开第二次全国环境保护会议	正式确立环境保护是国家的一项基本国策
	1984 年 5 月	设立国务院环境保护委员会	—
	1984 年 12 月	成立国家环境保护局	—

阶　　段	时　　间	事　　件	成　　果
环境保护局阶段（1982—1988）	1985 年 6 月 5 日	第一次在全国开展"6·5"世界环境日纪念活动	—
	1986 年 9 月	国家环境保护局首次发布我国环境统计公报	—
环境保护局（副部级）阶段（1988—1998）	1988 年 4 月	第七届全国人大第一次会议批准国务院机构方案改革	成立独立的国家环境保护局（副部级），明确为国务院直属机构
	1989 年 4 月	召开第三次全国环境保护会议	会议评价了当前的环境保护形势，提出了新的五项制度
	1989 年 12 月	第七届全国人大常委会召开	通过《中华人民共和国环境保护法》
	1993 年	第八届全国人大增设环境保护委员会	更名为环境与资源保护委员会
	1993 年 5 月	国家环境保护局首次公布全国 3 000 家重点工业污染企业名单	—
	1996 年 7 月	召开第四次全国环境保护会议	提出保护环境是实施可持续发展战略的关键，保护环境就是保护生产力
国家环境保护总局（正部级）阶段（1998—2008）	1998 年 3 月	第九届全国人大第一次会议通过国务院机构改革方案	国家环境保护局改名为国家环境保护总局（正部级），为国务院的直属机构
	1998 年 9 月	国家环境保护总局发布《全国环境保护工作纲要（1998—2002）》	—
	2002 年 1 月	召开第五次全国环境保护会议	提出环境保护是政府的一项重要职能，要按照社会主义市场经济的要求，动员全社会的力量做好这项工作
	2006 年 4 月	召开第六次全国环境保护大会	会议提出了"三个转变"
国家环境保护部阶段（2008—2018）	2008 年 7 月	国家环境保护总局升格为环境保护部，成为国务院组成部门	—
	2011 年 12 月	召开第七次全国环境保护大会	会议强调，推动经济转型，提升生活质量，为人民群众提供水清天蓝地干净的宜居安康环境
	2012 年 11 月	—	党的十八大报告中，生态文明建设首次被纳入我国特色社会主义建设"总体布局"
	2013 年 9 月	—	国务院发表发布《大气十条》，之后又陆续发布了《水十条》和《土十条》，全面向污染宣战

（续表）

阶　段	时　间	事　件	成　果
国家环境保护部阶段（2008—2018）	2015年1月	新修订的《环境保护法》实施启动	新法赋予环境执法查封、扣押、拘留、按日计罚等权利，被誉为史上最严环保法
	2016年1月	环境保护部牵头，中纪委、中组部的相关领导参加，中央环保督察全面启动	督查组两年覆盖全国31省（区、市），问责人数超过1.8万，解决群众身边环境问题约8万件
	2017年7月	中共中央办公厅，国务院办公厅就甘肃祁连山国家级自然保护区生态环境问题发出通报，包括3名副省级干部在内的100人被问责	—
生态环境保护部阶段（自2018年起）	2018年3月	第十三届全国人大第一次会议批准国务院机构改革方案	组建生态环境部，作为国务院组成部门

　　从1973年起至今，我国生态环境管理体系的发展过程表明，我国的生态环境管理是和社会经济发展水平相适应的，从无到有，从初步建立到趋于完善。因为涉及环境保护与经济社会发展的协调问题，所以体制机制改革的过程比较曲折，但与我国城镇化的进程基本吻合。我国的生态环境保护，一直就是环保部门统一监管、有关部门分工负责以及属地负责相结合的体制和责任机制，职责分工较为明确。环境保护部门的职责和机构建设随着我国经济建设的飞速发展不断增强，目前自然资源部（含国家林草局）和生态环境部共同成为我国的生态环境主要职能部门，这符合时代的发展和我国现阶段的经济水平及发展战略需要（图2-2—图2-4）。

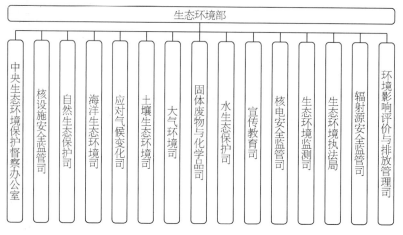

图2-2　生态环境部主要职能部门（2018）

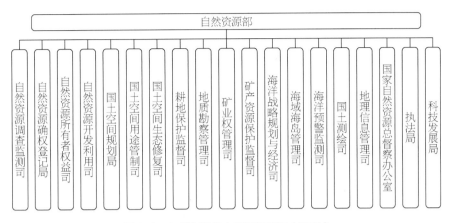

图 2-3 自然资源部主要职能部门（2018）

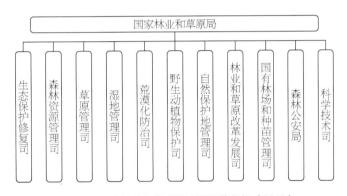

图 2-4 国家林业和草原局主要职能部门（2018）

2.2.2 我国生态环境行政管理现状

我国生态环境保护管理体系与经济建设的发展是正相关的关系。以往我国政府在行政过程中尤其是决策时经常将经济效益作为主导因素,对生态重视不足,尤其在重大项目建设可行性研究阶段缺乏对生态环境风险及其影响的精确评估和计算。在生态管理过程中,偏重于对环境污染的治理,忽略了对自然资源的保护,这种"前生态"的管理模式使自然环境问题进一步加剧。并且由于政府职能的分属范围重叠、分工不明确、建管不统一等问题,使得政府忙于各种环境突发事件的事后管理,对各类生态环境潜在污染源的排查管控有限,对于预防风险的发生和将可能的损失降到最低都缺乏相应的体制和机制。

基于以往的经验教训,我国为提高生态环境管理效率,改善管理效果,协调好生态保护与经济发展的关系,整合分散的生态环境保护职能,将环境保护向生态文明建设的方向推进,组建了国家生态环境部。

生态环境部整合了环境保护部以及分散在发改委、国土资源部、水利部、农业部、国家海洋局、国务院南水北调办等部门的生态环境保护管理职能职责,进一步充实污染防治、生态保护、

核与辐射安全三大职能领域,加强统一监管,实现"五个打通":

(1)划入原国土部门的监督防治地下水污染职责,打通了"地上和地下";

(2)划入水利部门的组织编制水功能区划、排污口设置管理、流域水环境保护,以及南水北调工程项目区环境保护等职责,打通了"岸上和水里";

(3)划入原海洋局的海洋环境保护职责,打通了"陆地和海洋";

(4)划入原农业部门的监督指导农业面源污染治理职责,打通了"城市和农村";

(5)划入发展改革委的应对气候变化和减排职责,打通了"一氧化碳和二氧化碳"。

生态环境部的基本职责定位是"监管",统一行使生态环境监管者职责,重点强化生态环境制度制定、监测评估、监督执法和督察问责等四大职能:

(1)制度制定,即统一制定生态环境领域政策、规划和标准,划定并严守生态保护红线,制定自然保护地体系分类标准、建设标准,并提出审批建议等;

(2)监测评估,即统一负责生态环境监测工作,评估生态环境状况,统一发布生态环境信息;

(3)监督执法,即整合污染防治和生态保护的综合执法职责、队伍,统一负责生态环境执法,监督落实企事业单位生态环境保护责任;

(4)督察问责,即对地方党委政府和有关部门生态环境工作进行督察巡视,对生态环境保护、温室气体减排目标完成情况进行考核问责,监督落实生态环境保护"党政同责、一岗双责"。

生态环境部与自然资源部(含国家林草局)为自然资源、生态系统的保护、生态环境风险的评估、分析和管理、各类生态环境灾难的预警及应急等开展协同工作,这是我国生态环境管理体系建设的里程碑。针对当前生态环境风险管理,需要重视以下问题:

(1)缺乏全国性的各个要素专家团队,在我国生态本底多年以来掌握的各类数据的基础上制订统一标准,形成对重要的风险源进行识别、评估、分析、排序的政策,制定国家级的生态环境风险目标及战略,制作风险源优先处置名录、风险地图等,确保在国家的重大决策时有生态环境风险评估的依据。

(2)缺乏国家级和各个区域的生态环境风险管理委员会来协调和监督各个相关职能部门的管理工作,指导区域及城市的下属生态环境风险管理委员会,以及在重大、跨区域灾难发生时能够全国性调配资源应急救险。

(3)由于生态环境风险的流动性、复杂性和突发性的特点,导致各种取证困难、执法不公、执法缺位等问题,需加强生态环境领域的立法司法工作,充分考虑新业态的特点和绿色金融、企业向绿色经济转型、公共参与、信息安全等方面的创新性。

(4)理念转变难,社会和市场参与不足,多元共治的环保体制尚未健全。

(5)发现生态风险,化解隐患的能力不够,需要新的技术手段和创新管理方法。

(6)精细化、信息化管理水平有待提高。

2.2.3　国外城市生态管理行政体系经验分析及借鉴

1. 美国[21]

美国在生态环境管理上实行的是由联邦政府制定基本政策、法规和排放标准,并由州政府负责实施的管理体制。联邦政府设有专门的环境保护机构,对全国的环境问题进行统一的管理;联邦各部门设有相应的环境保护机构,分管其业务范围内的环境保护工作;各州也都设有环境保护专门机构,负责制定和执行本州的环境保护政策、法规、标准等。

美国环境法确立了联邦政府在制定和实施国家环境目标、环境政策、基本管理制度和环境标准等方面的主导地位,同时承认州和地方政府在实施环境法规方面的重要地位。美国的环境管理就是在其环境法所规定的这种联邦法和州法的关系框架中进行的(表 2-5)。

表 2-5　　　　　　　　　　　　　美国生态环境管理行政体系

政府层级	机构	职能	组成
美国联邦政府	环境质量委员会(CEQ)	为总统提供环境政策方面的咨询;协调各行政部门有关环境方面的活动	一般为三人。对环境趋势以及资料的分析非常熟练、经验丰富、造诣很深并且对国家的需要和利益具有高度责任感,能提出改善环境质量的政策建议的人才有资格成为该委员会成员。CEQ 成员由总统任命并须参议院批准
	国家环境保护局(EPA)	美国生态保护最重要的管理机构,基于美国国会的授权,EPA 可以制定一些解释决定性细节的条例来完善环境法	下设 14 个部门,分为两类:一类是负责行政机构运行的职能机构;另一类是项目机构,主要负责实施与各类介质污染物相关法律的实施
	内政部(DOI)	主要资源保护机构,负责保护国家拥有的大部分公有土地及其自然资源	土地管理局、渔业和野生动物局、矿产管理局、国家公园管理局、露天采矿、复垦与执法办公室
	能源部(DOE)	主要负责美国核能研发和核安全工作、联邦政府能源政策制定、能源行业管理、能源相关技术研发、环保能源的生产和利用以及核武器研制、生产和维护等	核能办公室。能源效率和再生能源办公室。环境管理办公室。联邦能源管制委员会。化石能源办公室
	农业部(DOA)	负责自然资源和环境保护	国家林业和草原局、土地保护局
州政府	各地环保局和环境质量委员会,也有不少州设立了可持续发展委员会	一方面是各项联邦环境保护法律法规、环境标准、环境保护计划的具体实施者和监督者;有一定自主权,在州的范围内以保护人类健康、维护环境安全为目标开展环境执法和环境研究,依据州的环境法规而享有行政执法权	

2. 日本

日本从中央到地方都建立了比较完善的生态环境管理体制(表 2-6)。日本城市生态管理重视建立综合性基本环境计划和协调机制,制定严格的环境标准,采取行政控制和市场调节等多元机制相结合的管理方式,强调民众参与和公民的环境权益,市民团体每年都组织各种形式的环境保护活动,如废弃物资源化活动、环境优美商店的评选、自然观察、环保设施参观等[21]。

日本尤其重视环境监测和科学技术研究。国家设有监测中心,在全国各地设有 80 个大气污染监测中心站,42 个道、府和主要城市、地区建立了 1 254 个自动监测站,加上 1 205 个重点厂的自动监测系统,形成了遍布全国的环境监测网。环境管理部门会及时把观测到的环境质量数据通报给市民。

在日本的环境保护工作中,企业界的配合和努力起到不可或缺的作用。在企业环境管理体制建立之前或发展过程中,企业会首先明确所经营的行业与环境的关系及责任,形成本企业生产经营在环境保护方面的基本认识和原则。总公司一般都设有直接由公司领导负责的环境保护委员会,统一管理各分公司的环境保护工作。此外,在企业中还设置了公害防止管理员和节能管理员岗位,由已通过专门的资格考试的专业技术人员来担任[21]。

表 2-6　　　　　　　　　　　　　　　　日本生态环境管理行政体系

政府层级	机构	职能	成员组成
中央政府	公害对策会议	总管全国的环境保护工作	由会长一人和委员若干人组成;会长由内阁总理兼任,委员由内阁总理在有关的省、厅长官中任命
	环境厅	环境厅主要负责环境政策及计划的制定,统一监督管理全国的环保工作,而其他相关省厅负责本部门具体的环保工作	日本环境厅厅长为内阁大臣。成员由大臣官房、废弃物再生资源利用对策部、综合环境政策局、环境保健部、地球环境局、水大气环境局、自然环境局、环境调查研究所、地方环境事务所等九大部门组成
	环境审议会	为中央政府提供技术和咨询意见	专家学者、已退休的中央政府官员和来自企业、市民及非政府组织的代表组成
地方政府	环境署	当地的环境管理事务	
	环境审议会	为地方政府提供技术和咨询服务	专家学者、已退休的地方政府官员和来自企业、市民及非政府组织的代表组成

3. 英国

英国的环境保护为三级管理,责任主体分别是环境、食品和农村事务部、环境署和地方政府。环境、食品和农村事务部主要负责制定与环境保护相关的政策法规;环境署是执法机构,主要负责执行环境、食品和农村事务部制定的各项政策法规;英国地方政府把环境保护作为自己的重要职责,各地方政府内部都有针对环境管理的职能机构,但与中央没有隶属关系,地方政府环境部门具体负责城镇与乡村规划、废物处置、公共健康、噪声控制、大气污染控制等。

表 2-7   英国中央政府生态环境事务相关各部门职责表

政府部门	在环境事物方面的主要职责范围
环境、食品和乡村事务部	获得环境信息； 农业； 气候变化方案； 受污染土地； 林业； 景观保护(包括国家公园)； 自然保护； 噪声； 污染控制,包括空气质量和污染、水质量和污染、饮用水、污水处理、沿海和海洋环境、污染综合预防和控制、废物管理； 放射性
副首相办公室	城镇和农村规划； 环境评价
贸易与工业部	废物管理,包括生产者责任、包装废物、电器及电子废物、限制有害物质、报废车辆、电池； 能源生产和传输,包括可再生资源
交通运输部	运输,包括基础设施项目,如公路、新机场、港口建设等
财政部	环节税,如垃圾填埋税、气候变化税和征收总额； 为某些特定环境监管提供中央资金
能源与气候变化部	能源利用,新能源开发； 气候变化问题

4. 总结与借鉴

健全的生态环境行政管理体制机构对于城市生态环境管理与风险防控有着至关重要的意义,根据各个国家开展生态环境保护工作的时期以及国家发展情况,各个国家在城镇化道路上生态环境建设过程的经验,尤其是他们由环境污染事件来驱动的体制变革的教训,对我国生态环境管理体系搭建和发展有着重要的借鉴作用。

在一些发达国家,基本上已根据本国的国情建立起了一套比较完整的生态环境管理体系,由"国家环境风险委员会"整合横向和垂直的各部门关系,帮助解决政府部门碎片化问题以及风险预判问题。同时,他们非常注重科学机构在确定风险识别、评价与管理的技术支撑,这些都值得我国在完善城市生态环境风险管理体系时学习借鉴[21]。

2.3 生态环境信息化

2.3.1 信息化概念

信息化的概念起源于 20 世纪 60 年代的日本,1963 年,日本学者梅棹忠夫在题为《论信息产业》的文章中,提出"信息化是指通讯现代化、计算机化和行为合理化的总称。"而后被译成英文传播到西方,西方社会普遍使用"信息社会"和"信息化"的概念是从 20 世纪 70 年代后期才开始的。1997 年首届全国信息化工作会议上,我国对信息化定义为:信息化是指培育、发展以智能化工具为代表的新的生产力并使之造福于社会的历史过程。

信息化可从四个方面理解其含义:

(1) 信息化是一个相对概念,它所对应的是社会整体及各个领域的信息获取、处理、传递、存储、利用的能力和水平;

(2) 信息化是一个动态的发展中的概念,是向信息社会前进的动态过程;

(3) 信息化是从工业经济向信息经济、从工业社会向信息社会逐渐演进的动态过程;

(4) 信息化是技术革命和产业革命的产物,是一种新兴的最具有活力和高渗透性的科学技术。

2.3.2 生态环境信息化现状

1. 国外生态环境信息化现状

自从 20 世纪 80 年代末美国率先启动生态环境信息化建设以来,生态环境信息化成为生态环境电子治理重要发展模式。进入 21 世纪,世界经济全球化与一体化,能源与生态环境问题和与之相关的公共危机事件的频发,公众参与意识的增强、公众对公共服务需求的提高等对各国生态环境治理提出了新的挑战,推动各国生态环境部门改革不断走向深入,主要体现在以下方面:

1) 生态环境数据深化整合,加强标准化建设

美国、新加坡、加拿大、韩国等国已普遍形成完整的生态环境数据编码管理体系,建立了国家级和地市级生态环境数据中心;开发数据集成、数据交换、数据共享、数据服务的接口,提升生态环境数据集成共享能力,实现了高层次、跨部门的信息互通关联;针对各类非敏感性信息集合,强调资源的可利用性,而且将生态环境数据转化为切实可用的信息产品以及开发知识,资源的利用效率高。

2) 以服务为导向,公众主动参与

美国、英国、加拿大生态环境公众服务网建设均是以服务为导向,以用户为中心,强调服务内容与公众需求的匹配,突出体现以人为本、服务公众的理念。以关注民生为前提,公众知情权为重点,主动信息公开;惠民服务丰富,个性化体验好;保证社会公众的生态环境知情权、参与权、表达权和监督权。

3) 生态环境数据应用丰富,辅助可持续发展决策

美国、加拿大基于数据仓库、数据挖掘、知识管理、物联网、决策支持系统等智能技术,建立智能决策系统,在生态环境质量监测、污染物总量控制、生态环境发展趋势分析、与社会经济管理情况等方面已深入开展挖掘与分析。在辅助决策方面,许多国家加强生态环境业务模型研究

和应用,如绿色模型、扩散模型、经济增长模型等,作为政策决策支持。

2. 我国生态环境信息化现状

进入 21 世纪以来,互联网、移动通信技术的飞速发展,为我国生态环境信息化应用提供了良好的外部条件,各级生态环境部门、企业对生态环境信息化工作重要性的认识逐渐提高,建设资金投入逐年增加,建设进程逐步加快,特别是随着生态环境信息化一系列重大建设项目的实施,生态环境信息化建设取得了显著成效,为推进生态环境保护历史性转变,实现奠定了良好基础。

1)我国初步建立了生态环境信息化政府组织管理体系

我国生态环境部成立了信息化建设领导小组和信息化办公室,加强了对生态环境信息化工作的统一领导、统一规划、统一管理,一些省级生态环境部门也先后成立了生态环境信息化领导小组和办公室,加强了各级生态环境信息中心建设,基本建成了国家、省、市三级架构,形成了以生态环境部信息中心为中枢、省级生态环境信息中心为骨干、地市级生态环境信息中心为基础的技术支撑和管理体系。

2)生态环境信息化标准规范体系不断完善

以污染减排"三大体系"能力建设项目为契机,按照急用先行、全面推进的原则,已制定了《生态环境信息化标准指南》,编制出台了《生态环境信息分类与代码》等生态环境信息标准规范。目前,还有许多生态环境标准规范正在编制中。

3)生态环境信息化基础网络建设稳步推进

通过重点工程项目的带动,全国生态环境系统网络基础设施建设稳步推进,内网、外网建设已初具规模,生态环境部机关、各省及大部分地市级生态环境部门均建成了内部局域网络系统,并基本实现了国家、省、市、县四级三层的生态环境信息网络系统相互连通,各生态环境企业也都通过互联网实现网络连通。

4)生态环境业务信息化逐步推进

通过组织一系列建设项目的实施,各级生态环境部门、企业陆续开展了生态环境质量自动监测数据管理、卫星遥感监测、生态环境统计、建设项目生态环境影响评价管理、排污申报与收费、污染源在线监测管理、生物多样性管理、自然保护区管理、核电厂在线监测管理、生态环境应急管理、固体废弃物管理等业务应用系统的建设工作。完成了普查数据采集、核查、汇总、分析,建成了重点污染源空间数据库及管理平台,建立了重点污染源档案和数据库,为综合利用普查成果、制定完善生态环境管理政策提供了基本依据。

5)生态环境公众信息服务不断增强

各级生态环境部门、企业通过互联网为公众提供全面的生态环境质量和生态环境知识信息服务。各级生态环境部门网站生态环境信息公开及时、网上办事服务便捷、政民互动交流顺畅,生态环境投诉举报管理系统为公众提供了畅通的生态环境污染投诉举报渠道,基于移动互联网开设了官方微博、微信公众号和空气质量实时数据发布移动应用平台,受到社会公众广泛关注。

6）生态环境信息安全保障体系基本形成

以国家网络安全等级保护要求为基础,各级生态环境部门、企业加强生态环境信息系统开展系统安全风险评估、代码审计、安全等级保护测评、系统整改和安全加固等信息安全建设工作,提升了信息安全风险防护能力,基本建立了网络和信息安全保障体系,保障了网络和信息系统的安全稳定运行。

2.3.3 生态环境信息化项目建设情况

随着我国政府、企业对生态环境的不断重视,公众对生态环境的日益关注,我国生态环境部门、企业也不断加强投入,先后建设各类生态环境信息化项目(图 2-5)。

（a）综合业务办公系统　　　　　　　　　　　　（b）数据采集

（c）生态安全信息化系统机房　　　　　　　　　（d）物联网机房

图 2-5　环境信息化项目示意

1. 综合管理系统

首先各级生态环境部门、企业都开始建立综合管理系统,主要包括三类应用系统,分别为综合业务办公系统、突发生态环境事件应急指挥系统和生态环境监察执法系统。

1) 综合业务办公系统

综合业务办公系统建设正成为各级生态环境部门信息化最重要的内容之一。综合业务集网络硬件、业务系统、资源管理、信息服务于一体,大规模地应用网络计算机技术,全方位地支持办公、管理决策、信息应用与服务。这类项目的建设能够消除生态环境部门内部的各类信息孤岛,实现生态环境各部门、人员之间的信息共享和协同工作,形成一个集成的、统一的、精确运作的协同办公平台,提高管理水平和办公效率,增强政府管理、决策和公众服务能力。

2) 突发环境事件应急指挥系统

突发生态环境事件应急指挥系统主要是针对生态环境形势和生态环境污染事故,加强信息传输和反馈能力,形成突发生态环境事件信息的收集与处理体系,加强应急监测能力建设,形成完善地预测、预防和处置突发性污染事故的应急体系。该系统综合运用有线、无线通信技术、计算机网络技术、地理信息系统(Geographic Information System, GIS)技术、呼叫中心及视频监控技术、GPS全球卫星定位技术等技术手段,是一个文件、语音、数据、视频、图像传输相结合的、集信息接收、事件处理、资源管理调度、作战指挥、事后评估于一体的,反应速度快、办事效率高、应变能力强的综合应急指挥调度系统。

3) 环境监察执法系统

生态环境监察执法系统建立在生态环境综合业务信息管理系统及自动监控信息系统的基础之上,整合污染源管理数据、在线监测数据、生态环境统计数据、排污收费数据、生态环境信访数据、生态环境监察数据及其他执法管理资源,实现现场执法信息和监控中心的实时联动,现场查看实时排污数据、视频数据以及相关静态信息,实现生态环境监察工作自动化、信息化,有利于生态环境部门规范执法流程,加强生态环境监管,提升执法效能。

2. 环境监测系统

除了综合管理系统之外,政府单位、企业还会针对各个生态环境要素建设监测系统,实现对各个影响生态环境的要素进行监测、预警、预报等功能。

1) 环境水质监控系统

生态环境水质监控系统主要通过实时监测系统获取各种实时水质与污染信息,实现水质数据采集、水生态环境信息查询、水质特征值统计分析、水质级别评价与查询等功能,为水体监测管理服务。通过对断面水质进行实时在线监控,分析水资源的质量状况及其变化规律,为解决跨界污染纠纷、污染事故预警、重点工程项目生态环境影响评估、保障公众用水安全以及合理开发、利用以及水资源保护提供科学依据。这类项目基于水生态环境模型库,依托先进的GIS技术,集成数据库技术、多媒体技术和系统集成技术,建立以可持续发展为目标的水生态环境决策支持系统,为河川、湖泊和海洋的水生态环境管理提供决策辅助工具,实现了水生态环境管理的科学化和规范化。

2) 空气质量监控系统

空气质量监控系统集数据传输、数据采集、数据统计、数据查询、趋势分析、决策支持、生态环境质量评价、污染预报、公共查询、数据上报,GIS功能等功能为一体,结合各城市或地区已建成或将要建成的实时监测网,通对空气质量监测数据的分析,判断该地区的污染现状及污染趋势,评价污染控制措施的有效程度,研究污染对人们健康及对其他生态环境的危害,并为制定空气质量标准、验证污染扩散模式、进行污染预报、设计污染源的预警控制系统、制定经济有效的空气污染治理策略等提供依据。这类系统包括自动监测系统、评价报告系统、信息发布系统和空气预警系统四个子系统。辅以地理信息系统技术,可以把信息点的空间性质和超媒体属性有机地结合起来,为信息的现代化管理提供保障,这也是生态环境信息管理领域的发展趋势。

3)噪声监控系统

噪声监控系统通过对噪声监测数据的实时采集、存储、进行平均值统计,动态分布,统计分布,相关性检验,偏差比较等,评价一个地区或区域的总体噪声水平,从而能够及时、准确地掌握城市噪声现状。噪声监控系统的建设有助于分析其变化趋势和规律;了解各类噪声源的污染程度和范围,为城市噪声管理、治理和科学研究提供系统的监测资料。

4)污染源在线监控系统

污染源在线监控系统以总量控制为目标,以污染源在线监测为核心,以监测数据采集与传输、管理与应用为主要建设内容,运用和集成国际先进技术,构建覆盖辖区内各级生态环境系统、高效稳定通畅的数据传输共享网络和信息应用平台,实现对辖区内重点污染源(污水、废气)、高危污染源排放情况及污染治理设施、监测设施运行状况的实时自动在线监控,使生态环境部门能及时、准确、全面地了解辖区内排污状况,为生态环境监管、生态环境评价、执法与决策提供有力支持。这类系统采用先进的自动监控技术、地理信息技术、空间定位技术以及通信技术搭建污染源在线监控信息平台,实现对辖区范围内重点污染源在线连续监控,结合最新的总量消减的需求,实现总量统计、排污收费计算、总量趋势报警等功能,为生态环境保护部门进行污染减排提供管理依据。

5)烟气监控系统

烟气监控系统利用高空摄像机对市区覆盖范围内的企业烟囱即时排放情况进行实时监控、烟尘黑度自动计算,生态环境部门能够及时掌握烟气污染事故的发生并用图像记载与之相关的信息,实现黑度预警,为生态环境执法提供证据和依据。通过本系统的建设,改变了以往效率低下的人工林格曼黑度分析模式,有助于对涉污企业加强监管,从而提高生态环境监测与生态环境治理的主动性,对控制城市大气质量状况也有积极作用。这类系统实现与废气在线监控系统的整合,从烟尘黑度、烟尘浓度、烟气流量、烟尘处理设施运行状态等多方面进行自动综合分析,改变夜间不能进行黑度监测的现状,防止企业偷排现象的发生。

2.3.4 生态环境信息化关键技术及应用

伴随着信息化技术的快速发展,各种信息技术也在生态环境信息化过程中不断应用和发展。物联网、大数据、遥感技术和 GIS 技术都是生态环境信息化中的关键技术。

1. 物联网

物联网把感应器嵌入和装备到工厂排放口、大气监测点、流域断面、水库浮台、生态监测点、油气管道等各种对象(物体)中,然后将它们与互联网整合起来,并能够感知对象的状态情况,实现人类社会与物理系统的融合。我国生态环境部门是政府中最早开始物联网探索和实践并大力推进的单位之一。于 1997 年起步试验、1999 年生态环境总局第一次在全国开始推广的生态环境在线监控系统是物联网的最早探索和实践,到今天生态环境部门都在不断加强物联网在生态环境信息化的应用。

2. 大数据

大数据是以容量大、类型多、存取速度快、应用价值高为主要特征的数据集合,正快速发展为对数量巨大、来源分散、格式多样的数据进行采集、存储和关联分析,从中发现新知识、创造新价值、提升新能力的新一代信息技术和服务业态。我国政府曾经颁布《生态环境大数据建设总体方案》,促进大数据在生态环境行业创新应用,构建"互联网 + 绿色生态",实现生态环境数据互联互通和开放共享。通过生态环境大数据建设和应用,有助于实现生态环境综合决策科学化,实现"用数据决策"。利用大数据的生态环境形势综合研判、生态环境政策措施制定、生态环境风险预测预警等应用,提高了生态环境综合治理科学化水平,提升了生态环境保护参与经济发展与宏观调控的能力。

3. 遥感技术

20 世纪 90 年代以来,生态环境遥感技术应用越来越广。从陆地的土地覆被变化、城市扩展动态监测评价、土壤侵蚀与地面水污染负荷产生量估算,到水域的海洋和海岸带生态环境变迁分析、海面赤潮以及热污染等的发现和监测,再到大气生态环境遥感中的城市热岛效应分析、大气污染范围识别与定量评价等,遥感技术都得到了广泛的应用。遥感技术由于具有时间、空间和光谱的广域覆盖能力,是获取生态环境信息的强有力手段,已成为生态环境保护最重要的监测手段之一。

4. GIS 技术

GIS 是随着地理科学、计算机技术、遥感技术和信息科学的发展而发展起来的一个新兴技术,是一个能够对空间相关数据进行采集、管理、分析和可视化输出的计算机信息系统。目前,全国 27 个省级生态环境局及一百多个城市生态环境部门都已经使用地理信息系统平台软件和相应的硬件设施,大部分省市已经建立生态环境基础数据库,在 GIS 平台上开发了城市生态环境地理信息系统、重点流域水资源管理、生态环境污染应急预警预报系统等,取得了显著的成效。

2.4 绿色金融现状及发展展望

2.4.1 绿色金融的定义

"绿色金融"是一个实践导向的领域,其概念出现于20世纪末,但在20世纪70年代,相关实践便已开始萌芽。这些早期实践的核心目标,在于为全球及地区的经济、社会和环境的可持续发展提供融资——从语源来看,这构成了"绿色金融"最初的含义,即"为绿色发展提供融资的途径和方法"(Finance Green Growth)[29]。

绿色金融旨在推动环境保护和可持续发展,包含两个层面:一是指金融业如何促进环境保护和经济社会的可持续发展;二是指金融业自身的可持续发展。绿色金融本质是通过金融市场作用引导资源向保护环境、促进可持续发展相关领域集聚。因此,生态环境保护和可持续发展是目标,绿色金融是手段[30]。

绿色金融体系被定义为"通过绿色信贷、绿色债券、绿色股票指数和相关产品、绿色发展基金、绿色保险、碳金融等金融工具和相关政策支持经济向绿色化转型的制度安排"。这也是目前全球唯一一个官方的绿色金融定义,为我国绿色金融的系统化、规模化和规范化发展奠定了基础,也为全球绿色金融体系的完善提供了有益的参考。

2.4.2 国外绿色金融发展历程

绿色金融的发展(表2-8)源自社会对环境风险的关注以及对可持续发展的追求(图2-6)。

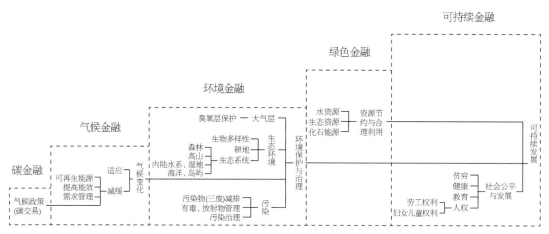

图2-6 绿色金融与可持续发展相关概念辨析

全球气候与环境问题的持续恶化促使各国民众对可持续发展的内在需求进一步强化;同时,绿色环保与节能技术和产业的快速发展催生了绿色经济这一全新的领域;加上全球后危机时代增长乏力,急欲寻找新的经济增长点。三重因素的共同作用下,发展绿色经济、促进可持续发展得到了各国政府的支持和推崇。

表 2-8　　　　　　　　　　　　　　　　　绿色金融发展历程大事件

时间	事件	影响
1962 年	美国生物学家和作家 Rachel Carson 撰写的科普寓言《寂静的春天》描绘了 DDT 农药彻底破坏生态系统	该书被誉为全球 50 年以来最具影响的著作之一,给人类环境意识点燃了一盏明灯
1972 年	罗马俱乐部发表的研究报告《增长的极限》提出:为不使环境资源耗竭,经济增长率应等于零	这份报告在世界范围内引起了轰动,并促使全球人民对环境问题带来的风险进行反思
1980 年	美国颁布实施"超级基金法案",明确了污染者责任原则,要求金融机构在其提供融资的企业或项目发生污染事故时承担连带责任,并设立了危险物信托基金和责任信托基金作为风险分担机制	"超级基金法案"首次将政府、金融机构、环保机构、企业及个人都纳入环境治理的框架中,成了绿色金融发展的雏形
1987 年	世界环境与发展委员会在《我们共同的未来》报告中首次提出"可持续发展"	引发了人们对经济发展模式的思考,开启了绿色革命的篇章
2003 年	花旗银行、荷兰银行等 7 个国家的 10 家银行正式达成协议推动"赤道原则"	该原则根据国际金融公司的政策和指南制定,建立了参照国际金融公司的环境和社会筛选程序的筛选过程。至今,"赤道原则"已历经三次改版,截至 2018 年 4 月末,赤道原则成员机构达到 92 个,遍及全球 37 个经济体,成为全球最广泛认可的商业银行环境与社会风险管理工具与业务准则
2015 年	签订《巴黎协定》	各国对控制温室气体排放的态度从"被动的强制减排"到"主动的贡献"的改变显示出全球对可持续发展的共识逐渐从认知层面延伸到了实践层面

2.4.3　发展绿色金融的必要性和迫切性

1. 发展绿色金融的必要性

发展绿色金融是经济转型的内在需要。我国经济 30 年的持续快速增长,在造就发展奇迹的同时,也留下了巨大的生态环境成本。环境污染、生态破坏、资源枯竭对经济和社会的持续、健康发展构成了重大的挑战。缺乏质量的经济增长模式导致的生态产品匮乏、生态功能的缺失,是新时期我国经济和社会发展所面临的最根本、影响最为深远的不充分和不平衡。因此,推动结构转型、实现绿色发展,已成为国家核心的发展战略。

发展绿色金融也是金融系统自身可持续发展的必然选择。首先,在绿色发展成为国家战略重点的背景下,绿色金融业务对投资项目环境风险的管控,有助于降低经营风险,获取稳健收益。其次,两高产业往往具有重资产的特征,为其获得融资提供了支撑。再次,随着绿色发展转型的深化,绿色环保产业获得了更大的发展空间。最后,绿色金融要求对投资项目的环境风险与绩效进行考察,这就要求金融机构对融资项目有更深入的把握,同时对其业务管理能力也提出了更高的要求。

2. 绿色金融的迫切性

绿色金融是为数不多的、尚未成熟却具有战略意义的国际金融高地。我国绿色金融体系建设依托国家战略的引导、各级政府的重视、社会各界的关注,以及巨大的市场空间,逐步获得了全球引领的地位。对于金融系统而言,抓住良好的发展机遇加快布局绿色金融,是我国落实金融业结构调整、转型发展,提升国际竞争力的重要方向。

2.4.4 我国绿色金融发展现状

我国绿色金融发展如表 2-9 所示。

除此之外,排污权、可再生电力证书等环境权益的交易也在积极准备。按照环保部落实排污许可制度的部署,2018 年将完成全部重点行业的排污许可证核发工作,为企业主体的排污权进行确权登记,这将为排污权交易制度的推行提供支持。国家能源局又于 2018 年 3 月 23 日对《可再生能源电力配额及考核办法》征求意见,绿电配额管理与交易机制的推出,使我国在可再生能源市场化发展的方向上迈出了第一步。

2.4.5 绿色金融改革创新试验区——浙江省实践经验及案例

2017 年,浙江省湖州、衢州市获批全国绿色金融改革创新试验区后,浙江银行业探索绿色金融浙江模式,在体制机制、业务模式和产品服务等方面积累了许多可资借鉴的方法和经验。

1. 浙江银行业绿色金融行动计划

浙江银监局立足于浙江实际情况制定实施《浙江银行业绿色金融行动计划》,绘制"方向坚定、路径明确、分工协作"的路线图,明确浙江银行业绿色金融的行动目标和行动路径,以及"绿色重点融资项目、传统产业改造提升、战略新兴产业"三大支持重点,制定"打造专营机制、改进激励约束机制、创新产品和服务、建立信息共享机制、培育绿色金融人才"等任务清单。

2. 科技创新

1) 绍兴市环保绿色信贷信息系统

2017 年,浙江银监局指导绍兴银监分局加强与当地环保部门的沟通与联系,推动"浙江银监局绿色信贷信息共享平台"的本地化,在全省地市层面率先构建绍兴市环保绿色信贷信息系统。主要包括:企业环境行为信息(企业基本情况;信用评级、荣誉信息,排污许可证、质押信息,处罚信息,环评审批信息;环评验收信息),环保政策,绿色信贷监管政策。该系统将绿色信贷信息平台的查阅、使用和反馈作为授信的重要环节,健全和完善授信流程和机制。通过该系统各银行机构及时反馈重大环保问题和情况,定期评估系统使用成效。2017 年末,该系统披露全市1 016 家重点涉及污染企业信用评级、荣誉信息 1 207 条,排污许可证、质押信息 1 206 条,处罚信息4 540 条,环评审批信息 1 844 条,环评验收信息 1 309 条。

表 2-9 我国绿色金融发展现状

种类	时间	事件
国家政策	2014 年	我国"十三五"规划将"绿色"列为经济和社会发展的五大核心发展理念之一,丰富了生态文明建设的理念和内涵
	2015 年 9 月	《生态文明体制改革总体方案》将绿色金融列入了生态文明体制中加以强调
	2016 年 8 月	人民银行等七部委发布《关于构建绿色金融体系的指导意见》,明确了我国绿色金融的定义,提出了大力发展绿色信贷、推动证券市场支持绿色投资、设立绿色发展基金等八大举措,标志着我国绿色金融顶层框架体系的建立,我国成为全球首个建立了比较完整的绿色金融政策体系的国家。银行、证券、保险,以及环境产权等各领域的制度体系加快成型
绿色信贷	2006 年	兴业银行探索落地了首笔能效贷款
	2007 年	银监会发布《节能减排授信工作指导意见》(银监发〔2007〕83 号),开启了我国绿色信贷制度的探索
	2008 年	兴业银行率先加入"赤道原则"
	2012 年	银监会《绿色信贷指引》(银监发〔2012〕4 号)首次正式提出了"绿色信贷"的概念,对银行业金融机构开展节能环保授信和绿色信贷的范围、管理方式、考核要求等做出规定
	2013 年	银监会发布《绿色信贷统计制度》(银监办发〔2013〕185 号)、《银行业金融机构绩效考评监管指引》(银监发〔2012〕34 号)和《绿色信贷实施情况关键评价指标》(银监办发〔2014〕186 号)
	2017 年	人民银行在开展当年第三季度宏观审慎评估(MPA)时,将绿色金融纳入了"信贷政策执行情况"中进行评估,对银行机构发展绿色金融业务发展带来显著激励
绿色证券	2015 年 12 月	人民银行发布《绿色金融债券公告》与《绿色债券支持项目目录》,标志着我国的绿色债券市场开启,在一年之间就完成了从几乎空白到全球第一大绿色债券市场的跃迁
	2016 年以来	我国各年绿色债券发行规模占全球总量的比重均超过 25%
	截至 2018 年 5 月	我国各类绿色债券融资余额 7 852 亿元,有力地支持了绿色发展
绿色股票和基金	2015 年以来	全国公募发行的绿色环保主题证券投资基金和私募基金合计超过 500 只,而地方政府、龙头企业和金融机构合作设立的绿色产业发展基金则超过 250 只
	2018 年 4 月	上海证券交易所在证监会的指导下制定并发布了《上海证券交易所服务绿色发展推进绿色金融愿景与行动计划(2018—2020 年)》,从绿色股票、绿色债券、绿色投资,以及国际合作和能力建设五个方面,系统地部署了上交所支持绿色金融发展的探索
碳排放权	自 2013 年	启动的地方市场继续运行,并逐步过渡到全国碳市场
	2017 年 12 月 19 日	全国碳市场宣布启动,初期拟纳入发电行业合计逾 1 700 家排放主体,预计覆盖碳配额 35 亿吨

2)衢州银监分局绿色金融监测体系

衢州银监分局构建"识绿"为横轴、"测绿"为纵轴、"评绿"为竖轴的立体化监测体系,科学反映辖区内银行业金融机构绿色金融发展情况。横轴构建绿色金融识别体系,联合当地政府、银行、质量监督等部门启动开展绿色金融标准化体系研究和标准制定。同时围绕区域产业布局和绿色循环经济导向,初步建立绿色项目库。通过及时跟进项目进展,积极对接融资需求,提高各机构绿色信贷投放的精准度。纵轴构建"衢标"统计监测体系。以绿色信贷监测为切入点,将银监会节能环保项目及服务贷款 12 项监测指标作为基础,立足衢州本土特色,重点引导绿色信贷,支持传统产业升级,设计 6 张报表 140 个指标,覆盖绿色信贷、绿色结算、绿色产品等方面,建立起符合衢州实际的标准化绿色金融统计口径,实现对绿色金融发展"浅绿"到"深绿"不同程度的监测。静态监测机构绿色金融发展水平。从区域服务效果、机构目标考核、产品信贷评价、企业风险监测等 4 个维度,比较各机构在绿色金融推进中的长短板,推动机构提升绿色服务水平。动态监测机构绿色发展速度。明确目标,选取 20 余个指标,构建绿色金融发展进步度指数,覆盖评价辖内机构在绿色信贷规模、绿色专营机构、绿色产品项目、绿色信贷质量、创新做法等五大方面发展情况,综合考评各机构绿色金融发展速度和社会效应。

3. 拓宽绿色融资渠道,信贷保障不断强化

浙江省探索绿色投贷联动、绿色债券、绿色信贷资产证券化等新型融资方式和能效贷、合同能源管理、排污权质押等新型贷款产品,绿色产业加速崛起。截至 2017 年,浙江环保项目贷款余额新增前三人领域分别为自然保护、生态修复及灾害防控项目、工业节能节水环保项目和农村及城市水项目(表 2-10)。

表 2-10　　　　　　　　　　　　2017 年节能环保带框投向情况表

余额占比前三大领域			余额新增前三大领域		
行业名称	贷款余额/亿元	占节能环保贷款总额	行业名称	较年初新增/亿元	较年初增速
绿色交通运输项目	970.41	25.35%	自然保护、生态修复及灾害防控项目	288.8	114.86%
可再生能源及清洁能源项目	614.64	16.05%	工业节能节水环保项目	163.15	158.58%
自然保护、生态修复及灾害防控项目	540.23	14.11%	农村及城市水项目	162.81	59.68%
占全部节能环保贷款		55.51%	占全部新增节能环保贷款		61.44%

3 我国城市生态环境风险管理的思考

3.1 现状透析

我国在城市生态环境建设上取得了巨大的进步,但仍存在着体制不健全,机制不灵活,立法有缺项,缺乏治理的资金保障,社会、市场参与严重不足,生态安全信息数据标准不统一等不足。

1. 缺乏顶层的行政决策体系

长期以来,我国生态环境管理采用条块分割的模式,地方环保部门在业务上受上级环保部门的指导,行政上直接接受地方政府管理,导致出现监管中受地方政府制约大从而推进不力问题。又因缺乏顶层的行政决策体系(如国家级生态风险管理委员会)来对行政执行体系(生态环境部、自然资源部、林草局等)进行协调、督促与指导,给如收集、整理、归纳各个生态环境要素职能部门的历史数据,对我国生态环境风险源进行识别、排查、分析和排序,制定全国性生态环境管理的目标、纲领,制作风险地图、重大风险源处理优先名录等具体工作带来难度。

2. 法律法规还需完善,执法能力需要加强

由于城市生态环境风险本身具有的复杂性、流动性、突发性,取证困难,兼之相应的法律法规尚不完善,执法手段有限,难以形成有效震慑。

3. 技术水平低,发现生态风险,化解生态隐患的能力不足

我国生态领域的原创技术较少,核心技术创造不足,研究质量待提升;发明专利技术总体质量不高,核心专利技术缺乏,生态技术的研发主体仍然是高校和研究院所,企业创新能力明显不足,企业研发实力均不具备国际竞争力,研发与转化脱节问题突出;自主研发技术多处于小试或中试阶段,技术产业化水平远落后于发达国家;缺乏支撑环境质量改善的核心技术和产品;原创性研究能力与国际相比尚有差距,部分技术的基础研究与应用研究脱节。同时,生态安全信息化各子项标准和系统不统一,难以成为全国性的数据采集、整合、分析的坚实基础。

4. 工具手段少,尤其是市场手段运用有限

绿色金融尚在起步阶段,缺乏生态保险尤其是综合性的巨灾险使得政府在治理时没有第三方监管,事故发生前没有预警,发生后造成了破坏和损失都由政府一力承担,无法实现分担分责。

5. 公众参与和交流体系不够完善

我国公民的生态意识总体较为薄弱,表现在除自身周边环境外,公众对其他的环境问题漠不关心,但随着教育程度和经济水平的提高,公众对周边生态环境质量更为关注,各类投诉增长较快。公众参与和与政府的有效交流不够,实际环境风险水平与公众感知的差距较大。

6. 工业企业环境责任体系尚未健全

我国尚未推广开展对工业企业的生态环境风险责任的培训、管理,激励和惩罚措施不明确。大部分企业的生态环境风险管理只处在政府强制规定的环评、检查等阶段,在进行企业重大建设项目立项时没有自觉地将生态环境风险评估作为依据,企业运营过程和产出也没有相关的风险管理标准。

城市生态环境风险管理是一个较新的领域。以上积痛是长期城市化建设带来的难以避免的问题和管理压力,在我国进入"城市管理要像绣花一样"的精细化管理新时期,这些正是必须要直面和创新应对的难点、痛点。

3.2 目标和任务展望

基于城市生态环境风险管理和防控理论和我国现状,如何从风险的被动防范和应急管理转到主动"治未病",防患于未然,如何通过政府、企业和公众的合作,共同迎接风险挑战,转化为新经济发展机遇,是新时期下城市生态环境风险管理的重要目标与任务。

因此,我国总体城市生态环境风险管理战略目标可设定为:防范和消减风险的发生,降低灾害的损失,符合国家绿色与发展共同进步的战略,满足公众的美好生活愿望,保障人群健康、生态环境质量、保持生态系统功能和完整性,保护国家自然资源财产安全。具体任务可设定为:应充分了解全国主要城市生态环境现有存量、布局、质量等基础情况,以《生态环境监测网络建设方案》为指导,整合各个要素职能部门多年来的数据资源,制定统一标准,形成生态信息数据共享平台;识别和评估全国性和区域性的生态环境风险源,依照发生概率和危害程度进行优先处置排序,编制风险源名录、绘制风险地图、制定全国性的生态环境风险管理和防控战略;树立常态分权管理,灾时集中应急的制度;核算各区域生态系统服务价值(机会成本)、生态环境恶化风险以及修复受损生态系统功能的可能成本,明确生态风险管理的效益成本。

对生态环境部和自然资源部为主体的生态环境风险管理行政执行体系明确管理对象、目标和任务,充分利用全国生态环境信息监测网络进行常态管理,不断丰富相关法律和条例,形成牢固的法律保障,开发新技术手段,提高取证和执法效率。发挥政府、市场、社会在生态风险管控中的优势,构建政府主导、市场主体、社会主动的长效推进机制。通过鼓励发展生态安全领域的相关产业,激发企业活力,鼓励企业积极承担社会责任,为生态风险管理提供专业技术、信息资源和系统支撑;推广绿色新经济、绿色金融和生态综合保险(巨灾险)等新的市场分摊分责手段,充分发挥绿色金融和保险在资源配置方面的优势,形成均衡的风险分散、分担机制;鼓励社会组织、基层社区和市民群众充分参与生态风险防控工作。这样才能做到:以信息为基础,以法律为依据,高效决策;以体制为抓手,以机制为激励,精准管理;以金融为保障,以保险为分责,群策群力。从而保障常态管理的高效率,降低巨大风险的发生概率,保护国家生态环境资源财产,提升人民生活幸福度。

3.3 管理与防控体系

城市生态环境风险管理与防控体系如图 3-1 所示。

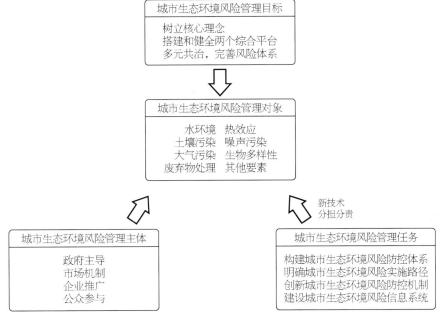

图 3-1 城市生态环境风险管理与防控体系

树立核心理念:居安思危,强化风险意识。总体工作思路从应急管理转向风险管理,工作重心转向事前科学预防,事中有效控制,事后及时救济。

搭建和健全两个综合平台,即搭建综合预警平台和健全综合管理平台。充分利用生态环境部已有的生态环境综合信息网络,上通下联,以平台为核心引导相关职能部门和运营企业进行常态化风险管理工作。

多元共治,完善风险体系:以"构建风险共治机制""完善精细风险防控机制""健全风险保障机制"为抓手并建立和提升生态环境信息网络机制,完善风险识别与评估框架和技术体系,建立常态下风险综合管控和预警体系,实现生态环境风险管理水平的整体提升,降低生态环境风险演变灾害的可能性。

从传统政府一元主导的问题处理、事故应急处置向开放性、系统化的多元共治的城市风险管理转型升级,构建一整套"事前科学预防""事中有效控制""事后及时救济"风险防控机制,这是风险管理发展的一个必然趋势。过去几十年中,各类生态环境事故层出不穷,政府苦于被动的危机管理,只能做到最大限度保障公众生命财产和生态环境安全。近年来,随着各种技术及意识的提高,单个生态环境要素的综合预警平台起到了常态下统一管理的作用,对有限资源进行了合理配置,努力防止最差情况出现,做到了应急管理,但仍较为被动。因此,主动降低风险演变成灾害的可能性,从生态系统服务价值(机会成本)的识别和纳入,到风险识别,到分析与评估,到风险受体识别与处置办法权衡,形成具有科学依据的风险管理模式,代表着先进的城市生态风险管理的新方向。表 3-1 从城市生态环境风险管理的状态、手段、目的、目标、管理、资源、平台、业务和机制等方面对城市生态环境风险防控的知识体系进行了简明扼要的概括。

表 3-1   城市生态环境风险管理与防控简明知识体系

定义	生态环境风险		生态环境灾害
状态	事前	事中	事后
手段	识别—分析—评估—管理	防控—应急准备	应急处理—灾后管理
目的	降低风险演变灾害的可能性	努力防止最差情况出现	最大限度保障公众生命财产和生态环境安全
目标	完善风险识别与评估框架和技术体系 建立常态下风险综合管控和预警体系	建立全过程应急预警管理体系	建立由政府主导的应急管理体制和应急救援队伍
管理	风险管理	应急管理	危机管理
	常态下的分权管理	常态下的统一管理	非常态下的集权管理
资源	绿色金融:生态环境保险	对有限资源进行合理配置	快速/充分调动相关资源
平台	综合监管平台	综合预警平台	应急处置平台
业务	· 识别(风险受体;积累性与突发性风险源) · 分析(考虑人体健康和生态系统建立方法) · 评估(分级;可接受风险水平;暴露性风险评估;比较风险评价) · 管理(常态化,动态巡检;风险热点区域监管) · 抗风险能力(基于生物多样性的城市生态环境风险脆弱性指标)	· 灾害后果模拟 · 应急预案规范 · 风险预警网络 · 风险防控与应急措施差距分析	· 明确应急管理机构 · 建立应急预案机制 · 协调应急资源保障 · 强化应急反应速度
机制	多元共治机制(政府,市场,社会)、精细风控机制(排查,监管、技术应用、保险)、依法保障机制(保险 + 法律)、生态环境信息网络(协作、交流、推广、标准制定)		环境灾害应急管理机制

3.4 实施路径

1. 多元共治

如图 3-2 所示,强化宏观—区域—城市的行政决策体系,对我国城市生态风险管理的迫切性、必要性、目标、战略、体系和方法等统一认识,充分激励现有行政执行体系的积极性,引导和沟通社会监督体系的有效参与,以及企业的积极推广,并形成企业重大建设项目立项前都自觉有生态环境风险评估的依据。

　　充分发挥政府、企业、公众在生态风险管控中的优势,构建政府主导、企业主体、公众主动的长效推进机制。政府处于核心地位,主导生态风险管理。针对要做什么、能做什么、该做什么这三个问题,重点围绕加快城市生态环境修复,管控生态风险,尽快建立起科学性强、易操作的生态恢复建设指标体系,使之成为今后推进韧性城市建设的重要导向和约束。搭建风险综合管理平台、主动引导舆情等工作,同时对相关社会组织进行统一领导和综合协调,加大培育扶持力度,积极推进生态风险防控专业人员队伍建设。

　　充分运用和发挥企业的主体作用,鼓励发展生态安全领域和绿色经济的相关产业,为风险管理打下坚实的物质基础。以市场手段激发企业活力,促进企业审时度势转化生态环境风险为

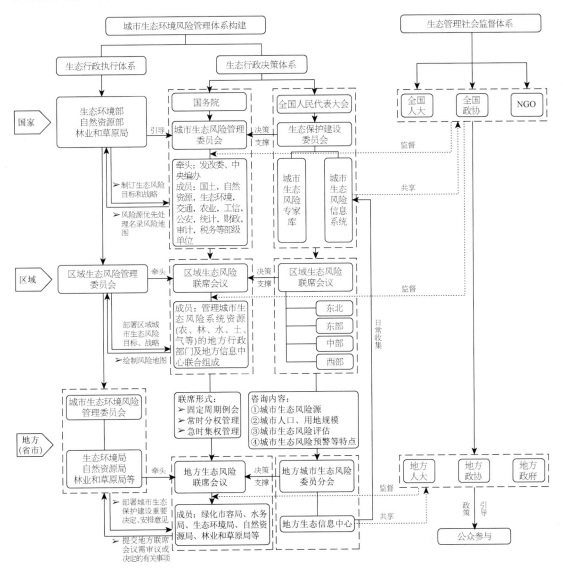

图 3-2　城市生态环境行政体系框架[21]

新经济的发展机遇；同时，保障企业安全、规范进行生产运行活动，鼓励企业积极承担社会责任，为生态风险管理提供专业技术、信息资源和系统支撑；充分发挥在资源配置方面的优势，形成均衡的风险分散、分担机制；鼓励社会组织、基层社区和市民群众充分参与和推动数据收集、监督监管等生态风险防控和转化工作。

2. 依法保障

随着城市生态环境风险管理总体思路向"事前科学预防""事中有效控制""事后及时救济"的方向转变，改变以污染事件驱动及应急处置为主的现有相关法律法规体系，填补与风险相关的法律法规空白，为在取证执法等方面开发多种新技术、新产品提供法律保证。

3. 精细化管理

按照"城市管理要像绣花一样"的标准进行城市生态环境风险的精细化管理和防控。首先，应明确"风险识别—风险评估—风险处置"的风险管理路径，针对"宏观—区域—城市"的不同管辖范围和内容特点，深入进行风险源调查，绘制风险地图，明确风险等级、发生概率及造成危害影响，从而做到从末端治理转向全过程控制，找到问题的源头进行源头控制。在源头不具备解决条件的情况下对污染全过程进行分析，找到最佳的切入点进行治理。其次，从侧重工程转向侧重管理，在已有的网格化管理成果基础上做精做细，尊重和充分使用本土已有的生态环境监测和治理规划、设施设备，以最经济的投入产生较好的管理效果。最后，提高管理效率，让决策者专注于决策，将发现问题和分析问题的工作交给专业团队，避免陷入海量碎片的数据群，根据上级要求和对辖区各类风险源的精准把握做出最有效的解决方案，提高政府的处理能力和决策效率。

4. 技术创新

鼓励各种新技术、新产品、新业态的研究和推广，尤其是在生态安全信息化方面，突破现有体制重叠和空白管理的缺陷，整合分属不同部门的环保数据，使其统一且各部门可共享，为区域性高污染风险源构建全方位监控的环境风险信息体系，以高效低成本的手段开展常态化监管模式，通过"一门户、一张图、一平台、一中心、一网络、一机制"的信息综合服务平台（图3-3）为环境风险管理提供基础数据，并鼓励公众参与，运用各种信息和物联网的手段进行沟通交流分享。

1）生态感知监测更加全面透彻

充分运用物联网、云计算、5G宽带无线网络等新一代信息技术，推动传统环境监测基础设施与传感器、无线通信等信息技术的全面融合，使生态环境更加全面透彻感知，环境保护的智能化管理水平不断提升。未来将建立环境物联编码体系，从而实现集监测站、监测设备、监测数据的有机整合，形成统一的环境生态感知联网管理平台，手动监测与自动监测构成完整体系，实现运维管控数据动态更新与维护。

2）基础网络更全面互联互通

利用生态环境专网、电子政务网、移动网络、5G、卫星通信、3S等技术，将环境监测数据、管

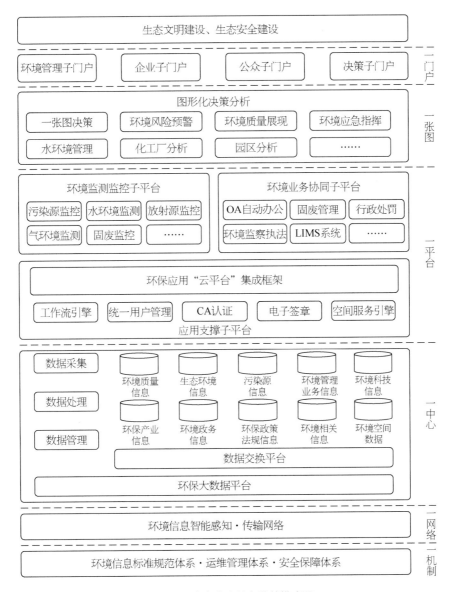

图 3-3　生态安全信息监管模式图

理数据进行共享交换,实现更全面的互联互通;跨越互联网、移动互联网和广播电视网的界限,实现异构网络之间的无缝对接,构建环境与社会全向互联的智慧型环境感知网络、有线网向无线网络转变,24 h 在线成为趋势。

3）生态环境数据更深入整合聚集

建立生态环境数据统一资源目录体系,生态环境资源逐步整体聚集;形成统一的数据共享与交换平台,实现数据共享联动,夯实生态环境基础数据,拓展业务专题数据,深入数据智能分析挖掘,逐步建成生态环境知识体系,实现信息资源的标准规范及整合共享;建设数据综合分析与展示平台,提升智能分析与决策应用水平;建立数据动态更新与维护机制,生态环境数据质量明显提升。

4）分析决策更加智能

通过人工智能、大数据等新一代信息技术的不断应用,生态环境数据能够进行整体的整合和分析,逐步完善生态环境质量模型,提升综合生态环境监管风险的能力,使生态环境保护工作走向支撑和服务于国民经济的持续协调发展,面对生态环境保护政策的发展,特别是生态文明建设的政策需要,从更高的层次、更全面的方位对生态环境行业科学决策和社会服务提供信息化支撑和服务。

5）污染源监管更加自主开放

探索企业自主监测,逐步转变污染源被动监管为主动管控,探索污染物定量化总量控制,推进污染源智能分析与防控。依据国家生态环境数据公开目录,加大污染源数据开放力度,逐步完善社会公众监督机制,开展企业信用评价,强化污染源企业自律性,形成生态环境保护政府、企业、公众良性互动局面。

6）综合业务管理更加科学高效

业务系统强化顶层设计,有效进行业务整合,推动生态环境保护工作的智能管理,实现行政事务和业务管理的科学高效,业务协同水平明显提升,加强生态环境安全与应急联动机制,提升应急调度水平,促进业务、信息、服务的深化整合,生态环境互联治理水平明显提升。

7）公众生态环境体会更加主动真实

以关注民生为前提,切实保障公众知情权为重点,优化生态环境公开信息目录,主动开放环境数据与接口,形成与公众良性互动,公众可获取、分享的渠道更加丰富,充分利用微博、微信、环境论坛、环境博客等社交平台,多渠道收集公众意见,拓展公众参与环境的渠道,大力丰富惠民服务。

8）环境网络安全不断提高

随着我国对网络安全的不断重视,相关管理部门、企业将不断加强网络安全工作。未来将以网络安全等级保护为基础,采用各种网络安全防护技术,不断提高环境信息系统安全水平。同时伴随着物联网、大数据、云计算等新型技术的广泛应用,新技术的安全防护系统也将在相关管理部门及企业中得到快速应用。

5. 激发市场

丰富各种方法和手段,将市场手段引入城市生态环境风险管理领域,开发新产业,形成新业态。绿色金融和生态环境综合保险(巨灾险)的推行是我国生态环境风险管控的重要市场手段。

在绿色发展理念的指导下,转变发展思路,采用财税、金融等经济手段改变资源配置方式,让产业结构、能源结构和交通结构绿色化,引导资源从污染性行业逐步退出,更多地投向绿色和环保的行业,同时增强城市基础设施应对各类生态环境风险的能力,发展绿色交通和绿色建筑。绿色债券,即募集资金用于绿色资产和项目,并具有相应绿色标签的债券,被视为是撬动私营资本的理想工具。绿色债券与绿色产业特征具有一定的匹配性:绿色产业本身具有周期长、投资大、可持续发展性与正外部性等特点,而我国银行贷款的平均年限为两年,这往往难以满足绿色基础设施的长期投资需求。绿色债券可以吸引(专注于投资绿色项目的)机构投资者,所筹集资金可供企业或者政府长期使用,推动资金流向绿色基础设施所需要的长期资本。这为地方政府或者企业安排投资绿色项目提供了有力的资金支持。扩大地方绿色债券发行对建设中国多层次绿色债券市场体系、提高直接融资比重和降低金融体系的脆弱性有重要意义。扩大地方绿色债券发行的同时可以进一步增进绿色债券市场的流动性,为更多参与主体,包括海外的绿色机构投资者进入绿色债券市场创造条件。我国将进一步引导民营资本投资公共服务部门和基础设施,丰富地方债券市场的机构投资者层次,降低财政风险和金融风险,以地方绿色债券发展推进绿色城市转型。

生态环境综合保险(巨灾险)将有助于建立健全、合理的风险社会化分散体系,可通过国际与国内再保险市场来分散环境污染责任保险的风险,或者建立环境污染责任保险公司与政府的再保险关系,使得环境污染的巨大风险损失通过再保险机制在全球保险市场内进行分散,有利于我国政府的风险防控。

加快完善生态环境损害相关的追责方法建设,有助于正向推动环境污染责任险(以下简称环责险)的落地,环责险作为保险产品,具有它的市场特性,其发展极大程度取决于法律的健全及执行的力度。我国现有法律法规部分体现了环责险的相关规定,为环责险的发展提供了初步的法律依据,进一步深化相关法律规定将对环责险的全面推广起到重大作用。

6. 有效交流

城市生态环境风险就发生在群众生活中,往往是社交群体和公众媒介的焦点,政府部门和公众之间的沟通交流、合作非常重要。公众的知识培训、参与意识的培养、参与边界的厘清是未来社区、社会组织机构、NGO等工作的重点,需通过各种信息共享平台、社区会议、专业培训、企业内培训等搭建有效的交流体系,获得公众对环境风险的信息录入参与,同时促进公众对环境风险形成全面和正确的认知,形成合力。

7. 操作路径

1) 各环境要素风险管理操作路径

以各环境要素的专业知识为基础,结合区域的实际情况,收集本专业历史数据、本区域环境功能区划和空间布局、各类受体现状、本区域环境应急预案、环境风险评估报告、区域经济水平、应急资源现状及需求等资料,依照风险识别、分析、管理的路径进行规划,形成风险源优先处置名录、风险地图、风险防控成本效益分析等成果(图3-4)。

2) 风险源识别

根据收集整理的环境风险源相关资料,列表说明各环境要素风险源基本情况,包括类别、名称、地理坐标、规模、主要环境风险物质名称、数量以及风险等级等信息,以各要素分布图、行政区划图为基础,分别绘制各要素风险源分布图(图3-5)。

在未来的一段时间内,我国除需继续对已经得到关注的部分环境风险源如化学品、富营养化、重金属、PM$_{2.5}$等继续关注以外,还需要对已经存在且可能继续发展的环境风险源如臭氧、黑炭、核与辐射、温室气体等,以及未来可能出现的环境风险进行防控[11]。

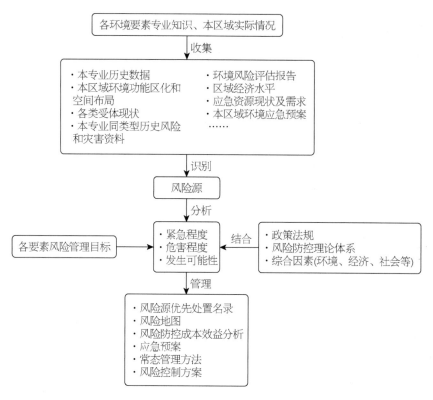

图 3-4　各环境要素风险管理操作路径

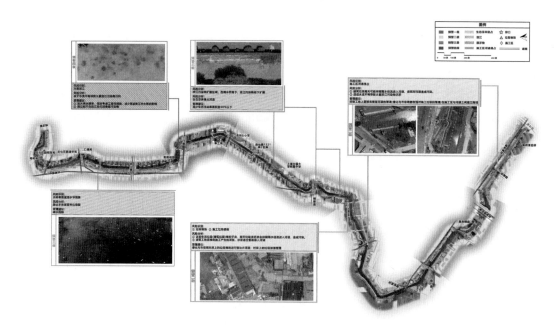

图 3-5　风险源分布图示例—— 某河水质风险地图（2018 年 6-8 月）

我国未来需特别关注的风险源如下[11]：

（1）突发及潜在突发事故型环境风险：生产、存储、运输和使用化学品，因违法行为产生的环境风险，富营养化，水和土壤中的重金属污染，气候变化带来自然灾害引发的次生突发生态风险。

（2）长期慢性环境风险：$PM_{2.5}$ 健康风险、O_3 健康风险、黑炭、污染场地、区域开发引发生态风险、核辐射和核废抖环境风险、气候变化带来的生态环境和健康风险等。

3）风险评估和分析

环境风险指数计算法包括各要素风险指数计算和综合风险指数计算，是在资料收集和识别的基础上，分别确定各要素风险指标，对环境风险源强度指数（S）、环境风险防控与应急能力指数（M）、环境风险受体脆弱性（V）的各项指标分别打分并加和，得出指数值；使用式（3-1）— 式（3-2）计算出环境风险指数（R），按照表判定环境风险等级（表 3-2、图 3-6）。

根据水环境、大气环境和综合环境风险指数的数值大小，将区域环境风险划分为高、较高、中、低四级。环境风险等级划分原则见表 3-2。

表 3-2   环境风险等级划分原则

环境风险指数（$R_水$，$R_气$，$R_{综合}$）	环境风险等级
≥50	高（H）
[40，50）	较高（RH）
[30，40）	中（M）
<30	低（L）

资料来源：中 国环保部，2018 年 1 月。

在计算环境风险指数时，按照评估子区域的类别，使用式（3-1）—式（3-2），分别计算水环境风险指数（$R_水$）、大气环境风险指数（$R_气$）和综合环境风险指数（$R_{综合}$）。

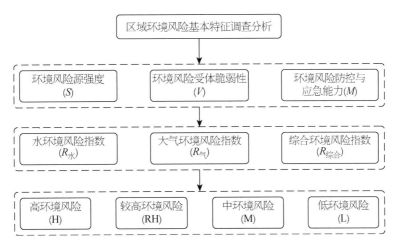

图 3-6　行政区域突发环境事件风险等级划分程序

资料来源：中国环保部，2018 年 1 月。

$$R_{水} = \sqrt[3]{S_{水} \cdot V_{水} \cdot M_{水}} \qquad\qquad (3-1)$$

$$R_{气} = \sqrt[3]{S_{气} \cdot V_{气} \cdot M_{气}} \qquad\qquad (3-2)$$

$$R_{综合} = \sqrt[3]{S_{综合} \cdot V_{综合} \cdot M_{综合}} \qquad\qquad (3-3)$$

4）风险管理

（1）应急管理程序。根据各要素典型环境事件情景分析,编制各要素环境应急预案,按照事件发生的可能性大小、紧急程度和可能造成的危害程度,将预警分级。突发公共事件应急管理体制见图3-7,应急联动中心和公共服务联动中心一体化联动见图3-8。

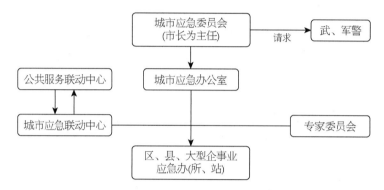

图 3-7　突发公共事件应急管理体制[28]

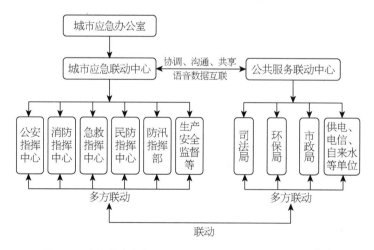

图 3-8　应急联动中心和公共服务联动中心的一体化联动[28]

（2）常态管理。城市生态环境风险的常态管理主要注重于原有风险源的变化监控、新风险源的及时掌握、风险地图的周变化、月变化乃至日变化趋势、与职能部门的及时沟通协调,融合风险效益分析等制定合理的方案措施,按优先程度进行干预和治理,将风险控制在源头。对所有的应急预案及处理进行按期检查,防止遗漏和不合理风险发生。

第 2 篇

城市生态环境风险防控研究与实践

4 城市河湖水质风险防控体系研究与实践

4.1 基础知识

4.1.1 水体和水质的概念

水体,是地表水圈的重要组成部分,指的是以相对稳定的陆地为边界的天然水域。包括由一定流速的沟渠、江河和相对静止的沼泽、池塘、水库、湖泊以及受潮汐影响的三角洲和海洋。

水体可以从两个层面进行分类:按类型可分为海洋水体、陆地水体、地表水体以及地下水体四种类型;按区域分即为某一区段的水体。以太湖和滇池为例,按类型划分同属于陆地地表水体中的湖泊,按区域划分则属于两个区域的水体[31]。

水质,主要指水相的质量。即水体中的物理(色度、悬浮物等)、化学(有机和无机物含量)和生物指标及组成情况(细菌、微生物、浮游生物、底栖生物),反映的是水体环境自然演化的过程和人类活动的影响程度。

4.1.2 水体污染源及污染物

水体污染源,主要指向水体排放污染物的场所、设备和装置等。水体污染源也包括污染物进入水体的途径,如城市分布较多的排水管道、乡村中灌溉农田的沟渠等。导致水体污染的主要因素有两类:一是自然因素,如地表水冲刷和地下水流动将地层中的某些矿物质溶解,使水中的营养盐、微量元素或放射性物质浓度显著增加而使水质恶化;二是人为因素,工业、农业和交通运输业高度发展,废水废弃物进入水体,导致水质恶化。目前中国人口大量集中于城市,城市河湖的水质恶化主要是人类的生产和生活活动造成的[32]。

水体污染物主要指污染水体的物质。根据其性质、来源、进入水体的形式有不同的界定方法。水体污染物按其性质分,可分为化学性污染物、物理性污染物和生物性污染物;按其来源分,可分为工业废水、生活污水和农业废水;按其形式分,可分为点源污染和非点源污染(图4-1)[32]。

1. 水体污染物按性质分类

(1)排入水体的化学性污染物,主要包括无机无毒物质、无机有毒物质、有机耗氧物质及有机有毒物质。

无机无毒物质,多指排入水体中的酸、碱及一般无机盐类,这些盐类能使淡水资源的矿化度增高,影响各种用水水质。在城市生活污水和某些工业废水中,经常含有一定量的磷和氮等植

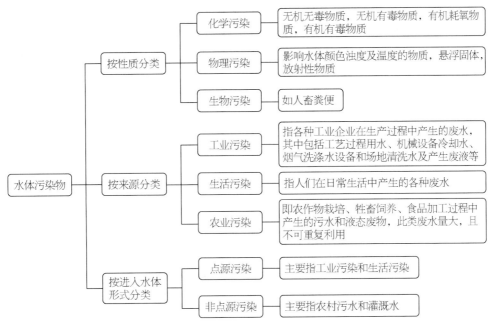

图 4-1　水体污染物的几种分类形式

物营养物质,施用磷肥、氮肥的农田水中,也含有无机磷和无机氮的盐类。这些物质可引起水体的富营养化,使水质恶化。

无机有毒物质,主要包括重金属和氰化物等。重金属污染物排入水体环境中不易消失,可通过食物链富集进入人体,再经较长时间积累可能促进慢性疾病的发作。目前已经证实,约有20多种金属可致癌,如铍、铬、钴、镉、砷、钛、铁、镍、钪、锰、锆、铅、钯等都有致癌性。汞、铌、钽、镁已知为特异性致癌物质。例如在20世纪50年代的日本首次发现的水俣病就是因为人们误食了被有机汞污染的水中的鱼和贝类。氰化物是剧毒物质,水体中的氰化物主要来源于化学纤维生产、制药等工业废水。水体中含氰化物 0.1 mg/L 能杀死虫类,0.3 mg/L 能杀死赖以自净的微生物,而含 0.3~0.5 mg/L 时,鱼类可能中毒死亡,人只要口服约 0.28 mg/L 的氰化钾可致死。氰化物危害极大,当含氰废水排入水体后,会立即引起水生生物急性中毒甚至死亡。

有机耗氧物质,天然水中的有机物一般指天然的腐殖物质及水生生物的生命活动的产物。城市中的生活污水、食品加工和造纸等工业废水中,含有大量的有机物,如碳水化合物、蛋白质、油脂、木质素、纤维素等。有机物的共同特点是这些物质直接进入水体后,通过微生物的生物化学作用分解为简单的无机物(如二氧化碳和水),在分解过程中需要消耗水中的溶解氧,在缺氧条件下发生腐败分解、恶化水质。

有机有毒物质,主要指污染水体的各种有机农药、多环芳烃、芳香烃等。这些物质多为人工合成物质,化学性质稳定,很难被生物分解。

(2) 排入水体的物理性污染物主要指影响水体颜色、浊度、温度的物质以及悬浮的固体和放射性物质等。

影响水体颜色、气味、浊度以及温度的物质:以施工地排入城市河道中发臭的泥浆为例,大量发臭的泥浆排入水体后会影响水体的颜色、气味以及浊度;城市中工厂排放的工业废水会使天然水体温度上升,严重的可形成热污染。

悬浮固体:排入水体的各种废水存在胶体或细小的悬浮固体,会影响水体的透明度,降低水中藻类的光合作用,限制水生生物的正常运动,减缓水底活性,导致水体底部缺氧,使水体同化能力降低。

放射性物质:随着原子能工业的发展,放射性矿藏的开采,核试验和核电站的建立以及同位素在医学、工业、研究等领域的应用,放射性废水、废物显著增加,造成一定的放射性污染。

(3)排入水体中的生物污染主要包括存在于人畜粪便的致病细菌及病毒。存在于人畜肠道中的病原细菌,如伤寒、副伤寒、霍乱细菌等都可以通过人畜粪便的污染而进入水体,随水流动而传播。一些病毒如肝炎病毒、腺病毒等也会在污染水中被发现。某些寄生虫病,如阿米巴痢疾、血吸虫病、钩端螺旋体病等也可通过水进行传播。

2. 水体污染物按来源分类

(1)工业废水:指各种工业企业在生产过程中产生的废水,其中包括工艺过程用水、机械设备冷却水、烟气洗涤水、设备和场地清洗水及产生废液等。

(2)生活污水:指人们在日常生活中产生的各种废水。其中包括厨房、浴室等排出的污水、厕所排出的含粪便的污水、各种集体单位和公用事业等排出的污水。生活污水中杂质较多,包括悬浮物、溶解在水中的物质(如含氮化合物等)、产生臭味的硫化物等粪臭素以及各种微生物。

(3)农业废水:即农作物栽培、牲畜饲养、食品加工过程中产生的污水和液态废物,此类废水量大,且不可重复利用。农业废水中含有各种微生物、悬浮物、化肥、农药、不溶解固体和盐分等生物和化学污染物质,其中农药和施化肥是造成水体污染的主要原因。农业废水是造成水体污染的面源,它覆盖面广、分散,并通过各种渠道影响地面水体。

3. 水体污染物按其形式分类

(1)点源污染:主要指工业污染和生活污染。其变化规律服从工业生产废水和城镇生活污水的排放规律,即季节性和随机性。

(2)非点源污染:主要指农村污水和灌溉水。非点源的变化规律主要服从农作物的分布和生产管理(施农药、施肥)。受到地质溶解作用以及降水作用,污染物进入水体,因此是一种面源污染。

4.1.3 水质污染和水体污染

当进入水体的污染物质超过了水体的环境容量或水体的自净能力,显著改变了水质指标,从而破坏了水体的原有价值和作用的现象,称为水质污染[31]。

水体污染,除了关注水质的好坏,还包括除水相以外的固相特征变化。例如,部分城市河湖受工业污水排放,重金属污染物随污水进入水体,由于重金属元素容易从水相转移到固相底泥中,因此水相中测得的重金属含量较低,水质未受到污染。但从水体的范畴来说,底泥已受到重金属污染,可认定为水体受到了污染。

以下是城市常见水质污染指标。

溶解氧(Dissolved Oxygen)通常记为 DO,指溶解于水中的氧的量,是评价水体自净能力的指标。溶解氧含量较高,表示水体自净能力较强;溶解氧含量较低,表示水体中污染物不易被氧化分解,鱼类也因得不到足够氧气,窒息而死。这时,厌氧性菌类就会繁殖起来,使水体发臭。溶解氧也能够反映河流水体污染的特征,一般情况下受污染的水体中溶解氧会降低,进而影响水中好氧生物及微生物的正常生长。在城市河湖中,溶解氧的浓度一般在温度较高的季节较大,温度升高,水体中的藻类就会大量生长,藻类的光合作用会产生大量的氧气,增大水体中的溶解氧浓度。

化学需氧量(Chemical Oxygen Demand)通常记为 COD,指水体中能被氧化的物质在规定条件下进行化学氧化过程中所消耗氧化物质的量,以每升样水消耗氧的毫克数表示。水中的还原性物质有各种有机物、亚硝酸盐、硫化物、亚铁盐等,但主要的是有机物。因此,化学需氧量(COD)往往作为衡量水中有机物质含量多少的指标。化学需氧量越大,说明水体受有机物的污染越严重。它是一个重要的而且能较快测定的有机物污染的参数。COD 不仅反映水体受还原性污染的污染程度,还是评价水体中污染物质相对含量和判定污水处理效果的一项重要综合指标,是污水处理过程中必须进行检测的项目。

氨氮(Ammonia Nitrogen)通常记为 NH_4^+,指水中以游离氨(NH_3)和铵离子(NH_4^+)形式存在的氮。水中氨氮主要来源于生活污水中含氮有机物,例如人畜粪便,其次是来源于工业废水和化学肥料。含氮有机物在进入水体后,在有氧的条件下经氨化菌分解生成氨。氨氮是水体中的营养素,可导致水体产生富营养化现象,对鱼类及水生生物有毒害。氨氮对水生物起危害作用的主要是游离氨,其毒性比铵盐大几十倍,并随碱性的增强而增大。氨氮毒性与水体的 pH 值及水温有密切关系,一般情况,pH 值及水温愈高,毒性愈强,对鱼的危害类似于亚硝酸盐。水体中的溶解氧浓度会影响水体中氨的浓度,溶解氧浓度大,会促使氨氧化成亚硝酸盐,进而降低水体中氨氮的浓度[34]。

总磷(Total Phosphorus)通常记为 TP,指水样经消解后将各种形态的磷转变成正磷酸盐后测定的结果,以每升水样含磷毫克数计量。总磷是反映水体富营养化的主要指标之一。水体中的磷是藻类生长需要的一种关键元素,过量磷是造成水体污秽异臭,使湖泊发生富营养化和海湾出现赤潮的主要原因。低 pH 有利于磷的释放,高 pH 有利于磷的吸收。

高锰酸盐指数(Permanganate Index)指在酸性或碱性介质中,以高锰酸钾为氧化剂,处理水样时所消耗的氧化剂的量,主要应用于掌握饮用水和地表水水质。表示单位氧的毫克/升(mg/L)。高锰酸盐指数是地表水、水源水和生活污水监测的重要项目,也是我国地表水在线自动监测的重要指标之一,主要反映水体受有机污染物和还原性无机物质污染的程度。

日生化需氧量(Biochemical Oxygen Demand)指在有氧条件下,5 天内好氧微生物氧化分解单位体积水中有机物所消耗的游离态氧的数量。主要用于监测水体中有机物的污染状况。一般有机物都可以被微生物分解,但微生物分解水中的有机化合物时需要消耗氧,如果水中的溶解氧不足以供给微生物的需要,水体就处于污染状态。

臭味(Stink)是判断水质优劣的感官指标之一。洁净的水是没有气味的,受到污染后会产生各种臭味。常见的水臭味有:霉烂臭味(主要来自生物体的腐烂)、粪便臭味、汽油臭味、臭蛋味(来自硫化氢)。化学品引起的臭味是多种多样的,如氯气味、药房气味(主要来自酚类的污染)等。饮用有臭味的水会引起厌恶感。在有臭味的水中生长的鱼类和其他水生生物也可能有异味。游览区的河水和湖水有臭味会影响旅游发展。中国颁布的《生活饮用水卫生标准》和《地面水卫生标准》都规定水不得有异臭。

4.1.4 城市河湖水质污染的界定和标准

1. 水质评价标准

根据《地表水环境质量标准》(GB 3838—2002)和《地表水环境质量评价办法(试行)》(环境保护部办公厅文件环办〔2011〕22 号)对水质进行评价。

2. 水质评价指标

依据《中华人民共和国环境保护法》和《中华人民共和国水污染防治法》,防治水污染、保护地表水水质、保障人体健康、维护良好的生态系统,由国家环境保护总局和国家质量监督检验检疫总局制定了中华人民共和国水质的国家标准《地表水环境质量标准》(GB 3838—2002),根据水体的功能和类型,分别为江河、湖泊、运河、渠道、水库等具有使用功能的地表水水域制定了地表水环境质量标准基本项目(24 项水质指标),如表 4-1 所示,为集中式生活饮用水地表水源地制定了补充监测项目(5 项水质指标)及适用于集中式生活饮用水地表水源地一级保护区和二级保护区的特定补充指标(80 项水质指标)。

城市河湖的水质评价指标参考表 4-1 中地表水环境质量标准基本项目中除水温、总氮、粪大肠菌群以外的 21 项指标。水温、总氮、粪大肠菌群作为参考指标单独评价(河流总氮除外)。但处理后的城市污水及与城市污水水质相近的工业废水用于农田灌溉用水的水质按《农田灌溉水质标准》进行管理。

3. 河道水质评价方法

1)断面水质评价

河道断面水质类别评价采用单因子评价法,即根据评价时段内该断面参评的指标中类别最高的一项来确定。描述断面的水质类别时,使用"符合"或"劣于"等词语。断面水质类别与水质定性评价分级的对应关系见表 4-2。

表 4-1　　　　　　　　　地表水环境质量标准基本项目标准限值　　　　　　　　　（单位：mg/L）

序号	分类 标准值 项目		Ⅰ类	Ⅱ类	Ⅲ类	Ⅳ类	Ⅴ类
1	水温		人为造成的环境水温变化应限制在：周平均最大温升≤1 周平均最大温降≤2 ℃				
2	pH 值(无量纲)		6～9				
3	溶解氧	≥	饱和率90% 或 7.5	6	5	3	2
4	高锰酸盐指数	≤	2	4	6	10	15
5	化学需氧量(COD)	≤	15	15	20	30	40
6	五日生化需氧量(BOD$_5$)	≤	3	3	4	6	10
7	氨氮(NH$_3$-N)	≤	0.15	0.5	1.0	1.5	2.0
8	总磷(以 P 计)	≤	0.02(湖、 库 0.01)	0.1(湖、 库 0.025)	0.2(湖、 库 0.05)	0.3(湖、 库 0.1)	0.4(湖、 库 0.2)
9	总氮(湖、库以 N 计)	≤	0.2	0.5	1.0	1.5	2.0
10	铜	≤	0.01	1.0	1.0	1.0	1.0
11	锌	≤	0.05	1.0	1.0	2.0	2.0
12	氟化物(以 F$^-$计)	≤	1.0	1.0	1.0	1.5	1.5
13	硒	≤	0.01	0.01	0.01	0.02	0.02
14	砷	≤	0.05	0.05	0.05	0.1	0.1
15	汞	≤	0.000 05	0.000 05	0.000 1	0.001	0.001
16	镉	≤	0.001	0.005	0.005	0.005	0.01
17	铬(六价)	≤	0.01	0.05	0.05	0.05	0.1
18	铅	≤	0.01	0.01	0.05	0.05	0.1
19	氰化物	≤	0.005	0.05	0.02	0.2	0.2
20	挥发酚	≤	0.002	0.002	0.005	0.01	0.1
21	石油类	≤	0.05	0.05	0.05	0.5	1.0
22	阴离子表面活性剂	≤	0.2	0.2	0.2	0.3	0.3
23	硫化物	≤	0.05	0.1	0.2	0.5	1.0
24	粪大肠菌群/(个·L^{-1})	≤	200	2 000	10 000	20 000	40 000

资料来源：《地表水环境质量标准》(GB 3838—2002)。

表 4-2　　　　　　　　　　　　断面水质定性标准

水质类别	水质状况	表征颜色	水质功能
Ⅰ～Ⅱ类水质	优	蓝色	饮用水源地一级保护区、珍稀水生生物栖息地、鱼虾类产卵场、仔稚幼鱼的索饵场等
Ⅲ类水质	良好	绿色	饮用水源地二级保护区、鱼虾类越冬场、洄游通道、水产养殖区、游泳区
Ⅳ类水质	轻度污染	黄色	一般工业用水和人体非直接接触的娱乐用水
Ⅴ类水质	中度污染	橙色	农业用水及一般景观用水
劣Ⅴ类水质	重度污染	红色	除调节局部气候外,使用功能较差

资料来源:《地表水环境质量评价办法(试行)》环办〔2011〕22 号。

例如,对城市河道某一断面进行水质 21 项指标的监测,结果显示 20 项指标都达Ⅴ类标准,部分指标甚至达到Ⅲ类水质标准,但总磷测定值为 0.41,大于Ⅴ类水质标准的限值 0.4,因此该断面水质评价以所有指标中最高的一项进行评定,为"劣Ⅴ类"。

2) 河流、流域(水系)水质评价

当河流、流域(水系)的断面总数少于 5 个时,计算河流、流域(水系)所有断面各评价指标浓度算术平均值,然后按照"断面水质评价"方法评价,并按表 4-2 给出每个断面的水质类别和水质状况。

当河流、流域(水系)的断面总数在 5 个(含 5 个)以上时,采用断面水质类别比例法,即根据评价河流、流域(水系)中各水质类别的断面数占河流、流域(水系)所有评价断面总数的百分比评价其水质状况。河流、流域(水系)的断面总数在 5 个(含 5 个)以上时不做平均水质类别的评价。

河流、流域(水系)水质类别比例与水质定性评价分级的对应关系见表 4-3。

表 4-3　　　　　　　　　河流、流域水系水质定性评价分级

水质类别比例	水质状况	表征颜色
Ⅰ～Ⅲ类水质比例≥90%	优	蓝色
75%≤Ⅰ～Ⅲ类水质比例<90%	良好	绿色
Ⅰ～Ⅲ类水质比例<75%,且劣Ⅴ类比例<20%	轻度污染	黄色
Ⅰ～Ⅲ类水质比例<75%,且 20%≤劣Ⅴ类比例<40%	中度污染	橙色
Ⅰ～Ⅲ类水质比例<60%,且劣Ⅴ类比例≥40%	重度污染	红色

资料来源:《地表水环境质量评价办法(试行)》环办〔2011〕22 号。

(1) 断面主要污染指标的确定方法。在评价时段内,断面水质为"优"或"良好"时,不评价主要污染指标。断面水质超过Ⅲ类标准时,先按照不同指标对应水质类别的优劣,选择水质类别最差的前三项指标作为主要污染指标。当不同指标对应的水质类别相同时计算超标倍数,将超标指标按其超标倍数大小排列,取超标倍数最大的前三项为主要污染指标。当氰化物或铅、

铬等重金属超标时,优先作为主要污染指标。确定了主要污染指标的同时,应在指标后标注该指标浓度超过Ⅲ类水质标准的倍数,即超标倍数,如高锰酸盐指数(1.2)。对于水温、pH值和溶解氧等项目不计算超标倍数。

$$超标倍数 = \frac{某指标的浓度值 - 该指标的 Ⅲ 类水质标准}{该指标的 Ⅲ 类水质标准}$$

(2)河流、流域(水系)主要污染指标的确定方法。将水质超过Ⅲ类标准的指标按其断面超标率大小排列,一般取断面超标率最大的前三项为主要污染指标。对于断面数少于5个的河流、流域(水系),按"断面主要污染指标的确定方法"确定每个断面的主要污染指标。

$$断面超标率 = \frac{某评价指标超过 Ⅲ 类标准的断面(点位)个数}{断面(点位)总数} \times 100\%$$

3)湖泊、水库水质评价

(1)湖泊、水库单个点位的水质评价按照"断面水质评价"方法进行。

(2)当一个湖泊、水库有多个监测点位时,计算湖泊、水库多个点位各评价指标浓度算术平均值,然后按照"断面水质评价"方法评价。

(3)湖泊、水库多次监测结果的水质评价,先按时间顺序计算湖泊、水库各个点位各个评价指标浓度的算术平均值,再按空间序列计算湖泊、水库所有点位各个评价指标浓度的算术平均值,然后按照"断面水质评价"方法评价。

(4)对于大型湖泊、水库,亦可分不同的湖(库)区进行水质评价。

(5)河流型水库按照河流水质评价方法进行。

4.1.5　水体的黑臭现象和黑臭水体评价

1. 黑臭水体的概念

黑臭水体是指城市建成区内,呈现令人不悦的颜色和(或)散发令人不适气味的水体的统称。

2. 黑臭水体初步识别

根据以往掌握的水体污染和投诉情况,城市政府主管部门(或其委托的专门机构)应对所有城市水体的黑臭情况进行预评估,将结果列于表4-4中并予以公示。

表4-4　　　　　　　　　　　　城市水体黑臭状况预评估结果

水体编号	水体名称或具体位置	黑臭状况		
		无黑臭	局部黑臭	全部黑臭

资料来源:《城市黑臭水体整治工作指南》(2015)。

对于可能存在争议、预评估结果为无黑臭的城市水体,主管部门可委托专业机构对城市水体周边社区居民、商户或随机人群开展调查问卷,进一步判别水体黑臭状况。原则上每个水体的调查问卷有效数量不少于 100 份,如认为有"黑"或"臭"问题的人数占被调查人数的 60% 以上,则应认定该水体为"黑臭水体"。有条件的地区可通过手机二维码形式完成公众调查。根据城市黑臭水体识别结果,提出城市黑臭水体的初步名单。

3. 城市黑臭水体分级与判定

根据黑臭程度的不同,可将黑臭水体细分为"轻度黑臭"和"重度黑臭"两级。水质检测与分级结果可为黑臭水体整治计划制定和整治效果评估提供重要参考。城市黑臭水体分级的评价指标包括透明度、溶解氧(DO)、氧化还原电位(ORP)和氨氮(NH$_3$-N),分级标准如表4-5所示。

表 4-5　　　　　　　　　　　　城市黑臭水体污染程度分级标准

特征指标	轻度黑臭	重度黑臭
透明度/cm	25～10*	<10*
溶解氧/(mg·L^{-1})	0.2～2.0	<0.2
氧化还原电位/mV	−200～50	<−200
氨氮/(mg·L^{-1})	8.0～15	>15

注:① ＊水深不足 25 cm 时,该指标按水深的 40% 取值。
　　② 资料来源:《城市黑臭水体整治工作指南》(2015)。

某检测点 4 项理化指标中,1 项指标 60% 以上数据或不少于 2 项指标 30% 以上数据达到"重度黑臭"级别的,该检测点应认定为"重度黑臭",否则可认定为"轻度黑臭"。连续 3 个以上检测点认定为"重度黑臭"的,检测点之间的区域应认定为"重度黑臭";水体 60% 以上的检测点被认定为"重度黑臭"的,整个水体应认定为"重度黑臭"。

4.1.6　流域河湖水质状况

根据 2017 年中国环境状况公报,在长江、黄河、珠江、松花江、淮河、海河、辽河七大流域和浙闽区域河流、西北诸河、西南诸河的 1 617 个水质断面中,Ⅳ～Ⅴ类和劣Ⅴ类水质的断面百分比为 28.2%,主要污染指标为化学需氧量、氨氮、总磷、高锰酸盐指数、5 日生化需氧量和氟化物(表 4-6),黄河和珠江流域水质良好。112 个重要湖泊(水库)中,劣于Ⅲ类水标准的有 42 个,主要污染指标为总磷、化学需氧量和高锰酸盐指数。

4.1.7　城市河湖水质状况(以上海为例)

据上海市 2017 年地表水水质状况(表 4-7),对上海市 41 条河流,共 70 个断面进行水质监测,结果表明劣Ⅴ类水质河流占 36.2%,劣Ⅴ类水质断面占 24.6%,主要污染指标为氨氮、总氮、总磷和溶解氧。按季节划分,春季(3 月、4 月和 5 月)和冬季(12 月、1 月和 2 月)的河湖污染指标主要为氨氮指标,夏季(6月、7月和8月)污染、秋季(9月、10月和11月)污染以及河湖污染的指标主要为溶解氧。

表 4-6　　　　　　　　　　　　　　2017 年各流域的主要污染指标

流域	主要污染指标
长江流域	—
黄河流域	化学需氧量、氨氮、总磷
珠江流域	—
松花江流域	化学需氧量、高锰酸盐指数、氨氮
淮河流域	化学需氧量、总磷、氟化物
海河流域	化学需氧量、5 日生化需氧量、总磷
辽河流域	总磷、化学需氧量、5 日生化需氧量

数据来源: 2017 年中国环境状况公报。

表 4-7　　　　　　　　　　　　　　2017 年上海市河湖主要污染指标

月份/月	主要污染指标及受污染的河湖数量
1	氨氮(18)、总氮(2)、总磷(6)、溶解氧(1)
2	氨氮(13)、总氮(2)、总磷(2)、溶解氧(1)
3	氨氮(16)、总氮(2)、总磷(3)、溶解氧(1)
4	氨氮(21)、总氮(2)、总磷(5)、溶解氧(2)
5	氨氮(14)、总氮(2)、总磷(8)、溶解氧(2)
6	氨氮(17)、总氮(2)、总磷(9)、溶解氧(1)
7	氨氮(15)、总氮(2)、总磷(3)、溶解氧(10)
8	氨氮(6)、总氮(2)、总磷(4)、溶解氧(7)
9	氨氮(6)、总氮(2)、总磷(1)、溶解氧(8)
10	氨氮(9)、总氮(2)、溶解氧(5)
11	氨氮(6)、总氮(2)、总磷(1)、溶解氧(2)
12	氨氮(11)、总氮(2)、总磷(1)

数据来源上　海市生态环境局。

4.1.8　水质风险管理的业务化流程

水质风险管理主要包括水质风险识别、水质风险评估、水质风险预警和水质风险管理四个方面(图 4-2)。进行水质风险管理,首先要认识风险,进行风险的识别;识别出风险以后要对它进行分类,分类以后进行分级;分级以后要基于大数据或基于历史或基于数据库进行评估,评估完成以后要制定相应的策略去遏制风险进一步恶化,从而慢慢地降低直至消除风险。在这个过程中,识别是基础,风险评估是核心。

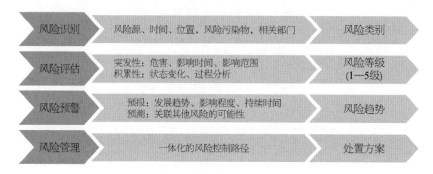

图 4-2　水质风险管理的业务化流程

1. 水质风险识别

水质风险识别是水环境风险评估预警的前提,能为环境风险评估提供风险的来源、风险发生的时间、风险发生的具体位置、风险污染物、风险可能的程度和风险的责任单位、管理部门等重要信息[35]。

我国传统的风险识别技术主要依赖于人为水质监测和不定期的排查,随着大数据的发展,水质监测技术逐渐与无人机拍摄技术、水文水质自动监测站技术、遥感等技术相结合。传统技术与现代技术的结合,能够更加全面地对水环境及水质进行监测,更加有效地对风险以及潜在风险进行识别。城市河道有复杂的岸线,存在许多难以进入的调查死角,污染事件短时而隐蔽,取证困难、时空异质性强,人工巡查效率低,这些特征都使得使用传统的调查手段无法顺利取得监测数据。但是采用新的"河道立体监测技术体系",包括针对开放河道的无人机、无人船监测技术、针对排水口的污染监测技术、针对地下箱涵的摸排技术等,点线面相结合,可以对河流进行长期完整的信息收集。

2. 水质风险评估

水质风险评估是在水质风险识别的基础上,将收集来的信息进行整合分析后,对水环境的风险类型(突发性水环境风险和累积性水环境风险)以及风险等级进行判断。目前使用较多的水质风险评估方法是将传统方法收集的水质数据进行简单的数据分析,从而得出结论;或是将传统与现代相结合的监测技术得来的信息,进行大数据分析。

1)突发性水环境风险

突发性水环境风险主要是由事故引起的,短时间内大量污染物进入水体,导致水质迅速恶化,影响水资源的有效利用,破坏水生态环境,严重影响经济和社会的正常活动。它包括间歇性排放和瞬时性排放两种形式:间歇性排放多由自然因素导致,通常表现为原水水质的突然恶化,并持续一段时间;瞬时性排放多由人类活动造成,表现为短时间内污染物的大量排放,破坏性极强。

2）累积性水环境风险

累积性水环境风险,是指人类开发活动中排放的微量污染物经过长期积累到一定程度后,产生急剧生态系统退化或累积毒性效应,并最终危及人类健康。这种风险在短时间内无明显表现,但对人类健康和生态安全却具有长远的影响。

例如湖泊、大型水库及一些河口累积性富营养化问题,在一定环境条件下,会引发蓝藻爆发,带来较严重的环境问题。2007年太湖水华事件,就是由于太湖水体处于高氮磷水体营养状态,在连续高温和强光照环境条件作用下,导致蓝藻在短期内积聚爆发,饮用水源地水质恶化。太湖的水质风险属于突发性水环境风险和累积性水环境风险相结合,由于外部流域的污染物流入太湖,造成突发性水环境风险,随着时间的变化,太湖水质更加恶化,产生了累积性水环境风险,太湖水质恶化最严重时期导致无锡市供水危机长达2周时间,这又是突发性水环境风险[36]。

3. 水质风险预警

水质风险预警是根据水质风险评估判断的风险类型及风险等级,预报水质风险的发展趋势、影响程度以及水质风险的持续时间;预测与水质风险相关联的其他风险的可能性。提前发现和警示水环境安全恶化问题及其胁迫因素,可以为缓解或预防措施的制订提供基础。在统一规范的标准基础上,应加强各行业与政府间的安全数据库建设,整合各领域已建风险预警系统,构建覆盖全面、反应灵敏、能级较高的风险预警信息网络,形成城市运行环境风险预警指数实时发布机制。风险预警分为红色预警、橙色预警、黄色预警与蓝色预警。目前关于河流污染的风险预警指标体系主要有两种,分别是河流日常污染风险预警指标体系(图4-3)和河流突发性污染风险预警指标体系(图4-4)[37]。目前已开展许多关于风险预警系统的研究,例如以预防上海市可能出现的水资源衰竭和水环境危机为目的的相应预警系统[38];为应对郑州市水环境问题提出的构建郑州市水环境预警系统[39];针对长江下游江苏段主要水源地的特点即水污染事故的特征而建立的水源地突发性水污染事故预警系统[40]等。

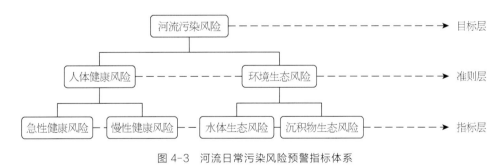

图 4-3　河流日常污染风险预警指标体系

4. 水质风险管理

水质风险管理是一体化的风险控制路径,可理解为一种对于水质风险的处置方案。是根据水环境风险识别、评价与预警的结果,按照恰当的法规条例,选用有效的控制技术,进行削减风险的费用和效益分析;确定可接受风险度和可接受的损害水平;并进行政策分析及考虑社会经济和政

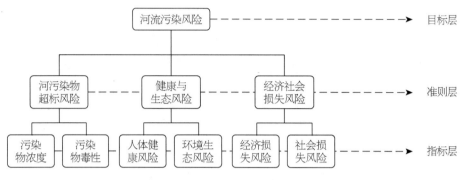

图 4-4 河流突发性污染风险预警指标体系

治因素;决定适当的管理措施并付诸实施,以降低或消除事故风险度,保护人群健康与生态系统的安全。在风险综合预警平台基础上,强化城市管理各相关部门的风险管理职能,完善城市管理各部门内部运行的风险控制机制,建立跨行业、跨部门的"互联网+"风险管理大平台,并以平台为核心引导相关职能部门和运营企业进行常态化城市环境风险管理工作。

4.2 近年我国城市河湖水质现状

4.2.1 城市河道的黑臭现象

黑臭是有机污染的一种极端现象,是由于水体缺氧,有机物腐败而造成的。而黑臭状态是水体的一个极端状态,其本身的特点也与其他状态有很大不同[41]。其理化环境表现为强还原性质,有机无机污染极其严重,水体有异味,已经不适合水生生物生存,水生植被退化甚至灭绝,浮游植物、浮游动物、底栖动物只有少量耐污种存在。食物链断裂,食物网支离破碎,生态系统结构严重失衡,功能严重退化甚至丧失。在视觉上,黑臭水体是指河流水体因污染而产生的明显异常颜色(通常是黑色或泛黑色),同时产生在嗅觉上引起人们感觉不适甚至厌恶的气味,是水体感官性污染的一种常见现象[42]。

20 世纪中期,英国泰晤士河是世界上最早发生黑臭问题的污染之一,70 年代,德国的莱茵河由于流经重工业区,工业污水排入莱茵河,使其污染达到了顶峰。同期美国的芝加哥河和特拉华河等,也因为遭到严重污染导致水体常年黑臭。我国城市化和工业化进程加快的过程中,由于水污染控制与治理措施滞后等原因,一些城市水体尤其是中小城市水体,直接成为工业、农业及生活废水的主要排放通道和场所,导致城市水体大面积受污染,引起水体富营养化,形成黑臭水体[42~44]。

我国河流黑臭现象最早出现在上海苏州河,随后南京的秦淮河、苏州的外城河、武汉的黄孝河和宁波的内河等,均出现不同程度的黑臭现象。近几十年来,黑臭水体的范围和程度不断加剧,在全国大部分城市河段中,流经繁华区域的水体绝大部分受到不同程度的污染。尤其是各大流域的二级与三级支流的黑臭问题更加突出,且劣化程度逐年提高[42]。如淮河,2017 年国家环境质量状况公报数据表明,干流的劣Ⅴ类水体占 10%,主要支流的劣Ⅴ类水体占 6.9%;在各大水系中海河的劣Ⅴ类水质程度下降,国控断面监测数据表明,干流劣Ⅴ类达 32.9%、支流劣Ⅴ类达 39.2%。

2016 年 2 月 16 日,住建部对全国 295 座地级及以上城市黑臭水体进行排查发现:77 座城市没有发现黑臭水体;其余 218 座城市中共排查出黑臭水体 1 861 个,其中河流 1 595 条,湖、塘 266 个。从省份来看,60%的黑臭水体分布在广东、安徽、山东、湖南、湖北、河南、江苏等经济相对发达地区。

2017 年 6 月底,全国地级及以上城市 2 100 个黑臭水体中,完成整治工程的有 927 个,占比 44.1%;开工整治的有 843 个,占比 40.1%;正在开展项目前期工作的有 252 个,占12.0%;正在制订整治方案的有 76 个,占3.6%;尚未制订整治方案的有 2 个,占 0.1%,如图4-5(a)所示。2017 年 6 月底,在重点城市(直辖市、省会城市、计划单列市)存在的 681 个黑臭水体中,完成整治工程的有 348 个,占51.1%;开工整治的有 330 个,占 48.5%;正在开展项目前期工作的有 3 个,占 0.4%,如图 4-5(b)所示。杭州、成都、昆明、西宁 4 个城市黑臭水体整治已全部完工。

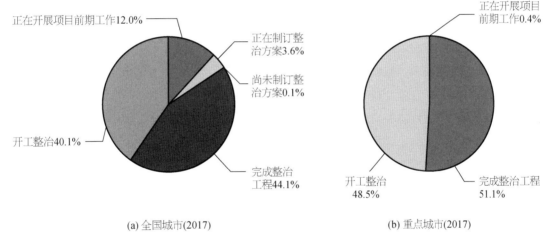

(a) 全国城市(2017)　　　　　　　　(b) 重点城市(2017)

图 4-5　黑臭水体治理情况

目前我国正在大力整治黑臭河道,根据城市自身的特点,各个城市已开展了很多污染河道整治工程,包括外源污染控制、内源污染治理、人工强化净化和生态修复等,通过相应治理工程、措施的实施,很多城市河道的水污染得到了控制,水环境有了很大改善,水生态系统也得到了一定的恢复[45]。

截至 2017 年年底,总上报黑臭水体 1 092 个,新发现黑臭水体 274 个,黑臭水体总数为 1 366 个。经核实已消除或基本消除黑臭水体 889 个,黑臭水体整治任务完成比例 65.1%。而《水污染防治行动计划》明确提出,黑臭水体治理目标要求:到 2020 年,地级及以上城市建成区黑臭水体均控制在 10%以内;到 2030 年,城市建成区黑臭水体总体得到消除。

4.2.2　富营养化问题及其引起的蓝藻水华现象

　　水体富营养化是水体中氮、磷等植物营养物质含量过多所引起的水体污染现象,这也是目前为止,全球比较常见的水污染现象[46]。在自然条件下,随着河流夹带冲积物和水生生物残骸在湖底的不断沉降淤积,湖泊会从贫营养湖过渡为富营养湖,进而演变为沼泽和陆地,这是一种极为缓慢的过程。但由于人类的活动将大量工业废水和生活污水以及农田径流中的植物营养物质排入湖泊、水库、河口、海湾等缓流水体,促使水生生物特别是藻类大量繁殖,使生物量的种群种类数量发生改变,破坏了水体的生态平衡[47]。

　　我国城市在大力推进经济发展的同时,却忽略了环境的变化。城市发展迅速,却没有注意到城市河道的变化。居民区雨污混接现象严重,导致大量生活污水排入城市河道中。城市河道水体中的氮磷含量超标,造成水体富营养化,进而产生蓝藻水华。大量的藻类物质生长,就会导致水体中的溶解氧迅速下降,进而又引发水体出现发黑发臭的现象,形成黑臭河道,对城市生产生活带来了恶劣影响。

　　水华是水体富营养化的典型特征之一,指水体中浮游生物爆发性繁殖使水面呈现出蓝色、红色、乳白色等异常水色的现象。水华发生时,由于藻类的大量繁殖和腐烂,导致水体味腥臭,降低水的透明度,影响水体中的溶解氧,向水体中释放有毒物质,造成水生态严重恶化。根据城市河湖近年来水质观测的有关资料,对产生城市河湖水华的浮游藻类群落的组成进行分析表明,其优势种群为微囊藻。微囊藻包括铜绿微囊藻和水华微囊藻等,是河湖中常见鱼类不易消化利用的蓝藻,喜生长在温度较高和碱性较重的水中,因此多在夏、秋季旺发,当每升水中有50万个群体以上时,即便水中溶氧也往往不能满足需要,进而导致藻类大量死亡,进一步污染水体,影响景观[48]。

　　我国藻类水华事件始发于20世纪90年代,2000年左右逐渐加剧,至2007年达到最高峰,各地河流湖泊都有蓝藻水华现象的发生。滇池作为云南最大的淡水湖泊,1999年在昆明举办世界园艺博览会期间爆发了大规模的蓝藻水华,当时整个湖面都被蓝藻覆盖,湖面一片绿色,最严重时蓝藻覆盖湖面面积达到20 km²,蓝藻层最厚的地方达数十厘米,受其影响,滇池周边的自来水厂被迫暂时停产。2003年巢湖爆发蓝藻水华,蓝藻遍及整个湖泊东面湖区,藻层最厚的地方甚至能达1 m以上,经过当地主管部门和机构紧急治理后蓝藻消失,但是在2007年再次爆发,蓝藻水华成为巢湖水环境长期需要面对的问题。同样在2007年,太湖无锡湖区爆发大面积蓝藻水华,造成周边自来水厂无法取水而被迫停产,最后出现整个无锡市居民全城超市抢购瓶装水的事件。除了大型的湖泊多发藻类水华,目前许多河流,特别是城市河道也经常发生藻类滋生甚至是水华事件。城市河道大多穿越城市中心区域,易受外源性污染,同时又因为流通性相对较差,所以一旦水体富营养化后出现藻类水华的可能性很大。

　　我国湖泊富营养化的发展趋势十分严峻。调查结果表明,富营养化湖泊个数占被调查湖泊的比例由20世纪70年代末的41%发展到80年代后期的61%,至20世纪90年代后期又上升到77%,26个国控重点湖泊水质一般较差,低于《地表水环境质量标准》(GB 3838—2002)Ⅴ类标准,氮、磷污染较高,相当一部分湖泊还发生了水华现象。水库富营养化的问题也较严重。根据对全国 39 个大、中、小型水库的调查结果表明:在所调查的水库中,处于富营养状态的水库个数和库容分别占所调查水库的 30.8% 和 11.2%,处于中营养状态的水库个数和库容分别占所调查水库的 43.6% 和 83.1%。2017 年中国环境状况公报对 109 个湖泊(水库)的营养状态进行监测,其中贫营养的 9 个,中营养的 67 个,轻度富营养的 29 个,中度富营养的 4 个。

4.2.3　水陆过渡带消失、生物多样性锐减、栖息地萎缩等其他问题

近几年,随着城市化的发展,我国多数城市河道进行河道滨岸带的人工改造,河道表面的植物侵占和河床的人工硬化现象,使得城市河道生物的栖息地一步步遭到破坏,造成大部分生物失去栖息地,逐渐死亡,最后出现生物多样性锐减的问题[49]。

河道滨岸带(Riparian Zone),或称为岸带、水滨带,是指位于河流等水体两侧或周围、介于陆地生态系统和水生生态系统之间的狭长植被带,它具有截留和净化污染物、提供并改善生物栖息地和保持生物多样性、固岸和降低侵蚀、涵养水源、改变立地小环境等生态、环境功能,能保护河流水质,减缓陆地系统输入对水生系统的直接影响,所以又称河岸缓冲带[50]。河岸缓冲带是地表水水质最直接有效的天然屏障[51],是城市的天然的生态廊道。城市河道滨岸带是指与城市融为一个整体(包括园林景观、生态环保、建筑艺术等方面)的人造河流及流经城市的天然河流的水体滨岸带[49]。

几千年来,人类为了自身的安全与发展需要,对河道滨岸带进行了大量的人工改造,采用水泥、混凝土、块石等硬质材料对城市河道滨岸带进行人工化改造和建设。河流滨岸带的过度开发不仅割裂了土壤与水体的关系,而且造成水系退化、河道填埋、水面积锐减、涵养水源、保持水土能力下降,河流生态环境遭到严重的破坏,同时也使得城市河流生物群落多样性下降。

外来物种入侵亦会导致城市河道生物多样性的锐减。以水葫芦与水花生的入侵为例,由于没有天敌的存在,加上近几年水体富营养化的加剧,水葫芦与水花生疯狂繁殖后覆盖水面,不仅堵塞河道,阻碍行洪,而且还会降低光线对水体的穿透能力,大肆掠夺水体中的营养物质,影响水底生物的生长,破坏了水体的生物多样性,造成生态平衡失调。又如北京的"京密引水渠技术改造工程",一方面,河床没有了底泥层,水中难以生长具有净水功能的植物、微生物和其他水生生物,河中生物的种类和数量大大减少,结果导致城市水生态系统严重退化,河流失去了自净功能;另一方面,硬化的河床在阳光照射下使河水水温迅速升高,导致河水中生态环境发生很大改变,利于传染性病菌和病虫在水中大量繁殖,危害城市人民健康。

4.3　城市河道水污染控制相关法规

过去十余年中,尽管各级环保部门对水污染物排放进行了严格管理,我国的水环境仍然普

遍污染严重,水污染事故时有发生。据统计,1993—2004年,全国共发生环境污染事故21 152次,其中重大事故566次,特大事故374次,并造成了一定人员伤亡。全国2006年报道国家环保总局的污染事件共计161起,其中近60%是水污染事件,对居民饮用水安全构成了极大的威胁。2006—2011年,环境保护部调查处理的水污染事件有397起,其中重大及以上突发水污染事件共有46起。

表4-8为水环境污染相关标准。水污染控制相关法规即水环境质量标准主要有:农田灌溉水标准,地表水环境质量标准,海水水质标准,地下水水质标准以及渔业水质标准;水污染排放相关行业标准主要有:船舶水污染,石油炼制工业,铜、铝、铅、锌工业,电池工业,麻纺工业,毛纺工业,电池工业,铁矿采选工业,化工业,制药工业,陶瓷工业,橡胶制品工业,汽车维修业,制药业,造纸工业,城镇污水处理厂,航天工业,石油工业等其他行业;其他相关标准主要是关于集中式饮用水源保护和近岸海域环境功能区划分技术规范,以及水质词汇标准规范。而关于城市河道水污染的相关标准法规比较少。

4.4 城市河道水环境风险管理案例

河流污染治理是各地的难题,背后的"多龙管水"被认为是症结之一。近年来,由各级党政主要负责人担任河长的"河长制"被视为治理河流的突破口。

河长制起源于2007年"太湖蓝藻事件"后的江苏无锡,2016年12月,中共中央办公厅、国务院办公厅印发《关于全面推行河长制的意见》,要求全面建立省、市、县、乡四级河长体系。

近年来一些地区的河长制取得了很多成绩,但河湖管理保护是一项复杂的系统工程,水体本身是流动的、随时变化的,水质表现在河里,而原因往往在岸上。多条线多块面的传统科层式职能管理,使得河长们或难以获得全面及时的信息,或陷于海量碎片数据,降低了决策的效率和应对能力。河长们非常需要转变管理模式和思维方式,对所辖河道做到手里有科学即时数据,心里有清晰整体影像,遇事有明确应急措施,分工能有效精准落实,方能达到更高更严的精细化河道水质考核要求。

化被动应对为主动防控是必然的发展方向。上海市在河长制推广中开展了大量的工作,在之前网格化管理取得较大成效的基础上,政府的精细化管理将是下一步河道治理的重点。

城市河道的精细化管理指城市河道水环境风险管理的业务化流程的优化,下文以上海市某重污染河道为例,介绍城市河道水环境风险管理的业务化流程的实际应用。

4.4.1 城市河道水环境风险识别

该河位于上海市某区北部,由此河和另外两条河形成了一个围绕某区商业中心的环状体系(图4-6),该河全长约7 km,河面宽20~40 m,低水位时水深达0.8~1.8 m,高水位时水深达3~3.5 m,通航能力在十吨级以下。

表 4-8 水环境污染相关标准

类型	行业标准
水环境质量标准	农田灌溉水标准
	地表水环境质量标准
	海水水质标准
	地下水水质标准
	渔业水质标准
水污染排放相关行业标准	船舶水污染,石油炼制工业,再生铜、铝、铅、锌工业
	合成树脂工业,无机化学工业,电池工业
	制革及毛皮加工工业,合成氨工业,柠檬酸工业
	麻纺工业,毛纺工业,缫丝工业
	纺织染整工业,炼焦化学工业,铁合金工业
	钢铁工业,铁矿采选工业,橡胶制品工业
	汽车维修业,发酵酒精和白酒工业,弹药装药行业
	钒工业,硫酸工业,稀土工业
	硝酸工业,镁、钛工业,铜、镍、钴工业
	铅、锌工业,铝工业,陶瓷工业
	油墨工业,酵母工业,淀粉工业
	制糖工业,混装制剂类制药工业,生物工程类制药工业
	混装制剂类制药工业,生物工程类制药工业,中药类制药工业
	提取类制药工业,化学合成类制药工业,发酵类制药工业
	合成革与人造革工业,电镀污染物,羽绒工业
	制浆造纸工业,杂环类农药工业,煤炭工业
	皂素工业,医疗机构,啤酒工业
	味精工业,兵器工业,城镇污水处理厂
	畜禽养殖业,污水海洋处置工程,烧碱、聚氯乙烯工业
	航天推进剂,肉类加工工业,海洋石油开发工业
其他相关标准	饮用水水源保护区划分技术标准
	集中式饮用水水源地环境保护状况评估技术规范
	地震灾区集中式饮用水水源保护技术指南
	近岸海域环境功能区划分技术规范
	水质词汇标准规范

资料来源生 态环境部 环 境保护部)。

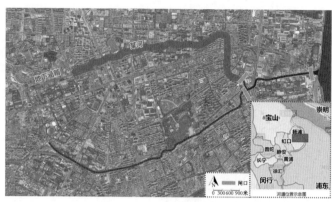

图 4-6 河区位图及河道两岸特征

该河流经两所高校、一所大型体育场和二十多个居民小区,是重要的城市滨水空间。根据区河长制考核指标,要求此河 2018 年水质消除黑臭,达到地表水 V 类标准。

和其他老河道一样,此河也有淤泥沉积以及老旧堤岸等问题,且位于人口密集区,强人类活动对区域水质产生了较大的影响,多个河段都有行人随意丢弃的垃圾、塑料袋等。部分河段的水面上有异味,河道附近也有不少堆积物及垃圾,水体表面时常泛着油光,散发着阵阵的刺鼻恶臭。

自该河被列入全市黑臭河道以来,经过区政府多年综合整治,此河水环境和水质有了显著改变,摘除了黑臭河道的帽子,但是某些时段仍然出现黑臭现象,水质不稳定。

针对此河的问题,历史资料和现场调查却无法给出明确的原因,因此,掌握此河水质不达标背后的全面信息是难点,这也是各个尺度城市河道水质改善的核心问题。

4.4.2 城市河道水环境风险评估

在水环境风险识别的基础上,对采集的城市河道信息进行风险评估。

在点源污染和规模以上排水口都已经得到有效控制的情况下,通过水质现状和目标的对比,提炼出了影响水质的两大核心问题:一是排水口,该河是否还存在隐蔽的排污口?现有城市防汛排水口是否存在偷排偷放现象?二是泵站汛期放江,在汛期放江现象(老旧城市雨污合流系统下因强降雨事件,超出污水厂处理能力,为防内涝而直接向河道排放污水)无法避免的情况下,如何更好地监管并降低其对水质的综合影响?

在调研过程中,技术团队发现,由于该河岸线复杂,沿线建筑物多,有很多难以进入的调查死角,人工巡查效率低;污染事件随意性强、时间短、事件隐蔽,取证困难;城市河道长,水质时空异质性强,上述特征都使得数据收集计划难以实现。

针对上述难点,研究团队研发并应用了创新的"河道立体监测技术体系",包括针对排水口的传感器、针对城市河道的"无人机 + 无人船"监测技术、针对地下箱涵排口的摸排技术,辅以人工巡查监测补充,点线面相结合,对该河流域(包括河道、箱涵、泵站、水闸、沿岸 100 m 陆地)的污染情况进行了长期、完整、系统化信息收集。

"河道立体监测技术体系"的业务化应用,攻克了传统河道管理中的数个难点:一是快速获取全流域无死角的信息,30 min 即可对全河 5.3 km 河道及两岸各 100 m 范围进行监测,不留死角,分析水污染问题的源头;二是采集高分辨率可视化环境数据,高达 2 cm 分辨率的河道及其沿岸可视化数据,可以识别河道的小块油污甚至是丢弃到河里的矿泉水瓶;三是快速响应能力,从发现水污染现象到获得全数据,只需要 20 min 帮助追溯污染现象的源头,在 15 min 内即可以刷新全河道状态,帮助追踪记录取证关键环境事件的发展状态;四是全自动化的常态监测,建立了实用、经济、有效的长效监测机制,降低了河道管理的成本。这一技术体系的应用,相当于给了河道一双眼睛,对该河河道的各类问题做到了"底数清""情况明",各类污染现象随着数据的积累,完整清晰地留下了痕迹(图 4-7)。

1-2:某河全流域无死角的信息快速获取;3:基于人工智能的环境变迁分析,迅速确定新出现各类排污(水)口;4高 分辨率可视化环境数据的采集 获 得高达 2 cm 分辨率的河道及沿岸可视化数据。

图 4-7 "河道立体监测技术体系"在某河案例中的应用

在详实准确数据的基础上,进一步建立以问题为导向的数据分析。通过黑臭河道感知算法、水质时空评价算法、水质风险评估模型等一系列方法,明确了不同季节河水质不达标的主要成因,列出了需要进行封堵和监管的排水口名录,对放江导致的污染输入,对该河水质的影响进行了精确到"天"的定量分析结论。

基于完善的数据、科学的分析方法,建立了该河的水质风险地图(图 4-8)。在一张河水质风险地图上将当前此河的水质风险分级分段标示,展示各类风险源的位置和状态信息、风险变化趋势、主体管理责任单位以及拟解决的路径。各类数据一目了然,所有技术处理工作都在后台。河长与各职能部门通过一次会议一张图就可以基于上述的信息,确定解决问题的具体方案和分工,从而极大地提升了工作效率,实现了风险主动防控。

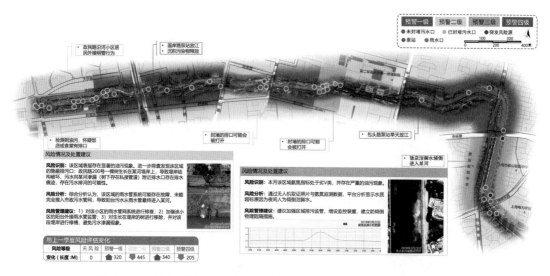

图 4-8　河水质风险地图示例——上海市某河水质风险地图（2018 年 4 月）

4.4.3　城市河道水环境风险预警

河湖管理保护是一项复杂的系统工程,涉及上下游、左右岸、不同行政区域和行业。目前,制度的保障之外在实际操作中,河长制治理中有几大难题。一是上下沟通难,上级河长难以实时了解下级对所属工作的落实情况,一线工作人员也难以及时处理并上报河道巡查过程中存在的各类问题;二是全线人工巡查效率低,反应慢,很多河道有无法实施察看的重点河段和敏感区域,现状调查往往有缺项,有死角,不完整,难以基于现状调查做出全线治理方案,而裂解化的局部治理方案头痛医头,并不可取;三是缺乏有效的信息化手段,难以系统性地将河道治理的时空效应一体化体现,便于河长做出决策。

2018 年国务院一号文件对全国的安全工作做出了指示,在当前的形势下建设城市河道水质风险评估系统势在必行。要建立长效监管和动态监管相结合,并且能够针对突发的水污染事件从容应对,降低反应时效。

目前,城市河道的管理中有很多因素属于不可抗力,比如放江、各类环境突发污染事件等。放江目前是客观需要,大部分老旧城市河道都很难避免。在放江之后必然对水质会有一段时间的影响,也会随着调水冲刷逐步改善。但原有的管理模式相对粗放,一是缺乏对公众关于事件的说明;二是处置缺乏对水质改善的系统化方案,也缺乏水质改善的明确预期,导致周边居民的满意度下降。对政府来讲,只有做到心中有数,提前预警,赶在居民之前及时处理并公示才能化被动应对为主动防控。

通过水质时空评价算法、水质风险评估模型等,实现了水质黑臭区域的动态识别;对污染过程的定量化分析,确定了放江产生的污染物对该河的影响需要 7 天才能消除(图 4-9)。同时通过现场原位实验,分别掌握在不干涉、少干涉、强干涉的不同情况下放江引起的水质改变情况,明确措施,由此进一步开展主动防控就有了可能。

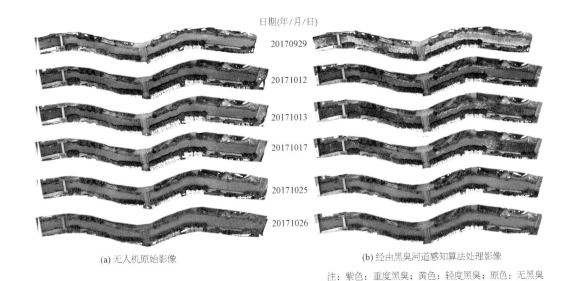

日期(年/月/日)

20170929

20171012

20171013

20171017

20171025

20171026

(a) 无人机原始影像　　　　　　　　　　(b) 经由黑臭河道感知算法处理影像

注：紫色：重度黑臭；黄色：轻度黑臭；原色：无黑臭

图 4-9　水质风险现状变化图

4.4.4　城市河道水环境风险管理

现有的城市管理体系是按照科层制的原则建立起来的,在不同专业的视角中,同一个城市问题会呈现出不同的方面。站在管理的不同部门和层级上会出台不同的管理措施。

河道治理的难点在于牵涉的行业技术主管单位多,行政主管单位、块面单位也很多,各司其职,局限的视角和跨职能部门协调的薄弱是大部分河长们工作面临的问题,加上现状调查不完整不全面,找不准问题关键,拿不出事实依据,下一步整改就无从谈起。

在收集和处理信息方面要做到完整、全面、及时,不应将任务分解割裂至各个所属部门,建议通过采购第三方服务的方式,对整条河道采取全方位全天候的摸排,由第三方专业地发现问题,再以科学翔实的技术手段提供最有效率的决策基础数据。

针对以往河长制实行中出现的难点和痛点,前述的"河道立体监测技术体系",关注的不是环境数据的数字化录入和整理,而是针对问题开展数据收集计划,开展精细化管理。例如对于突发污染,在 20 min 内追溯问题源头,实现污染事件的事前、事中、事后全过程监控取证。对于不确定性的水环境风险隐患,由于系统长期积累的数据具有可视、可比、可溯的特点,能够在时间尺度回溯河道信息(新造建筑、土地利用、水质等),对城市发展和更新是否引起了新的水环境问题提供了序列数据和变迁分析,实现城市河道的管理系统化。

综上所述,我们对城市河道水环境风险管理有以下几点建议:

(1) 从末端治理转向全过程控制。通过先进的技术,针对问题和目标指标比,对结果进行全过程控制,找到问题的源头,在源头能够解决的情况下解决源头问题,在源头不具备解决条件的情况下对污染全过程进行分析,找到最佳的切入点进行治理。

(2) 从侧重工程转向侧重管理。水环境大规模的综合整治等工程型的措施不太适应于城市河道。对城市河道,更有效的管理方式还是"螺蛳壳里做道场",对辖区内的情况和变化做到精摸细排随查,及时处理,不留隐患,阻断风险传导的链条,避免风险变成灾害。

(3)提高管理效率。海量的碎片的数据群事实上降低了政府处理能力和决策效率,容易贻误战机,河长们应将发现问题和分析问题的工作交给专业团队,对自己的管理目标和本地实际情况始终保持清醒认识并能找到最有效的解决方案。

5 城市土壤污染风险防控体系研究与实践

5.1 基础知识

5.1.1 土壤污染的概念和分类

人类活动产生的污染物进入土壤并积累到一定程度,引起土壤生态平衡破坏、质量恶化,导致土壤环境质量下降,影响作物的正常生长发育,作物产品的产量和质量随之下降,并产生一定的环境效应(水体或大气发生次生污染),最终危及人体健康,以至威胁人类生存和发展的现象,称为土壤污染。

按土壤污染源和污染途径划分,土壤污染可分为水质污染型、大气污染型、固体废物污染型、农业污染型和综合污染型等;按土壤污染物的属性划分,土壤污染可分为化学性污染、放射性污染和生物性污染等。

5.1.2 城市污染场地

场地是指某一地块范围内一定深度的土壤、地下水、地表水以及场地上所有构筑物、设施和生物的综合。污染场地指因从事生产、经营、使用、贮存有毒有害物质或利用、处置危险废物等活动,造成场地中有毒有害物质含量超过人体健康可接受风险水平的场地。

美国最早将污染场地称为棕地,包括工业污染场地、加油站、垃圾填埋场等。因为潜在的污染,这些场地重新利用受到很大限制。国际环境科学界对城市中高污染、高能耗企业搬迁后遗留下来的污染地块统称为棕地。

我国 2005—2016 年统计的历史项目样本数据中涉及的用地类型主要包括工业场地、农用地、采矿区、采油区、固废堆存场、垃圾填埋场、盐碱地、沙漠等在《土壤污染防治规划》(土十条)中明确的土地类型,以及市政用地、居住用地等敏感用地类型、综合用地和原重金属治理专项资金(现已归入环保部土壤专项)中所涉的河道和流域等。

下文将根据工业污染场地、矿山和耕地三大主要城市土壤污染风险可能涉及的用地类型进行系统分析,阐述关于城市土壤污染的风险来源和分布情况。

1. 工业污染场地

由于土壤污染具有滞后性,而且过去在土壤污染物的识别和监测中还存在诸多困难,使得土地污染问题在过去受到的关注较少。工业企业搬迁遗留、遗弃场地是近年来我国城市化进程加速的产物。污染企业搬迁在各大中城市中都存在,如北京、天津、东北老工业基地、长江三角洲和珠江三角洲等地。2009 年,全国重污染企业有 82 141 家,2011 年为 67 987 家(图 5-1),截至 2011 年我国工业企业外迁数如图 5-2 所示。

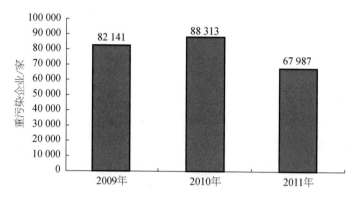

图 5-1　2008 年以来全国重污染企业数量变化

资料来源: 前瞻产业研究院整理

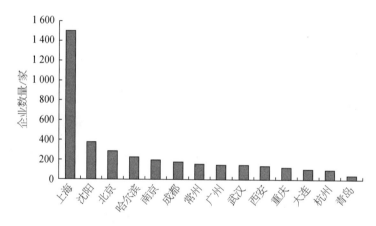

图 5-2　截至 2011 年我国工业企业外迁数

资料来源: 前瞻产业研究院整理

目前,污染土地的环境问题已成为土地再开发过程中的一个重大障碍,一些位于城市中的老工业区由于污染问题已不能进行再开发。针对市场最活跃的工业污染场地进行调查分析可知,以 2012 年为例,我国城市工业企业数约为 30.61 万家,工业用地面积为 6 035 km²,其中分布于市辖区的企业数占 48.52%。调查数据显示,经济越发达的地区,其工业用地占城市用地面积的比例越大,如广东省城市工业用地面积超过 1 000 km²,市辖区工业企业数达到 36 000 家左右。浙江、江苏、上海和山东等东部沿海地区,市辖区工业企业数均超过 1 万家。新疆、青海、海南和西藏等地的工业企业最少,低于 600 家。以下五类工业场地污染最为严重:石油化工及炼焦;化学原料及化学制品制造;医药制造;金属冶炼;机械制造。

2. 石油类污染场地

石油化工原本属于化工业的一个分支,但由于我国石油化工产品生产量巨大,汽油、柴油等燃油需求量居高不下,石油类污染场地呈高风险、高密度、重污染、深层次的态势,故将其单独列为环境修复的一个重点科目。石油类污染从生产环节角度可分为三种类型:原油生产环节(油田)、炼化环节(炼油厂、炼焦场)和产品销售环节(加油站、油库)。由于原油生产环节具有污染面积大、开采历史久远、污染程度深的特点,故为重中之重。全国土壤污染状况调查公报显示,在调查的 13 个采油区的 494 个土壤点位中,超标点位占 23.6%,主要污染物为长链石油烃和多环芳烃。

3. 垃圾填埋场

在很多城乡接合部区域会存在一些存量(非正规)垃圾填埋场。这些场地具有如下共同的特点:利用自然条件堆填,没有按照垃圾卫生填埋场建设的规范标准进行边坡、顶部、底部防渗漏设计和建设。未经过相关政府部门审批程序办理土地用地、规划、立项、环境保护等合法批准手续的生活垃圾填埋场。

这类场地对土壤的危害和风险主要在于对土壤环境和农作物生长构成严重威胁,伴随着水污染、大气污染和土地资源的占用问题,这些都需要在城市生态环境风险管理与防控工作中给予足够重视。

近年来,《国务院批转住房城乡建设部等部门关于进一步加强城市生活垃圾处理工作意见的通知》(国发〔2011〕9 号)、《国务院办公厅关于印发"十二五"全国城镇生活垃圾无害化处理设施建设规划的通知》(国办发〔2012〕23 号)、《住房城乡建设部 发展改革委 环境保护部关于开展存量生活垃圾治理工作的通知》等政策文件都提出了对全国存量生活垃圾治理工作管理思路和要求。

以北京为例,北京市曾对全市历史形成的非正规垃圾填埋场进行了摸底调查,最终将 1 000 多个体量在 200 吨以上、位置明显、对环境影响较大的垃圾堆体(即非正规垃圾填埋场)纳入治理范围并制订了分阶段治理计划。但是,在实际工作中发现当时的垃圾处理设施能力不足,有关单位实施了一些区别于传统筛分法的修复治理措施实践,如抽气输氧曝气法,以投资少、可在原位完成治理为优势,但治理时间长,需要至少两年以上的运行期,且对治理堆体有一定要求,要求堆体体量大、有机物含量多等。最后,还是结合北京多数非正规垃圾填埋场灰土成分含量较高的特点,更为广泛地应用筛分法规模化对上述垃圾堆体进行了治理;在实践中,北京市在昌平区开展了相关的试点工作,将废旧塑料资源化利用工艺应用到非正规垃圾填埋场治理中,并进行了相关领域的探索。

5.1.3 矿山

北京市地方标准《固体矿山生态环境修复标准》(征求意见稿)中将矿区生态环境修复定义为"对各种因采矿造成生态破坏和环境污染的区域因地制宜采取治理措施,使其修复到期望状态的活动或者过程"。矿区生态环境修复虽然从字面上看与业内惯用的矿山修复一词不尽相同,但其定义基本上已经对矿山修复做出了解释。

我国矿产资源丰富,在矿山开采、冶炼过程中产生的大量废渣及废水随着矿山排水和降雨进入土壤环境中便可直接造成土壤污染。有资料显示,我国现有大大小小的尾矿库400多个,全部金属矿山堆的尾矿达50亿吨以上,而且在以每年产出5亿吨尾矿的速度增加。目前只有少部分尾矿得到应用,大部分只能堆存,占用了相当数量的土地。

据《我国工业经济统计年鉴(2012)》数据显示,2011年,我国煤炭、石油和天然气、金属矿和非金属矿开采或采选业工业企业约占全国工业企业总量的5.2%,其中辽宁采矿工业企业最多,约占全国采矿企业总量的9.1%;接下来依次为湖南、山西、四川、河南和河北,加起来约占全国采矿企业总量的39.0%;采矿工业企业分布最少的是西藏、北京、天津、上海及海南。

从细分领域看,煤炭开采和采选业的规模以上企业是山西最多,为1 152家,占全国采矿企业总量的15%,其次为四川、湖南、贵州和河南,分别占全国总量的12.1%,10.1%,9.7%和8.2%;石油和天然气开采业的规模以上企业主要分布在吉林(67家)、陕西(30家)、新疆(25家)、黑龙江(19家)和山东(19家),共占全国采矿企业总量的59.0%;黑色金属矿采选业的规模以上企业是辽宁最多(790家),河北次之(751家),分别占全国采矿企业总量的22.7%和21.6%,另外山西、内蒙古、山东也是主要分布地区;有色金属矿采选业的规模以上企业主要分布在河南(339家)、湖南(306家)、辽宁(183家)、江西(139家)和内蒙古(126家),五省共占全国总量的52.4%;非金属矿采选业的规模以上企业在辽宁(349家)和山东(347家)最多,共占全国总量的21.4%,另外湖北(319家)、湖南(247家)和河南(231家)也有较多分布。

5.1.4 耕地

近20年来,耕地由于长期过量使用化学肥料、农药、地膜及工业污水灌溉,导致污染物在土壤中大量残留,土壤受到有毒、有害物质的侵蚀,耕地的生态功能受到严重损害,部分耕地甚至丧失了耕作能力,这些污染源的作用使耕地受破坏较严重。

农业生产活动是造成耕地土壤污染的重要原因。根据全国土壤污染状况调查数据,我国耕地土壤点位超标率高达19.4%。按照国家统计局公布的国有农场耕地面积(含民族自治区)约880 000 km² 粗略估算,我国农田受污染面积达170 000 km²,体量巨大。调查还显示,耕地主要污染物为镉、镍、铜、砷、汞、铅、滴滴涕等。从污染源来看,我国耕地污染主要来自以下三个方面:

(1) 过量使用农药、化肥。由于我国人口压力大,耕地长期高负荷农作,所以农药、化肥使用量连年居高不下。

(2) 污水灌溉。我国农业生产进程中曾有过漫长的污水灌溉历史,长年不合理的污水灌溉造成农田大面积污染。据调查,我国86%的污水灌溉区水质不符合灌溉要求,重金属污染面积占污灌总面积的65%。

(3) 企业排污。耕地周边的工矿企业多年来持续排污严重,使耕地土壤深度污染。

前二者属于污染面源,具有污染范围广、污染情况普遍、污染程度相对较轻的特点;第三者属于污染点源,具有污染面积小但污染程度深且复杂的特点。

综上所述,我国城市土壤污染问题突出表现在城市工业企业污染场地、矿山及耕地污染方面,土壤污染的同时还引发地下水污染,根据最新发布的《2017 我国生态环境状况公报》,我国地下水污染现状如图 5-3 所示。

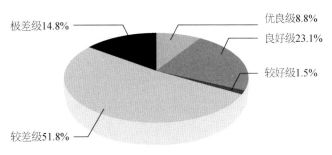

全国31个省(区、市),223个地市级行政区的5 100个监测点
(其中国家级监测点1 000个)开展了地下水水质监测。

图 5-3　全国地下水水质检测结果及分布（2017）

水利部《地下水动态月报》(2016 年 1 月)第五部分指明,"2015 年,长江、黄河、淮河、海河和松辽等流域机构按照水利部统一部署,开展了流域地下水水质监测工作,对分布于松辽平原、黄淮海平原、山西及西北地区盆地和平原、江汉平原的 2 103 眼地下水水井进行了监测,监测范围基本涵盖了地下水开发利用程度较大、污染较严重的地区,监测对象以浅层地下水为主,易受地表或土壤水污染下渗影响,水质评价结果总体较差……主要污染指标除总硬度、锰、铁和氟化物可能由于水文地质化学背景值偏高外,'三氮'污染情况较重,部分地区存在一定程度的重金属和有毒有机物污染。"由此可见,地下水中有关重金属和有毒有机污染是地表污染源和土壤水污染下渗造成的。

5.2　土壤污染的主要类型及危害

5.2.1　工业污染场地主要污染物类型

工业污染场地主要分布在工业企业(包括已搬迁或遗弃的)及其周边土壤,其污染物主要为铅、铜、锌、铬等重金属,多环芳烃(PAHs)、滴滴涕(DDTs)等持久性有机污染物(POPs),石油烃、溶剂、苯系物、苯酚类等挥发性有机污染物。据此可将污染场地分为以下四类:

(1)重金属污染场地:主要是金属冶炼及压延加工企业、尾矿以及化工行业固体废弃物的堆存场,代表性污染物包括砷、铅、镉、铬、铬、镉等。

(2)POPs 污染场地:我国曾经生产和广泛使用过的杀虫剂类 POPs 主要成分有 DDTs、六氯苯、氯丹及灭蚁灵等,有些农药尽管已经禁用多年,但土壤中仍有残留。目前我国 POPs 污染场地除上述农药类外,还有含多氯联苯(PCBs)的电力设备封存和拆解场地等。

（3）石化有机污染物污染场地：主要是石油、化工、焦化等重污染企业造成，污染物以苯系物、卤代烃等有机溶剂类为代表，也常复合重金属等其他污染物。

（4）电子废弃物污染场地：以重金属和POPs（主要是溴代阻燃剂和二噁英类剧毒物质）为主要污染特征，粗放式的电子废弃物处置会对人群健康构成威胁。

5.2.2　城市生活主要污染问题

生活污染类污染源主要包括生活垃圾、生活污水、非正规垃圾填埋场、污泥、建筑垃圾和含重金属废物等。例如，目前广泛存在的非正规垃圾填埋场（包括简易填埋场），由于没有环保措施和建设使用标准，对土壤、地下水造成了不小的污染。

固体废弃物（含生活垃圾）、化学品尤其是危险废物的非正规乃至非法填埋（偷排）、工业废水偷排等，对土壤和地下水污染体量较大，社会关注度高，影响十分巨大，特别是临近城市的区域，例如天津渗坑事件等。

5.2.3　矿山主要污染问题

开采金属矿、放射性矿、煤矿、其他非金属矿、油田、天然气等都会对环境造成破坏，形成污染，具体表现为矿业废水和矿山废渣的产生，以及生态平衡和景观的破坏。

（1）矿业废水：是矿坑废水、选矿废水、洗煤废水和冶炼废水的统称，其水质因矿区的地质条件、矿床种类、坑道状况、作业方式以及生产工序和工艺的不同而有所差异，不过大多具有酸度高、悬浮物浓度大、重金属含量高等特点。

（2）矿山废渣：包括废石、尾矿、冶炼废渣以及矿内电厂的灰渣和生活垃圾等。就废石来说，很多金属矿山、煤矿和非金属矿的开采者为了加快建设，节约成本，提高矿石回采率而多采用剥离废石量最大的露天开采方式，由此导致大量金属含量高的废石堆放在地表，经雨水长期淋洗后渗滤出含重金属的酸性废水，污染环境。尾矿是选矿过程中产生的废物，特别是有色金属矿和稀有金属矿，由于矿石品位低，所以分选后绝大部分都以尾矿形式排入环境。就冶炼废渣及生活垃圾来说，由于一般矿区的黏性土覆盖层都比较薄，所以渗滤水很容易通过岩石裂隙或岩溶洞穴深入地下，形成二次污染。

（3）生态平衡和景观破坏：矿山经过开发后，附近的树木往往都被砍光，特别是在雨量充沛、风化层较厚的地区，不合理的废石堆放可能引起泥石流。

5.2.4　耕地主要污染问题

耕地污染主要来自农业污染类污染源，主要包括化肥农药、废弃农膜、畜禽养殖污染和灌溉水污染等。农业地区的污水土壤处理、污水灌溉、污泥农用、施用废物焚烧灰烬或使用石灰进行污水澄清，也会导致土壤污染。另外，采矿活动中的污染物排放，也是我国耕地污染的重要来源，是政府重金属污染治理行动（原重金属治理专项基金项目）所关注的重点工作之一（表5-1）。

表 5-1 耕地典型污染源简介

污染源	具体内容
过量施用化肥	我国每年化肥施用量超过 4 100 万吨。虽然施用化肥是农业增产的重要措施,但是长期大量使用氮、磷等化学肥料,破坏土壤结构,造成土壤板块、耕地土壤退化、耕层变浅、耕性变差、保水肥能力下降、生物学性质恶化,增加了农业生产成本,影响了农作物的产量和质量
大量使用农药	20 世纪 80 年代停止使用的六六六、滴滴涕等传统持久性农药,虽然目前在农田、菜地土壤中含量已经大幅下降,但是仍然能普遍检出;在局域农田土壤中,还同时同地出现多环芳烃、肽酸酯、多氯联苯及二噁英类毒害物质,甚至与土壤酸化、重金属污染共存,造成土壤中动物、微生物数量减少甚至灭绝,导致农作物、蔬菜减产或绝产,农产品农药残留超标
大面积污水灌溉	我国污水灌溉农田面积超过 330 万公顷。生活污水和工业废水中,含有氮、磷、钾等许多植物所需要的养分,所以合理地使用污水灌溉农田,有增产效果。但是,未经处理或未达标排放标准的工业污水中含有重金属、酚、氰化物等许多有毒有害物质,造成严重的耕地土壤污染。同时,通过土壤污染调查发现,近年来大力发展的设施农业,导致的土壤养分过剩、次生盐渍化、酸化问题已经与重金属、农药、肽酸酯、抗生素等有机物污染问题叠合共存

资料来源: 前瞻产业研究院整理

5.3 我国土壤污染标准及相关法规的演变

5.3.1 涉土政策法规

近年来,国家日益重视对环境的保护与治理,对土壤修复也加大了扶持力度。《中华人民共和国土壤污染防治法》于 2018 年 8 月 31 日第十三届全国人民代表大会常务委员会第五次会议通过。

5.3.2 土壤环境保护标准

涉及土壤环境保护相关的标准主要有土壤环境质量标准、土壤检测的相关标准和 2014 年出台的污染场地相关技术导则。

1. 土壤环境质量标准发展历程

《土壤环境质量标准》(GB 15618—1995)为 1995 年 7 月 13 日发布,1996 年 3 月 1 日实施。面对我国土壤环境形势的新变化、新问题和新要求,2006 年开始,多次对该标准进行修订,直到 2014 年,《场地环境调查技术导则》(HJ 25.1—2014)、《场地环境监测技术导则》(HJ 25.2—2014)、《污染场地风险评估技术导则》(HJ 25.3—2014)、《污染场地土壤修复技术导则》(HJ 25.4—2014)和《污染场地术语》(HJ 682—2014)等污染场地系列标准于 2014 年 2 月 19 日正式发布。其中,HJ 25.3—2014 是与现行《土壤环境质量标准》并列的建设用地土壤环境质量评价标准,但当时考虑到土壤环境问题复杂性,该标准仅规定了风险评估技术原则、方法,未规定启动风险评估的筛选值(表 5-3)。

表 5-2 土壤相关政策文件

政策	发布/实施时间	发布单位	主要内容
土壤污染防治行动计划	2016 年 5 月 28 日	国务院	到 2020 年,受污染耕地安全利用率达到 90% 左右,污染地块安全利用率达到 90% 以上。到 2030 年,受污染耕地安全利用率达到 95% 以上,污染地块安全利用率达到 95% 以上
污染地块土壤环境管理办法	2016 年 12 月 31 日 2017 年 7 月 1 日	环境保护部	拟收回土地使用权的,已收回土地使用权的,以及用途拟变更为居住用地和商业、学校、医疗、养老机构等公共设施用地的疑似污染地块和污染地块相关活动及其环境保护监督管理,适用本办法
环境保护部、农业部联合印发《农用地土壤环境管理办法(试行)》(环境保护部令第 46 号)	2017 年 11 月 1 日	环境保护部 农业部	—
《关于加强土壤污染综合防治先行区建设的指导意见》	2017 年 11 月 24 日	环境保护部 财政部	
《建设用地土壤环境调查评估技术指南》	2017 年 12 月 14 日	环保部	
《土壤污染治理与修复成效技术评估指南(试行)》	2017 年 12 月 15 日	环保部	
《土壤污染防治法(二审稿)》	2017 年 12 月 22 日	人大	加强监测土壤污染重点地块、强化农用地风险管控责任;治污不力,市长将被约谈并公开情况;政府应加强对沙漠等未利用地污染的监管;土地使用权被收回;确定修复主体;曾发生重特大污染事故的地块,要重点监测
《工矿用地土壤环境管理办法(试行)》	2018 年 5 月 3 日 2018 年 8 月 1 日	生态环境部	本办法适用于从事工业、矿业生产经营活动的土壤环境污染重点监管单位用地的土壤和地下水的环境现状调查、环境影响评价、污染防治设施的建设和运行管理、污染隐患排查、环境监测和风险评估、污染应急、风险管控和治理与修复等活动,以及相关环境保护监督管理

表 5-3 土壤环境质量标准

发布时间	实施时间	标准号	标准
2018 年 6 月 22 日	2018 年 8 月 1 日	GB 36600—2018	土壤环境质量 建设用地土壤污染风险管控标准(试行)
2018 年 6 月 22 日	2018 年 8 月 1 日	GB 15618—2018	土壤环境质量 农用地土壤污染风险管控标准(试行)

2014 年 4 月 24 日,新修订的《环境保护法》第 15 条、28 条和第 32 条分别规定了国家和地方环境质量标准的制定、实施制度,以及大气、水、土壤环境调查、监测、评估和修复制度,制定实施 HJ25 系列标准得到上位法的有力支持。

2014 年 6 月 26 日,环境保护部科技标准司在北京召开相关科研专家和管理部门代表参加的《土壤环境质量标准》修订专题研讨会,明确建议修订后的《土壤环境质量标准》继续以农用地土壤环境质量为评价对象,建设用地土壤环境评价适用 HJ 25 系列标准并补充制订筛选值。

2014 年 10 月 31 日,环境保护部部长专题会议研究了《土壤环境质量标准》修订工作思路,同意修订后的《土壤环境质量标准》继续以农用地土壤环境质量评价为主,与建设用地土壤环境风险评估标准共同构成土壤环境质量评价标准体系;不再规定全国统一的土壤环境自然背景值。

2015 年《农用地土壤环境质量标准(征求意见稿)》(修订 GB 15618—1995)和《建设用地土壤污染风险筛选指导值(征求意见稿)》(补充 HJ 25.3—2014),开始公开征求意见,历经 3 年,2018 年 6 月 22 日,两项标准正式试行发布,于 2018 年 8 月 1 日正式实施。

2. 土壤监测相关标准

土壤环境污染监测中常用的标准方法是国家标准和环保行业标准。迄今为止,我国有 51 个涉及土壤监测的国家和环保行业标准方法,其中无机物和有机物监测方法分别为 23 个和 17 个,3 个放射性监测方法,8 个土壤理化性质及其他监测方法[52]。

23 个无机物监测方法涵盖了 55 种无机组分,包括 33 个元素总量(As,Cd,Co,Mn 等),7 种氧化物(SiO_2,Al_2O_3 等),7 种盐类(氰化物、硫酸盐等)以及 9 种元素有效态(Cu,Fe 等)。涉及的前处理方法有 3 种:酸消解、碱熔和浸提(提取液有二乙烯三胺五乙酸、碳酸氢钠、氯化钾、氯化钡等溶液)。酸消解方法最为常用,又分为 2 种体系(常压和高压),消解液有盐酸—硝酸—氢氟酸—高氯酸、盐酸—硝酸(王水)等。测定方法主要有 8 种:ICP-MS、波长色散 X 射线荧光光谱法、火焰原子吸收分光光度法、石墨炉原子吸收分光光度法、原子荧光法、分光光度法、离子选择电极法和重量法等。

17 个有机物监测方法涉及 161 个组分的测定,其中绝大多数是集样品前处理和分析于一体的方法,也有独立的样品前处理方法,如《土壤和沉积物 有机物的提取加压流体萃取法》(HJ 783—2016)。样品前处理方法有顶空、吹扫捕集、索氏提取、加压流体萃取、微波萃取和超声波提取等 6 种。分析方法有 GC、GC-MS、HPLC、高分辨 GC－高分辨 MS 以及高分辨 GC－低分辨 MS 等 5 种。161 个测定组分中,包括 16 种多环芳烃,18 种多氯联苯单体,67 种挥发性有机物,17 种二噁英类,10 种有机磷,8 种有机氯,21 种酚类以及丙烯醛、丙烯腈、乙腈和毒鼠强。

3 个放射性监测方法中,涉及钚和铀 2 个元素,测定方法有放射化学分析法、固体荧光法和分光光度法等。

8 个土壤理化指标等方法中,涉及 5 个测定指标(电导率、氧化还原电位、有机碳、可交换酸度、干物质和水分等)以及 5 种测定方法(电极法、滴定法、重量法、分光光度法和非分散红外法等)。另外,农业、林业也有土壤检测标准方法,主要侧重于土壤营养元素及其有效态、理化指标的检测。在农业行业标准方法中,有 21 个涉及无机元素及其有效态测定的方法,有 15 个涉及土壤理化指标的方法。林业行业标准方法针对的是森林土壤,有 15 个涉及无机元素及其有效态测定的方法,有 13 个涉及土壤理化指标的方法。

我国土壤环境监测标准方法存在的问题主要包括以下几个方面:

(1) 现行标准中监测污染物的数量不足。

(2) 一些标准方法长期没有修订,新技术、方法难有法定地位。

(3) 土壤环境监测基础性研究较少,对标准方法的完整性、系统性、科学性技术支持不足。

(4) 在方法的标准化、系统化方面尚有许多工作待开展。

由此,研究者及专家建议加强土壤监测标准方法的顶层设计,合理增加土壤污染物的控制种类;及时更新标准方法,发展多组分同时测定的高效方法;科学研究标准方法,加强其系统性、协调性;鼓励进行原位监测方法的探索,使之尽可能地准确、标准化。

5.4 国外土壤污染防治典型案例

土壤污染是全球面临的重大环境问题,不仅严重影响土壤质量和土地生产力,还会危及食物安全、人体健康乃至生态安全。因此,土壤污染修复成为许多国家和地区关注的重要科技领域,并将其作为消除污染物和恢复土壤生态功能必不可少的技术手段。

5.4.1 国际案例

20 世纪 70 年代,发达国家普遍处于工业高速发展阶段,土壤污染问题随之而来,引发各国政府重视,制定土壤污染治理法律法规。"拉夫河污染事件"使美国政府开始认识到土壤污染的巨大危害。同时期,日本经济快速增长,工业废水废渣无序排放,土壤污染公害事件发生数起。当时的痛痛病、水俣病、第二水俣病与四日市病四大公害,其中有三起与重金属污染相关。1975 年,东京都铬渣污染事件引起了日本政府对棕地污染的重视。英国则由于大量位于英国南部和东南部的早期大型工业城市中心的土地被工业污染,成为棕地,影响难以控制,并开始重视土壤污染问题。此外,加拿大、荷兰等发达国家都由于工业化造成棕地污染问题,制定并发布了土壤污染相关法律法规。

1. 环境污染及死亡数据

2017 年 10 月 20 日,在经过众多国际组织以及 40 多名环境健康学专家为期两年的调查工作后,医学界权威学术刊物《柳叶刀》公布了一组令人震撼的数据:2015 年全年,由环境污染导致的疾病,造成了 900 万人死亡,占 2015 年全球死亡总人口的 16%。

《柳叶刀》表示："这一数字已经超过了因艾滋病、肺结核以及疟疾加起来导致的死亡人数的3倍；超过了因战争或其他恐怖袭击死亡人数的15倍。"平均每年会有650万人死于环境污染，而死因大多为不具有传染能力的心脏病、脑血管病、肺癌以及慢性支气管炎。"这一数字可能还被低估了，因为很多由新型化学品导致的污染还无法被确认在内。"

2. 美国拉夫运河事件

20世纪70年代，在拉夫运河地区很多未成年人得了白血病，当地的疾病、环境、地质等研究所开始介入调查，问题源自19世纪，由William T. Love建造的60英尺宽、3 000英尺长的运河在1920—1953年一直作为市政和化学品倾倒场地。倾倒场地含有20 000吨的化学废物，并泄漏到临近场地中。当地报纸刊登了大量文章报道这一事件。1980年5月21日，美国卡特总统宣布拉夫运河地区进入紧急状况，1980年12月11日，颁布Superfund(超级基金)法令。最终，政府撤离800多户居民并进行赔款；当前，地表下有塑料衬层、黏土和表层覆盖层，被禁止人入内。

类似的案例还有美国麻州Woburn地区20世纪80年代的地下水污染事件。由于饮用和使用受三氯乙烯(TCE)污染的地下水导致当地居民健康受损，尤其是儿童中的白血病频发。污染主要由当地历史上制革和化工生产过程中废弃物的不当处置造成。当地居民将多家大企业告上法庭，这个真实故事被写成小说《A Civil Action》，并被改编成电影，由John Travolta主演。由于水文地质条件复杂，举证和诉讼过程非常漫长，其中Unifirst庭外和解，赔偿100万美元；W. R. Grace庭外和解，赔偿800万美元。若干年后，W. R. Grace和Beatrice Foods被美国环保署强制赔偿6 400万美元用于地下水修复。

3. 菲律宾汽油泄漏事件

菲律宾壳牌某加油站120万升汽油泄漏，周边超过60个社区或社会团体组织受到影响，为此壳牌提供了当地替代地下水饮用的供水。此事故违反了当地10条以上的法律法规或地方标准，污染清除和治理的费用超过100万美元。

5.4.2　国内案例

1. 天津港爆炸事故

2015年8月12日，位于天津市滨海新区天津港的瑞海国际物流有限公司(以下简称"瑞海公司")危险品仓库发生特别重大火灾爆炸事故。

(1) 环境风险情况。事发时，瑞海公司储存的111种危险货物的化学组分，确定至少有129种化学物质发生爆炸燃烧或泄漏扩散，其中，氢氧化钠、硝酸钾、硝酸铵、氰化钠、金属镁和硫化钠这6种物质的重量占到总重量的50%。同时，爆炸还引燃了周边建筑物以及大量汽车、焦炭等普通货物。本次事故残留的化学品与产生的二次污染物逾百种，对局部区域的大气环境、水环境和土壤环境造成了不同程度的污染。

(2) 土壤环境污染情况。本次事故对事故中心区土壤造成污染，部分点位氰化物和砷浓度分别超过《场地土壤环境风险评价筛选值》(DB11/T 798—2011)中公园与绿地筛选值0.01～31.0倍和0.05～23.5倍,苯酚、多环芳烃、二甲基亚砜、氯甲基硫氰酸酯等有检出,对事故中心区外土壤环境影响较小,事故发生一周后,仍有部分点位检出氰化物。一个月后,未再检出氰化物和挥发性、半挥发性有机物,虽检出重金属,但未超过《场地土壤环境风险评价筛选值》中公园与绿地的筛选值;下风向东北区域检测结果表明,二噁英类毒性当量低于美国环保局推荐的居住用地二噁英类致癌风险筛选值,苯并芘浓度低于《场地土壤环境风险评价筛选值》中公园与绿地的筛选值。

对于生态环境风险,专家建议需要开展中长期环境风险评估。由于事故残留的化学品与产生的污染物复杂多样,需要继续开展事故中心区环境调查、区域环境风险评估,制订、实施不同区域、不同环境介质的风险管控目标,以及相应的污染防控与环境修复方案和措施。同时,开展长期环境健康风险调查与研究,重点对事故中心区工作人员与住院人员开展健康体检和疾病筛查,监测、判断本次事故对人群健康的潜在风险与损害。

此类爆炸事件给城市环境带来的土壤污染而言是持久且不可逆的过程,需要有关部门采取有效的环境风险监测与评估。

2. 儿童血铅超标事件

2009年8月,湖南武冈市文坪镇、司马冲镇因工厂污染导致上千儿童血铅超标。同期,陕西凤翔县两个村庄651名儿童血铅超标。近日,在湖南省衡阳市衡东县大浦镇再次发生儿童血铅超标事件,人口只有4万多的乡镇,血铅超标的儿童超过300人,当地血铅值超标儿童最高达到322微克,远远超过100微克的健康标准,引发社会强烈关注。

近年来,土壤污染事故频发,仅曝光儿童血铅超标事件的就有江西吉安、陕西凤翔、湖南武冈、云南昆明、龙岩上杭、湖南郴州等地,均与土壤污染有关。

3. 宋家庄地铁站中毒事件

2004年4月28日,北京宋家庄地铁施工过程中发生一起中毒事件。宋家庄地铁站所在地原是北京一家农药厂,始建于20世纪70年代,尽管已经搬离多年,但仍有部分有毒有害气体遗留于地下。当挖掘作业到达地下5 m时,3名工人急性中毒,后被送往医院治疗。该施工场地随之被关闭,北京市生态环境局开展了场地检测并采取了相应措施。随后污染土壤被挖出运走进行焚烧处理。

有关单位对该场地进行了场地环境评价,结果显示该场地受到六六六、DDT的污染。为彻底解决隐患,市政府决定对污染土壤进行清理和修复。该事件标志着我国重视工业污染场地修复与再开发的开始。

4. 武汉三江地产项目场地中毒事件

2006年,在华中最大的工业城市武汉,一块位于汉江沿岸,靠近汉江入长江处,面积280亩(1亩=666.7平方米),具有非常高的开发价值的地块由三江地产进行住宅开发。然而,4年之后,该场地空空荡荡,当初规划的建设并没有实施。其原因是项目开工后不久发现土壤中含有大量残余杀虫剂,几名建筑工人中毒,被送往医院治疗。

5. "镉大米"事件

早在几年前,就发现了种植水稻的土壤中重金属超标的状况,其中稻米对于镉污染的吸附作用明显强于玉米、大豆等其他的作物品种。

2007 年,研究人员曾针对我国六个地区(华东、东北、华中、西南、华南和华北)县级以上市场的 170 多个大米样品进行了随机的采购和科学调查,结果发现,在抽调的这 170 多个大米样品中,有 10% 的市售大米存在着镉超标的问题。这个研究结果和 2002 年农业部稻米及制品质量监督检验测试中心对全国市场稻米进行安全性抽检结果镉超标率 10.3% 的结论基本一致。

专家表示,土壤镉污染主要来自采矿、冶炼行业,工厂排放废气中含有镉,可能会通过大气沉降影响较远的地方。

也有专家认为,采矿和冶炼会导致土壤镉污染,此外,一些肥料中也含有重金属镉。即使冶炼厂距离远,其排放的废气扩散后也可能随降雨落到农田中。现在工厂的重金属排放标准较严格,也不排除是当地多年来工业生产历史加上管理不善等原因累计造成的镉污染。

6. 湖南浏阳镉污染事件

2009 年 8 月 6 日,湖南省浏阳市镇头镇双桥村,以湘和化工厂为圆心向外 500 m 为半径,范围内田野里的庄稼渐次呈现出深黄色、黄绿色、绿色三种不同颜色,晒在水泥地上的稻谷谷壳透着黄褐色,而离工厂 300 m 外就是著名的浏阳河。这就是湖南浏阳镉污染事件表面所能看到的景象。

事件发生后,浏阳市成立了镉污染事件处置工作指挥部,长沙方面也成立了镉污染事件处理小组,快速应对污染事件。

5.5 城市土壤污染风险识别、分析、评估与预警

城市土壤污染风险是城市生态环境风险管理中风险监测与识别的重要风险因素。土壤污染具有隐蔽性、累积性、滞后性。土壤要素在生态环境中往往是污染物质的最后承接者。土壤要素的污染会对城市生态环境带来很大的风险,对农产品安全、人居环境和生态系统造成不良影响。结合我国工业、矿业和农业等产业结构的布局,在城市政治、经济、文化和历史发展的长河中,如何有效管理土壤生态环境风险需要环境保护、农业、矿业、水利和国土等诸多部门共同协作。

5.5.1 风险识别

对于保护土壤环境的安全性而言,目前世界主要国家共同认可的是"污染源—传播途径—汇"这一基于污染物传播的基本模型。将土壤视为保护对象,土壤为环境污染物的"汇",工矿污

染、农业污染和生活污染为主要的污染源,传播路径则为污染物自源到达土壤(汇)的方式,如大气沉降、地表水沉积、直接接触(直接堆放)等。

还有一种"污染源—暴露途径—受体"基于风险评估的基本模型,以人体健康、农产品、地下水和生态环境为四类受体,此时,污染源为受污染土壤,暴露途径为污染物自土壤到达以上四类受体的路线,即建立场地概念模型(CSMs)。

因此识别土壤环境的风险,应从第一种模型开始保护土壤资源,进而延伸到第二种模型保护生态环境,识别城市主要土壤环境风险源。

生态环境保护部和国土资源部联合发布全国土壤污染调查公报(2014 年 4 月 17 日),其中公示了 8 种无机污染物(镉、汞、砷、铜、铅、铬、锌、镍)和 3 种有机污染物(六六六、滴滴涕、多环芳烃)的点位超标情况,并给出四类用地类型(耕地、林地、草地、未用地)以及 8 种典型地块及周边(重污染企业用地、工业废弃地、工业园区、固体废物集中处理处置场地、采油区、采矿区、污水灌溉区、干线公路两侧)等的土壤点位超标情况。2018 年 5 月,全国已经开展的土壤污染详查(表 5-4)、重点工业企业调查、污染源普查都在有序展开,国家也出台了一系列的相关技术规定,涉及从调查、评估到修复验收等。

表 5-4 土壤污染源详查情况

场地类型	风险源	污染源情况
城市污染场地	工业污染场地	来自有色金属冶炼、石油化工、化工、焦化、电镀、制革等行业主要有多种有机物
	石油类污染场地	石油烃、苯系物、多环芳烃等、甲基叔丁基醚和重金属污染物
	固体废弃物(含生活垃圾、非正规垃圾填埋场)、化学品尤其是危险废物的非正规乃至非法填埋(偷埋)、工业废水偷排等	污染类型复杂,尤其具有安全性影响,需要采取应急治理措施和预案
矿山	采矿种的污染物排放尾矿石和冶炼废渣等的集中储存	重金属污染
耕地	近 20 年来,耕地由于长期过量使用化学肥料、农药、地膜及工业污水灌溉,导致污染物在土壤中大量残留,土壤受到有毒、有害物质的侵蚀,耕地的生态功能受到严重损害,部分耕地甚至丧失了耕作能力,这些污染源的作用使得耕地受破坏较严重	农药类污染、重金属污染、其他衍生污染物

5.5.2 风险分析

分析土壤环境风险,离不开区域的土壤环境背景值的分析与支撑。有时,土壤中重金属(或其他"污染物")的实测浓度可能高于相关标准给出的风险筛选值。目前在《工业企业场地环境调查评估和修复工作指南(试行)》中指出："若污染物的筛选值低于当地背景值,采用背景值作为筛选值"。应在对背景值充分分析的基础上,进行风险分析,且主要是对人体健康风险和生态环境系统分析。

1. 污染场地人体健康风险评估

保障土壤环境的安全性、进行风险分析,大体上可以归结为对人体健康风险评估和生态风险评估两类,其中关于污染场地人体健康风险评估的基本流程可参考《污染场地风险评估技术导则(HJ 25.3—2014)》(以下简称《导则》)以及《污染场地挥发性有机物调查与风险评估技术导则(DB11/T 1278)》。

通过追踪污染物自土壤到受体的迁移过程,结合受体对污染土壤的暴露情景,常分为处于敏感用地、非敏感用地及施工期场地等情景,区分不同的敏感受体(成人、儿童建筑工人等),采用相应的评估工具(主要是数学模型和参数),分别进行暴露评估和毒性评估(暴露评估的通俗理解是评估产生风险的可能性;毒性评估又称危害评估,通俗理解是评估污染物对受体产生后果的严重性;可能性与严重性是风险评估理论的两大基础),并进行风险表征(通俗理解是采用评估工具将风险定量或定性描述,首先通过数学模型计算得出致癌风险值、危害商等危害指数后按规定进行表征),将结果与所规定的可接受风险水平对比,判断风险是否可以接受,并最终为采取土壤污染防治措施提供依据(提供风险值等,如需进行新治理修复将是修复目标值的总要参考)。

2. 地下水体风险分析

在土壤污染防治中,地下水体既是需要保护的受体,又是污染物的传播途径(载体),它与人体健康和生态环境之间密切相关,相互作用。

土壤中的污染物主要通过淋溶作用进入地下水。主要包括以下两类典型情况:

(1)当地下水体中的污染物向上迁移到饮水点时,就会影响到人体健康安全(《导则》中的"直接饮用地下水途径"),当地下水体中的污染物以蒸汽的形式侵入到居住用地、工业用地或市政用地上的各类建筑时,也会对人体健康构成潜在危害(《导则》中的"吸入室内或室外地下水中气态污染物等途径")。

(2)当孔隙水淋溶到地下含水层时,含水层的生态系统亦会遭到污染物暴露,受污染的地下水向上运动还会影响到自然保护区、农业区,乃至海洋;当污染物随地下水迁移到周边水体时,还会造成新的地下水污染。

3. 农产品土壤风险分析

对于农产品受体的风险评估,《导则》并不适用。根据"土十条"所给"耕地土壤和农产品协同监测与评价"措施,土壤污染物通过农产品对人体健康产生风险的过程实际分为两个阶段:

第一阶段:土壤中的污染物被植物吸收并在农产品中累积,此时对人体尚未构成风险。

第二阶段:农产品进入食物链,通过被直接或间接食用对人体健康造成潜在危害。

4. 生态环境风险分析

目前土壤生态环境风险分析的相关法规或技术指南较少。根据美国超级基金项目中,开展生态风险评估主要分为两个步骤:

第一步,筛选评估:获得生态土壤筛选水平,如果超过了风险可接受的水平,则需要进一步获得场地具体的特征参数。

第二步,证据权法:通过场地具体的生态响应信息评估具体的生态风险,主要包括场地土壤、地下水等场地介质的毒理学测试数据、污染物在食物网中的传播模型、不同生物组织中污染物的浓度、场地生物区系调查和不同物种比例估算等。

在第二步中识别出显著的风险(或不可接受的生态风险,该目标需要相关方共同制订),则需要采取相应的措施。

5.5.3 评估与预警

根据"土十条",对土壤的风险管理措施做出了要求,即"保护预防""风险管控""治理修复"和"安全利用"十六个字。目前,我国也已颁布了《突发事件应对法》(2007年11月1日起实施)和《国家突发环境事件应急预案》(2014年新版),生态环境部也已发布了《突发环境事件调查处理办法》(2015年3月1日起施行)和《突发环境事件应急管理办法》(2015年6月5日起施行),其中要求,各企事业单位开展突发环境事件的风险评估,完善突发环境事件风险防控措施,排查治理环境安全隐患,制订突发环境事件应急预案,备战、演练并加强环境应急能力保障建设。另外,我国在中央及各地方生态环境保护部门下设有环境应急事故与调查中心,其职能涉及重特大突发环境事件应急、通报及预警、环境违法案件及调查、重特大突发环境事件损失评估及环境执法等工作。

1. 监测和风险评估

(1)各级生态环境部门及其他有关部门要加强对土壤和地下水的日常环境监测,对可能导致突发环境事件的风险信息加强收集、分析和研判。安全监管、交通运输、公安、住房城乡建设、水利、农业、卫生计生、气象等有关部门按照职责分工,应当及时将可能导致突发环境事件的信息通报同级环境保护主管部门。

(2)企业、事业单位和其他生产经营者应当落实环境安全主体责任,定期排查环境安全隐患,开展环境风险评估,健全风险防控措施。当出现可能导致突发环境事件的情况时,要立即报告当地环境保护主管部门。

2. 预警

1)预警分级

(1)对可以预警的突发环境事件,按照事件发生的可能性大小、紧急程度和可能造成的危害程度,将预警分为四级,等级由低到高依次用蓝色、黄色,橙色和红色表示。

（2）预警级别的具体划分标准,由生态环境部制定。

2）预警信息发布

（1）地方环境保护主管部门研判可能发生突发环境事件时,应当及时向本级人民政府提出预警信息发布建议,同时通报同级相关部门和单位。地方人民政府或其授权的相关部门,及时通过电视、广播、报纸、互联网、手机短信、当面告知等渠道或方式向本行政区域公众发布预警信息,并通报可能影响到的相关地区。

（2）上级环境保护主管部门要将监测到的可能导致突发环境事件的有关信息,及时通报可能受影响地区的下一级环境保护主管部门。

3）预警行动

预警信息发布后,当地人民政府及其有关部门视情况采取以下措施:

（1）分析研判。组织有关部门和机构、专业技术人员及专家,及时对预警信息进行分析研判,预估可能的影响范围和危害程度。

（2）防范处置。迅速采取有效处置措施,控制事件苗头,在涉险区域设置注意事项提示或事件危害警告标志,利用各种渠道增加宣传事件应急频次,告知公众避险和减轻危害的常识、需采取的必要健康防护措施。

（3）应急准备。提前疏散、转移可能受到危害的人员,并进行妥善安置。责令应急救援队伍,负有特定职责的人员进入待命状态,动员后备人员做好参加应急救援和处置工作的准备,并调集应急所需物资和设备,做好应急保障工作,对可能导致突发环境事件发生的相关企业、事业单位和其他生产经营者加强环境监管。

（4）舆论引导,及时准确发布事态最新情况,公布咨询电话,组织专家解读。加强相关舆情监测,做好舆论引导工作。

4）预警级别调整和解除

发布突发环境事件预警信息的地方人民政府或有关部门,应当根据事态发展情况和采取措施的效果适时调整预警级别;当判断不可能发生突发环境事件或者危险已经消除时,宣布解除预警,适时终止相关措施。

3.　突发环境事件应急与响应措施

突发环境事件应急与响应措施如图5-4所示。

5.5.4　总结与展望

综上所述,土壤环境风险的控制需要国家相关政策、法规和标准的指导,需要农业、矿业、住建部和水利部等部门的配合与协作。

1.　农用地管理

2017年11月1日起施行的《农用地土壤环境管理办法(试行)》,规定了农用地的监控办法,

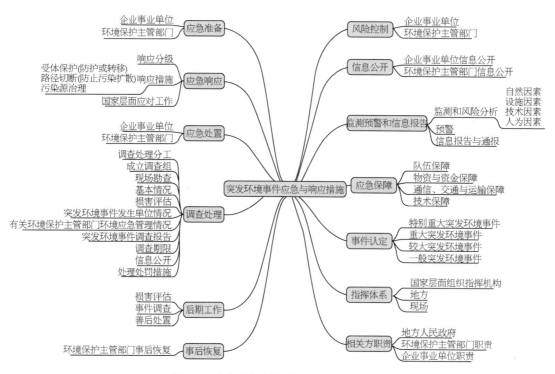

图 5-4　突发环境事件应急与响应措施汇总

即"环境保护部会同农业部等部门建立农用地土壤污染状况定期调查制度,制订调查工作方案,每十年开展一次"。

关于农用地预警规定:设区的市级以上地方环境保护主管部门应当定期对土壤环境重点监管企业周边农用地开展监测,监测结果作为环境执法和风险预警的重要依据,并上传农用地环境信息系统。设区的市级以上地方环境保护主管部门应当督促土壤环境重点监管企业自行或者委托专业机构开展土壤环境监测,监测结果向社会公开,并上传农用地环境信息系统(第二十六条)。

2. 工矿用地管理

生态环境部最新公布的《工矿用地土壤环境管理办法(试行)》,已经 2018 年 4 月 12 日由生态环境部部务会议审议通过,自 2018 年 8 月 1 日起施行。此办法对指定的重点工矿用地单位进行了专门的定义,并规定重点单位新、改、扩建项目,应当在开展建设项目环境影响评价时,按照国家有关技术规范开展工矿用地土壤和地下水环境现状调查,编制调查报告,并按规定上报环境影响评价基础数据库。参照国家或者地方有关建设用地土壤污染风险管控标准进行管控,从制度上控制土壤环境风险的源头(第七条)。

日常管理方面,要求重点单位应当按照相关技术规范要求,自行或者委托第三方定期开展土壤和地下水监测,重点监测存在污染隐患的区域和设施周边的土壤、地下水,并按照规定公开相关信息(第十二条)。关于退场,要求重点单位终止生产经营活动前,应当参照污染地块土壤环境管理有关规定,开展土壤和地下水环境初步调查,编制调查报告,及时上传全国污染地块土壤环境管理信息系统(第十六条)。

　　全周期地管理工矿企业的潜在土壤污染环境,并授予"县级以上生态环境主管部门有权对本行政区域内的重点单位进行现场检查"的执法权力。最后,对企业自律方面(第十九条)重点单位未按本办法开展工矿用地土壤和地下水环境保护相关活动或者弄虚作假的,由县级以上生态环境主管部门将该企业失信情况记入其环境信用记录,并通过全国信用信息共享平台、国家企业信用信息公示系统向社会公开。

　　但是办法中对于"矿业用地不包括开采作业区域用地",这部分需要在未来的国土资源综合环境保护管理方面,再补充指定相应的规章制度以完善此类场地的土壤环境风险管控工作。

6 城市大气污染风险防控体系研究与实践

6.1 基础知识

6.1.1 大气污染的概念

按照国际标准化组织(ISO)做出的定义,大气污染通常是指由于人类活动和自然过程引起某种物质进入大气中呈现出足够的浓度,停留足够的时间并因此而危害了人体的舒适健康和福利或危害了环境的现象。

大气层是指因重力关系而围绕着地球的一层混合气体,包括对流层、平流层、中间层、热层和散逸层等。其中大气污染主要发生在人为活动最为密集的对流层,大气最底层靠近地球表面并且受到地面摩擦力影响较为明显的区域,称为边界层。大气污染物在大气边界层内随着风速发生平流和湍流,分布相对均匀,颗粒物(PM)等呈胶体状悬浮在大气中做布朗运动,形成气溶胶。

6.1.2 大气污染的类型

1)按污染源存在的形式划分

(1)固定污染源:位置固定,如工厂的烟囱排放、餐饮油烟排放等。

(2)移动污染源:位置可移动,如机动车排放尾气、船舶排放等。

2)按污染物排放的时间划分

(1)连续源:污染源连续排放,如化工厂的排气筒。

(2)间断源:排出源时断时续,如取暖锅炉的烟囱。

(3)瞬间源:排放时间短暂,如某些工厂的事故性排放。

3)按污染物排放的形式划分

(1)点源:高强度小范围排放污染物,如电厂、燃煤锅炉等,通常在距地面一定高度上排放,这种情况下也称为高架源。

(2)面源:在一个大范围内排放污染物,如农业源、生活源等。

(3)线源:沿一条线排放污染物,如公路上的机动车排放。

4)按污染物产生的类型划分

(1)工业污染源:如电厂、燃煤锅炉、工艺过程排放等。

(2)农业污染源:如生物质燃烧、畜牧养殖场禽类排放等。

(3)民用生活源:如餐饮源、厕所排放等。

（4）交通运输源：同移动污染源类似，如机动车、船舶、飞机等排放。

（5）天然源：如植被排放等。

5）按污染物类型划分

主要有颗粒物（PM）、一氧化碳（CO）、氮氧化物（NO_2，NO）、硫氧化物（SO_2，SO_3）、光化学烟雾（O_3，PAN等）、碳氢化合物（CH）、含氟含氯废气等。

6.1.3　城市大气中的主要污染物及其危害

1. 颗粒物

城市大气污染中颗粒物较为突出，化石燃料燃烧是城市大气污染的一个非常重要的成因。一般情况下，工厂锅炉每燃烧1吨煤约产生11千克颗粒物，居民家庭炉灶每燃烧1吨煤约产生35千克颗粒物；汽油车每燃烧1吨汽油直接和间接排放形成1千克颗粒物，柴油车的排放量则要更大。另一类烟尘，如火山喷发，风力所挟带的地面固体微粒也可对大气产生污染。根据2017年10月27日世界卫生组织国际癌症研究机构公布的致癌物清单初步整理参考，含颗粒物的室外空气污染在一类致癌物清单中。烟尘及飘尘对人与环境的影响与距污染源的距离和烟尘的浓度有关。

有学者在大城市里做了社会调查，居住在距马路100 m以内的居民，在12 h内，马路上汽车流量1 000辆次的地段里，居民肺癌死亡率为1.04/10 000；汽车流量在万辆次的地带，肺癌死亡率为1.40/10 000；在2万辆次的地带为1.82/10 000，如果同是在汽车流量1 000辆次条件下，居住地离马路75～100 m，肺癌死亡率为1.23/10 000，50～70 m为1.54/10 000，25～50 m为1.69/10 000。也就是说，马路上车流量越多，居住地离马路越近，肺癌死亡率越高[54]。

2. 二氧化硫

二氧化硫对大气的污染，主要是燃烧含硫的煤和石油等燃料时产生的。氧化物在空气中如遇到水汽生成腐蚀性的酸滴（雨）、酸雾，可较长时间停留在大气中对建筑物和各种金属器物的表面产生强烈的腐蚀，使城市古建筑、名胜古迹受到威胁，对人体、生物危害更大。二氧化硫对植物也有很大危害常导致落叶，甚至死亡。

3. 一氧化碳

一氧化碳是燃料的不完全燃烧而产生的。随着煤和石油大量的消耗，排放到大气中的一氧化碳日益增加。一氧化碳在大气中的浓度明显高于其他气态污染物，通常二氧化硫、二氧化氮、臭氧等污染物的浓度在几到几百ppb，一氧化碳的浓度则通常在几百ppm。

大气中80%的一氧化碳是汽车排放的。世界每年约有2亿吨一氧化碳排入大气中，大致占有毒气体的1/3，汽车多的美国和日本几乎达到2/3，成为城市大气中数量最大的污染气体。

4. 光化学烟雾

光化学烟雾是由汽车和工厂烟囱排出的氮氧化物和碳氢化合物，经太阳光紫外线照射生成的臭氧、二氧化氮、过氧乙酰硝酸酯等多种有害气体的组合,具有强烈的刺激作用。日本东京发生的光化学烟雾中还发现有酸烟雾的混合体,毒性更大,后果更为严重。我国兰州市也曾出现过不同程度的光化学烟雾污染。光化学烟雾除了对人和动物有害外,对植物也有很大的危害,一定浓度的光化学烟雾可使蔬菜由绿变褐,大片树林落叶,重者枯死。

6.2 国外大气污染治理典型案例

6.2.1 伦敦雾霾治理

英国是世界上最早实现工业化的国家,伦敦是世界上最早出现雾霾问题的城市之一。20 世纪 50 年代,震惊世界的"伦敦烟雾事件"让"雾都"之名举世皆知。现在伦敦已经基本抛掉了"雾都"的帽子,其中有许多经验值得学习借鉴。

1. 伦敦雾霾的发展历程

19 世纪,作为工业革命发源地和工业中心的伦敦进入工业急速发展期,大量化石燃料,尤其是煤炭的消耗量不断增加,使伦敦大气污染愈演愈烈,工厂产生大量废气,形成了极浓的灰黄色烟雾,伦敦的空气污染形势渐趋严峻。从 19 世纪初到 20 世纪中期,伦敦在冬季发生过多起空气污染案例,最早的记录甚至可追溯到 1813 年,后来又多次发生大气污染事件,其中 1952 年12 月的一次严重大气污染事件最为典型。

1952 年 12 月 4—9 日,大范围高浓度的雾霾笼罩伦敦。据说从 12 月 5 日—12 月 8 日的 4天里,伦敦市死亡人数达 4 000 人,其中,48 岁以上的人死亡率为平时的 3 倍;1 岁以下的死亡率为平时的 2 倍。此外肺炎、肺癌、流行性感冒等呼吸系统疾病的发病率也有显著增加。在接下来的两个月,这起事件总共造成 12 000 人死亡。这是后来的"伦敦烟雾事件"。空气污染不仅损害人体健康,而且严重地腐蚀了建筑物,使土壤贫瘠,水质恶化,鸟类远僻他乡,并影响植物生长。

形成伦敦烟雾事件的直接原因是燃煤产生的二氧化硫和粉尘污染。烧煤的工厂排放了大量浓烟、汽车排放的机油废气和从欧洲大陆飘过来的污染云,都令伦敦的空气质量变得很差。当年的伦敦,工业排污量非常大,每天都有 1 000 吨的浓烟从烟囱中飘出来,排放 2 000 吨二氧化碳(CO_2)、140 吨盐酸和 14 吨氟化物。更为严重的是,燃煤粉尘中含有三氧化二铁成分,可以催化另一种来自燃煤的污染物二氧化硫氧化生成三氧化硫,与吸附在粉尘表面的水化合生成硫酸雾滴,混合了水蒸气之后,形成了 800 吨的硫酸。家庭烧煤也加剧了大气污染。以前的冬天,伦敦很多家庭只能烧煤取暖。经济困难时期,政府将优质煤出口国外,而伦敦人则烧劣质煤,污染更为严重。当空气不流通时,这些污染严重的黄烟就被"困"在伦敦上空,形成浓雾。这些硫酸雾滴吸入后会产生强烈的刺激作用,使体弱者发病甚至死亡。伦敦烟雾事件的间接原因开始于 12 月 4 日的逆温层造成的大气污染物蓄积。

在 1956 年、1957 年和 1962 年,伦敦又连续发生了多次严重的烟雾事件。20 世纪 70 年代中期,伦敦的"雾日"逐年减少,1980年开始逐年下降。目前,在伦敦有毒烟雾已销声匿迹,伦敦已成为全球生态城市。

2. 伦敦雾霾的治理过程

1952年,伦敦严重烟雾事件促使英国人开始深刻反思。英国政府开始"重典治霾",取得了非常显著的治理效果。从1953年以来,伦敦经历了60多年的烟雾治理,按照其空气质量的改善趋势可划成四个阶段。

第一阶段,准备阶段(1953—1960年)。英国政府1953年成立了由比佛爵士领导的比佛委员会(the Beaver Committee),专门调查烟雾事件的成因并制订应对方案。在比佛委员会的推动下,1956年,英国出台专门针对空气污染的《清洁空气法》。该法提出禁止黑烟排放、升高烟囱高度、建立无烟区等措施,并且在控制机动车数量、调整能源结构等方面做出了很多努力。同时,清洁空气委员会(Clean Air Council)成立,负责监督空气污染的改善情况,并从对空气污染治理有经验、有学识或有责任的人那里获取空气污染治理建议。具体的管理措施包括:由地方政府负责划定烟尘控制区,改造家用壁炉,更换燃料,禁止黑烟排放;设立奖惩机制,对控制区内进行壁炉改造的合理费用,由地方政府补贴至少70%,对违反条例的人员则依情节处以10～100英镑罚款或最高3个月的监禁。1960年,伦敦的二氧化硫(SO_2)和黑烟浓度分别下降20.9%,43.6%,取得了初步成效。

第二阶段,显著削减阶段(1960—1980年)。1968年,英国政府对《清洁空气法》进行了修订和扩充,赋予负责控制大气污染的住房和地方政府部长更多权限,包括出台新的锅炉颗粒物和烟尘排放限值的权力,可以强制要求地方政府设立新的烟尘控制区的权力。1974年,政府颁布《污染控制法》(Control of Pollution Act),规定机动车燃料的组成,并限制了油品(用于机动车或壁炉)中硫的含量。这一阶段最核心的措施,就是大幅扩大了烟尘控制区的范围。1976年,烟尘控制区的覆盖率在大伦敦地区已达到90%。伦敦空气中SO_2和黑烟的浓度在第一阶段还略有波动,但到了第二阶段,整个城市的空气质量便有了显著改观,SO_2和黑烟的浓度在短期内均大幅下降,10年降幅超过80%。到1975年,伦敦的雾霾天数已经从每年几十天减少到每年15天,1980年,降到5天。

第三阶段,平稳改善阶段(1980—2000年)。伦敦大气控制与治理的重点已从控制燃煤开始逐步转向机动车污染控制。政府陆续出台或修订了一系列法案,如《汽车燃料法》(1981年)、《空气质量标准》(1989年)、《环境保护法》(1990年)、《道路车辆监管法》(1991年)、《清洁空气法》(1993年)、《环境法》(1995年)、《国家空气质量战略》(1997年)、《大伦敦政府法》(1999年)、《污染预防和控制法》(1999年)。这使伦敦大气污染治理的法律法规更加完善。

第四阶段,低碳发展阶段(2001年至今)。此时伦敦的空气质量和20世纪50年代相比,已经有了巨大的改善,SO_2和黑烟浓度分别下降84.2%和47.4%,都不再是伦敦的主要污染物。2002年,伦敦市长经过广泛咨询后发布了伦敦的空气质量战略,其中详细说明了伦敦要如何达到国家空气质量目标。2003年,《英国能源白皮书——我们能源的未来:创建低碳经济》中首次正式提出低碳经济概念,提出将于 2050 年建成低碳社会。此后,伦敦的空气质量战略在2006 年、2010 年进行了两次修订。目前,伦敦空气质量控制的重点是机动车污染控制,而主要污染物是二氧化氮(NO₂)和 PM₁₀。低层空气中烟的污染 93% 得到控制,酸雨的危害已基本消除。今天的伦敦,已成为一座"绿色花园城市",并荣登吸引全球游客最多的城市榜首。

6.2.2　德国鲁尔工业区大气污染治理

鲁尔,位于德国西部,莱茵河下游支流鲁尔河与利珀河之间的地区。鲁尔工业区突出的特点是,以采煤、钢铁、化学、机械制造等重工业为核心,组成部门结构复杂、内部联系密切、高度集中的地区工业综合体。又因工业的发展,昔日的绿色森林,变成了后来的黑色都市。

鲁尔区的工业是德国发动两次世界大战的物质基础,加之鲁尔区的地理位置,水运、陆运的便利,让这里成为欧洲经济最发达的金三角。战后又在西德经济恢复和经济起飞中发挥过重大作用,工业产值占全国的 40%。

鲁尔工业区大气污染治理的经验如下:

(1)大力发展新能源车,用技术手段限制排放。相对于其他发达国家采用政策监督管理解决问题,德国人更愿意研发技术,从工业产品入手,解决污染。到今天,市场上常见的新能源车多来自德国技术。

(2)制定相关政策推动产业结构转型。当然政策法规也不可少,德国在治理空气污染方面主要有三大战略:首先是制定空气质量标准,出台相关法律法规及污染防治方案;其次是用技术等手段限制污染物排放,包括关停污染源;再次是完善监管机制,针对具体污染物给出排放上限。与此同时,德国联邦政府还积极促进能源转型,促进清洁能源的开发,减少对传统能源的依赖。

(3)制定长短期减排措施削减总量控制增量。和所有污染控制模型一样,摸清污染源,削减总量,控制增量。如果空气出现严重污染,立即采取行动。例如,在污染严重区域禁止所有车辆行驶;要限制或关停大型锅炉和工业设备;关闭城市内的建筑工地也有助缓解污染;焚烧垃圾等行为控制。

(4)推动产业转型解决人居环境问题。所有环境的问题,最终都是人的问题。鲁尔区发展第三产业的思路也是很好的转型模式。让就业人员不以高污染行业为载体,客观地解决了人口的就业出路和环境污染的矛盾。

6.2.3　洛杉矶光化学烟雾事件

美国洛杉矶光化学烟雾事件是 1940—1960 年间发生在美国洛杉矶的有毒烟雾污染大气事件,是世界有名的公害事件之一。光化学烟雾最主要的污染前体物是氮氧化物和挥发性有机物,而这二者在城市地区都主要是由机动车尾气排放造成的。大量聚集的汽车尾气中的碳氢化合物在阳光作用下,与空气中其他成分发生化学作用而产生的有毒气体。这些有毒气体包括臭氧、氮氧化物、醛、酮、过氧化物等。

从20世纪40年代起,洛杉矶就有了超过100万辆机动车。10年后,随着第二次世界大战结束人口快速增长,机动车数量快速翻番。第一次有记载的光化学烟雾事件发生在1943年,随后的几次过程中污染程度越来越高。在1952年12月的一次光化学烟雾事件中,洛杉矶市65岁以上的老人死亡400多人。1955年9月,由于大气污染和高温,在两天内,65岁以上的老人死亡400多人,许多人出现眼睛痛、头痛、呼吸困难等症状甚至死亡。

洛杉矶三面环山,大气污染物不易扩散,而且洛杉矶经常受到逆温的影响,更使污染物聚集在洛杉矶本地。汽车尾气中的烯烃类碳氢化合物和二氧化氮(NO_2)被排放到大气中,在强烈的太阳光照射下,会吸收太阳光中的能量。这些物质的分子在吸收了太阳光的能量后,会变得不稳定,原有的化学链遭到破坏,形成新的物质。这种化学反应被称为光化学反应,其产物为含剧毒的光化学烟雾。这种烟雾使人眼睛发红,咽喉疼痛,呼吸憋闷、头昏、头痛。光化学烟雾事件致使远离城市100 km以外海拔2 000 m高山上的大片松林因此枯死,柑橘减产。仅1950—1951年,美国因大气污染造成的损失高达15亿美元。1955年,因呼吸系统衰竭死亡的65岁以上的老人达400多人;1970年,约有75%以上的市民患上了红眼病。

饱受光化学烟雾折磨的洛杉矶市民于1947年划定了一个空气污染控制区,专门研究污染物的性质和它们的来源,探讨如何才能改变现状。洛杉矶光化学污染事件是美国环境管理的转折点,其不仅催生了著名的《清洁空气法》,也始终起到了环境管理的先头示范作用。

在洛杉矶,环境管理措施的核心包括:设立空气质量管理区,加大区域环境管理部门的自主权,以期环境政策能够以最有效的方式落实;设立排放许可证制度,严格控制排放源;为交通污染源(从内燃机、汽油到排放)设立了严格环境标准;开放环境交易市场,将市场化手段引入环境减排中;投入很强的科研及管理力量,开发通用的环评软件及有效的污染控制技术。

通过几十年的治理,洛杉矶地区的氮氧化物和挥发性有机物浓度分别下降了70%~80%和超过了90%,有研究以10年为单位分析了1960—2010年期间洛杉矶地区甲苯类VOC的浓度,呈现了显著下降的趋势,表明机动车尾气的排放得到了非常有效控制[55]。

6.2.4 经验和借鉴

国外的污染事件给我们敲响了警钟,随着我国快速的经济发展和城市化进程,城市群大气复合污染的问题日益突出。在京津冀、长三角、珠三角等主要的城市群,从20世纪八九十年代起都已经开始逐渐出现了大规模的污染事件。尤其是在京津冀地区,污染问题尤为突出。"北京雾霾"甚至继伦敦烟雾事件、洛杉矶光化学烟雾事件以后,被环境研究学者称为又一环境公害事件。2013年北京的$PM_{2.5}$年均浓度超过了100 $\mu g/m^3$,最高的$PM_{2.5}$日均浓度高达568 $\mu g/m^3$,1月期间$PM_{2.5}$日均浓度超过300 $\mu g/m^3$的天数占到了一半以上[55]。

从20世纪90年代开始,伴随着污染的发生,污染治理的研究和措施也已经开始制定和落实。依托国外的成功案例,我们有很多的经验可以借鉴,比如:建立完善的法律法规体系,依法治理雾霾;利用清洁能源等技术,大力发展低碳经济;疏散人口和工业企业;加强对机动车尾气排放的综合治理;多措并举,协同治理雾霾等。

其实,大部分污染治理的措施,基本的路径都是摸清污染源,控制污染增量,削减污染存量,优化环境容量[56]。

(1) 完善环境保护法律法规,加强环境立法;

(2) 全面规划、加快实施大气环境治理战略;

(3) 科学技术是解决与治理大气污染的关键;

(4) 提高认识,多措并举、多管齐下。

6.3 我国环境空气污染标准及相关法规的演变

环境空气中的污染物很多,包括气态的污染物和颗粒态的污染物,不同污染物对于人体健康的影响效应不同。在不同阶段,人们对于环境污染物的研究程度不同,制定的标准在不断地更新。无论是我国从环保总局开始,到环保部,到现在的生态环境部,还是世界上的世卫组织、美国环保署、欧盟环境监测和评估项目等,对于环境空气污染的相关标准和法规都在不停地演变,当然其目的始终是明确的,就是保护人体健康,免受空气污染的侵害。

6.3.1 环境空气质量标准(GB 3095—2012)和空气污染指数(API)

环境空气质量标准,为了保护和改善生活环境、生态环境,保障人体健康。《中华人民共和国环境保护法》和《中华人民共和国大气污染防治法》,规定了环境空气功能区分类、标准分级、污染物项目、平均时间及浓度限值、监测方法、数据统计的有效性规定及实施与监督等内容。标准中的污染物浓度均为质量浓度。标准首次发布于1982年,并分别在1996年、2000年、2012年进行了三次修订。标准将根据国家经济社会发展状况和环境保护要求适时修订。

在《环境空气质量标准》(GB 3095—2012)中,规定了环境空气质量功能区的分类,自然保护区等属于一类区,城镇规划的居住区、商业交通、一般工业区和农村地区等属于二类区,特定工业区属于三类区。同时规定了三级环境空气质量标准,一类区执行一级标准,二类区执行二级标准,三类区执行三级标准。标准针对的污染物包括二氧化硫(SO_2)、总悬浮颗粒物(TSP)、可吸入颗粒物(PM_{10})、氮氧化物(NO_x)、二氧化氮(NO_2)、一氧化碳(CO)、臭氧(O_3)、铅(Pb)、苯并芘等,针对不同污染物选取年均浓度、日均浓度和1 h平均浓度设置标准。

根据《环境空气质量标准》(GB 3095—2012)规定的几种常见污染物例行监测的结果,将空气污染折算成"空气污染指数"(Air Pollution Index, API)反映和评价空气质量,将多种不同污染物的浓度折算成单一的概念性的数值形式,并用分级表征空气质量状况和污染程度,便于公众理解和城市空气质量的评估[57]。

API 的计算是根据 20 世纪 90 年代三种最主要的空气污染物二氧化硫(SO_2)、二氧化氮(NO_2)和可吸入颗粒物(PM_{10})。根据每一种污染物日均浓度分别计算其空气污染分指数(iAPI),从中选取最大值作为日 API,这一种污染物被称为"首要污染物"。

空气污染指数五级,分别是优、良、轻度污染、中度污染和重度污染,其中 API 在 1～50 为优,51～100 为良,101～200 为轻度污染,201～300 为中度污染,大于 301 为重度污染。根据《环境空气质量标准》(GB 3095—1996)中各污染物的二级标准值 API 对应 100,中间的指数利用插值计算得到。三种主要污染物的日均浓度标准如表 6-1 所示。

表 6-1　　　　　　　　　　　　　API 污染物标准　　　　　　　　　　　单位:mg/m^3

浓度限值	一级标准	二级标准	三级标准
二氧化硫	0.05	0.15	0.25
二氧化氮	0.08	0.08	0.12
可吸入颗粒物	0.10	0.10	0.15

6.3.2　环境空气质量标准和空气质量指数

随着我国大气污染态势的迅速发展,原先的环境空气质量标准已经跟不上城市群复合型大气污染的评价。2012 年 2 月 29 日,环境保护部颁布了最新的环境空气质量标准(GB 3095—2012),将第三类功能区并入二类区,增设了细颗粒物($PM_{2.5}$)浓度限值和 O_3 的 8 h 浓度限值,调整了可吸入颗粒物、二氧化氮、铅、苯并芘等的浓度限值。

为了更好地观测落实新标准的实施,环保部同时颁布了《环境空气质量指数(AQI)技术规定》,将原先的 API 体系转变为 AQI 体系,在原先 SO_2、NO_2 和 PM_{10} 三项污染物的基础上,增加了更加密切反映大气复合污染特征的 $PM_{2.5}$、O_3 和 CO。此外,新标准及技术规定将空气污染分为优、良、轻度污染、中度污染、重度污染、严重污染等 6 个等级,每个等级分别对应指定的 AQI 范围、颜色、对健康状况的影响以及建议采取的措施,如表 6-2 所示。

表 6-2　　　　　　　　　　　　空气质量指数及相关信息

空气质量指数	空气质量级别	空气质量类别及颜色		对健康影响情况	建议采取的措施
0～50	一级	优	绿色	空气质量令人满意,基本无空气污染	各类人群可正常活动
51～100	二级	良	黄色	空气质量可接受,但某些污染物可能对极少数异常敏感人群健康有较弱影响	极少数异常敏感人群应减少户外活动
101～150	三级	轻度污染	橙色	易感人群症状有轻度加剧,健康人群出现刺激症状	儿童、老年人及心脏病、呼吸系统疾病患者应减少长时间、高强度的户外锻炼

（续表）

空气质量指数	空气质量级别	空气质量类别及颜色		对健康影响情况	建议采取的措施
151~200	四级	中度污染	红色	进一步加剧易感人群症状，可能对健康人群心脏、呼吸系统有影响	儿童、老年人及心脏病、呼吸系统疾病患者避免长时间、高强度的户外锻炼，一般人群适量减少户外运动
201~300	五级	重度污染	紫色	心脏病和肺病患者症状显著加剧，运动耐受力降低，健康人群普遍出现症状	儿童、老年人和心脏病、肺病患者应停留在室内，停止户外运动，一般人群减少户外运动
>300	六级	严重污染	褐红色	健康人群运动耐受力降低，有明显强烈症状，提前出现某些疾病	儿童、老年人和病人应当留在室内，避免体力消耗，一般人群应避免户外活动

《环境空气质量标准》(GB 3095—2012)设置了小时均值标准、日均值标准、年均值标准，其中年均值主要用于对城市空气质量的考评，日均值用于数据审核后的发布，小时均值用于对公众的实时发布(表 6-3)。

表 6-3 环境空气污染物基本项目浓度限值

污染物	平均时间	浓度限值		单位
		一级	二级	
二氧化硫(SO$_2$)	年平均	20	60	μg/m^3
	24 h 平均	50	150	
	1 h 平均	150	500	
二氧化氮(NO$_2$)	年平均	40	40	
	24 h 平均	80	80	
	1 h 平均	200	200	
一氧化碳(CO)	24 h 平均	4	4	mg/m^3
	1 h 平均	10	10	
臭氧(O$_3$)	24 h 平均	100	160	μg/m^3
	1 h 平均	160	200	
可吸入颗粒物(PM$_{10}$)	年平均	40	70	
	24 h 平均	50	150	
细颗粒物(PM$_{2.5}$)	年平均	15	35	
	24 h 平均	35	75	

在 API 时代，公众了解空气质量信息主要以环保部门发布的环境空气质量日报为主，日报每天下午发布，以前一天中午 12 时到当天中午 12 时的均值作为统计目标，具有一定的滞后性，尤其在快发的高污染过程中，空气质量可能已经恶化到了重度污染以上的级别，而日报还是以

前一天的优良水平展示给公众,体现出了强烈的反差。为了解决这个问题,新标准设立了小时均值标准(其中 $PM_{2.5}$ 和 PM_{10} 由于没有 1 h 均值标准,参考 24 h 均值标准执行),对实时环境空气污染物浓度进行发布,并且根据标准对实时空气质量状况进行评价,每小时都向公众发布 AQI,使发布结果与空气质量实况相对应,让公众可以实时了解空气质量状况。

新增的 $PM_{2.5}$ 日均浓度标准为 75 $\mu g/m^3$,而原先的 PM_{10} 日均浓度标准为 150 $\mu g/m^3$,在我国中东部大部分城市地区,$PM_{2.5}$ 占 PM_{10} 的比例在 60%~80% 间,从某种程度上大大压缩了颗粒物的标准,使颗粒物的超标概率明显上升。新增的 O_3,也是大气复合污染的重要产物,是大气氧化性的重要指征,光化学烟雾的主要产物之一,新标准对 O_3 的评价包括了 1 h 和 8 h,日最大 8 h 滑动平均值的标准 160 $\mu g/m^3$ 接近发达国家水平,在我国大部分地区的夏天已经成为最主要的污染物。

相比于修改前的标准,年均值浓度也有了大幅调整。新增了 $PM_{2.5}$ 浓度的年均值为 35 $\mu g/m^3$,虽然仅仅根据世卫组织第一阶段过渡目标设置,但是从无到有就是一个很大的突破,而且从考核第 1 年开始,全国 73 个参与发布和考评的城市中仅有海口、拉萨、厦门、舟山和福州等 5 个城市达标。截至 2017 年,在全国参与考评的 365 座城市当中,$PM_{2.5}$ 年均浓度达标的仅占 31%,仍有超过三分之二的城市年均浓度没有能够达到国家标准。除了 $PM_{2.5}$ 以外,PM_{10} 的年均浓度二级标准从原来的 100 $\mu g/m^3$ 下降到了 70 $\mu g/m^3$,NO_2 从原来的 50 $\mu g/m^3$ 下降到了 40 $\mu g/m^3$,新增了 O_3 日最大 8 h 滑动均值年 90 百分位数标准为 160 $\mu g/m^3$(即每年 O_3 的超标天数不能超过 10%),这些改变都大幅提高了标准,对环境空气质量提出了更高的要求[58]。

6.3.3 大气污染防治行动计划

为适应我国经济社会转型发展和生态文明建设新形势的要求,维护人民群众的切身利益,全面改善城市环境空气质量,2013 年 6 国务院召开常务会议确定了《大气污染防治行动计划》(以下简称"国十条"),具体措施如下:

(1)减少污染物排放。全面整治燃煤小锅炉,加快重点行业脱硫脱硝除尘改造。整治城市扬尘。提升燃油品质,限期淘汰黄标车。

(2)严控高耗能、高污染行业新增产能,提前一年完成钢铁、水泥、电解铝、平板玻璃等重点行业"十二五"落后产能淘汰任务。

(3)大力推行清洁生产,重点行业主要大气污染物排放强度到 2017 年底下降 30% 以上。大力发展公共交通。

(4)加快调整能源结构,加大天然气、煤制甲烷等清洁能源供应。

(5)强化节能环保指标约束,对未通过能评、环评的项目,不得批准开工建设,不得提供土地,不得提供贷款支持,不得供电供水。

(6)推行激励与约束并举的节能减排新机制,加大排污费征收力度。加大对大气污染防治的信贷支持。加强国际合作,大力培育环保、新能源产业。

(7) 用法律、标准"倒逼"产业转型升级。制定、修订重点行业排放标准,建议修订大气污染防治法等法律。强制公开重污染行业企业环境信息。公布重点城市空气质量排名。加大违法行为处罚力度。

(8) 建立区域联防联控机制,加强环渤海包括京津冀、长三角、珠三角等人口密集地区和重点大城市 $PM_{2.5}$ 治理,构建对各省(区、市)的大气环境整治目标责任考核体系。

(9) 将重污染天气纳入地方政府突发事件应急管理,根据污染等级及时采取重污染企业限产限排、机动车限行等措施。

(10) 树立全社会"同呼吸、共奋斗"的行为准则,地方政府对当地空气质量负总责,落实企业治污主体责任,国务院有关部门协调联动,倡导节约、绿色消费方式和生活习惯,动员全民参与环境保护和监督[59]。

空气污染治理的目标,要求经过 5 年的努力,至 2017 年京津冀、长三角、珠三角地区细颗粒物浓度分别下降 30%、20% 和 15%,逐步消除重污染天气,空气质量明显改善。为进一步落实国十条中的相关要求,科学、有效地开展颗粒物污染防治,环境保护部于 2014 年 1 月下发《关于开展第一阶段大气颗粒物来源解析研究工作的通知》(环办〔2014〕7 号)和《第一阶段大气颗粒物来源解析研究实施方案》,明确要求 2014 年全国各直辖市、省会城市(拉萨除外)、计划单列市全面启动大气颗粒物来源解析研究工作。

截至 2017 年底,全国 365 个城市 $PM_{2.5}$ 平均浓度为 44 $\mu g/m^3$,相较 2016 年的 46.2 $\mu g/m^3$ 下降 4.5%,连续 4 年实现下降趋势;全国 74 个重点城市 $PM_{2.5}$ 平均浓度为 48 $\mu g/m^3$,相对于 2013 年的 72 $\mu g/m^3$ 下降了 33.3%;京津冀、长三角、珠三角等区域的 $PM_{2.5}$ 年均浓度分别为 64.6 $\mu g/m^3$,44.7 $\mu g/m^3$,34.8 $\mu g/m^3$,相较 2013 年分别下降 39.2%,33.3%,26.0%,超额完成大气十条规定的具体指标[60]。

有关颗粒物来源解析和减少重污染的两个问题将分别在 6.4 节和 6.5 节中讨论。

6.4　上海市空气重污染应急预案

6.4.1　我国城市大气重污染应急预案编制工作路径

1. 应急预案编制程序

1) 成立应急预案编制工作组

城市大气重污染应急预案编制工作由县级及以上人民政府牵头,组织相关职能部门的人员、专家以及大气污染物排放重点企业的代表成立应急预案编制工作组。明确应急预案编制任务、职责分工和工作计划。

应急预案编制工作组应组织编制人员进行培训。

2) 基本情况调查

应急预案编制工作组应当组织对城市大气污染相关情况进行调查,收集所需数据和资料,包括以下内容:

(1)大气环境质量数据。分析、汇总近 10 年,特别是空气质量变化较大的近几年,城市气象数据、大气污染数据,以及污染发生的时段、频率、持续时间、污染来源等情况。

(2)城市自然条件和社会状况。分析城市所处的地理位置、地形条件和气象状况,辖区内人口分布情况,居民集中区和易感人群密集区等环境敏感点分布情况。

(3)城市大气污染源情况。包括:大气污染物排放企业、单位分布情况;企业大气污染治理设施的运行状况,正常工况和非正常工况下,产生、排放的大气污染物种类、数量和浓度;大气污染物排放重点企业所在地是否符合地方主体功能区规划;城市集中供暖管网未覆盖范围内居民分布状况、取暖燃料使用情况;辖区内交通状况和交通密集区域,以及交通控制状况和控制措施;城市周边土地沙化情况、城市周边农田秸秆焚烧处理情况;城市建设规划及建筑施工管理情况;等等。

3)大气重污染预测

(1)情况分析。应急预案编制工作组根据大气环境质量数据、城市自然条件和社会状况、城市大气污染源情况的调查结果,组织专家对相关情况进行分析。

(2)大气重污染预测。分析可能发生的大气重污染风险,包括可能发生及持续的时间、类型、影响范围、严重程度和潜在危害等,对大气重污染进行预测。

4)应急防控措施以及应急能力评估

应急预案编制工作组根据基本情况调查和大气重污染预测情况,组织各相关职能部门或委托科研机构,对辖区内现有的应急防控措施和应急能力进行分析,主要包括对大气重污染的预测预警能力和应急响应能力进行评估。针对分析的结果,评价辖区内现有的应急能力及差距,并提出相应的整改、完善措施。

(1)预测预警能力。空气质量监测网络的覆盖范围,空气质量预测预报系统和预警平台建设情况,大气污染源自动监控系统和预警系统设置情况等。

(2)应急响应能力。大气污染治理设施的安全性与可靠性,应急组织各机构成员根据各自职责需开展的应急响应工作和联动措施等。

5)编制应急预案

在完成上述工作的基础上,编制应急预案。其主要部分包括地方管理机构、相关部门的应急组织机构及其职责、监测与预警、应急响应、总结评估、应急保障、附则及附件等。

2. 应急预案的评估、发布、备案与修订

应急预案编制完成后,应组织应急预案涉及的相关部门应急管理人员、大气污染物重点排放企业代表和专家等就应急预案的实用性、基本要素的完整性、内容格式的规范性、组织体系的科学性、响应程序的操作性、措施的可行性以及与其他相关预案的衔接性等内容进行评估。应急预案经过评估和完善后,由当地人民政府主要负责人签署发布,按相关规定报备。应急预案应当向社会公开。应急预案所依据的法律法规、环境敏感目标与大气污染源发生重大变动,或在执行中发现需要修改的,由当地人民政府及时组织修订。

3. 应急预案的管理与实施

应急预案批准发布后,各相关部门应落实应急预案中的各项工作、设施的建设以及日常维护,明确各项职责分工,加强应急知识的宣传、教育和培训,定期组织应急演练,落实应急预案。

6.4.2 上海市空气重污染专项应急工作的组织与架构

为有效应对空气重污染,建立健全空气重污染预警和应急机制,确保空气重污染应急工作高效、有序进行,以减缓污染程度,减轻空气污染对市民健康的影响,保护公众身体健康,根据《中华人民共和国突发事件应对法》《国务院关于印发大气污染防治行动计划的通知》(国发〔2013〕37 号)、《环境保护部关于加强重污染天气应急管理工作的指导意见》(环办〔2013〕106号)、《上海市实施〈中华人民共和国突发事件应对法〉办法》《上海市环境保护条例》《上海市大气污染防治条例》等相关法律、法规及标准,上海市政府和上海市环境保护局编制了《上海市空气重污染专项应急预案》。

1. 工作组及其相关单位

上海市空气重污染应急工作组(以下简称“市工作组”)统一组织指挥本市空气重污染应对工作,由分管副市长担任组长,市政府分管副秘书长担任第一副组长,市生态环境局、市气象局主要负责人担任副组长,市有关职能部门和各区政府为市工作组成员单位。市工作组按照“统一协调,市区联动,分工负责,各司其职”的原则,决策、部署和指挥本市空气重污染应急处置工作。

市工作组办公室设在市生态环境局,由市生态环境局局长担任主任,市气象局局长担任副主任。市工作组办公室承担工作组日常工作,负责组织落实市工作组决定,协调和调动成员单位应对空气重污染应急相关工作;收集、分析工作信息,及时上报重要信息;发布、调整和解除预警信息;配合有关部门做好空气重污染新闻发布工作。

1) 市生态环境局

负责市工作组办公室的综合工作,履行综合协调职责,发挥运转枢纽作用。负责收集、研判本市环境空气质量监测信息,对重点排污企业大气污染物排放情况等进行执法检查,做好长三角区域空气重污染预报预警的沟通协调工作。

2) 市气象局

承担市工作组办公室的相应职责。负责制定空气重污染天气预报应急工作方案;开展空气污染气象条件预报,与市生态环境局进行空气质量预报和空气重污染预报预警会商;做好长三角气象部门有关空气重污染预报预警的协调联动工作。

3) 市发展改革委

组织协调市外天然气的供应,配合制定实施电力行业重点企业空气重污染应急工作方案。

4）市经济信息化委

制定实施重点工业行业空气重污染应急工作方案,根据四级应急响应措施的要求,建立工业企业应急响应名单和措施清单,并及时更新,督促协调工业企业落实重污染应急措施。

5）市教委

制定实施学校及幼托机构空气重污染应急工作方案。

6）市公安局

制定实施燃放烟花爆竹管控空气重污染应急工作方案,配合制定实施重污染天气机动车街面管控工作方案。

7）市住房和城乡建设管理委

组织本市行政区域内城镇燃气的调度等工作;制定实施房建、拆房施工和房屋修缮工地、建筑施工机械停用等空气重污染应急工作方案;建立应急响应联络体系,并及时更新,督促相关工地落实重污染应急措施。

8）市交通委

制定实施交通建设工地、易产生扬尘污染码头、快速道路保洁、港作机械停用、高污染机动车船管控等空气重污染应急工作方案,根据四级应急响应措施的要求,建立工地、码头应急响应名单和措施清单,并每年更新,督促相关单位和企业落实重污染应急措施。

9）市农委

制定严禁秸秆焚烧和农业机械停用等空气重污染应急工作方案,会同市生态环境局组织实施。

10）市文广影视局

制定实施重大户外文化活动空气重污染应急工作方案。

11）市卫生计生委

加强空气污染对人体健康影响的预防知识宣传,并组织医疗机构做好医疗救治准备工作。

12）市人力资源和社会保障局

参照《上海市应对极端天气停课安排和误工处理实施意见》,指导因空气重污染红色预警影响造成职工误工问题的处理。

13）市体育局

制定实施重大群众性户外体育赛事空气重污染应急工作方案。

14）市绿化市容局

制定实施道路保洁、渣土车停运、园林绿化工程及林业和园林机械停用等空气重污染应急工作方案。

15）市城管执法局

开展空气重污染应急期间禁止废弃物露天焚烧和露天烧烤等执法检查工作。

16）上海海事局

制定实施开放水域高污染机动船管控空气重污染应急工作方案。

17）市机管局

制定实施党政机关和事业单位公务用车空气重污染应急工作方案。

18）市政府新闻办

指导协调预警期间的信息发布和新闻宣传工作；协调本市广播电台、电视台、新闻网站、报刊等新闻媒体搞好信息发布和新闻报道等。

19）市通信管理局

组织、协调各基础电信运营企业为空气重污染防范与处置提供应急通信保障。必要时，组织搞好手机信息发布。

20）各区政府

结合区域实际，制定实施空气重污染应急工作方案，指挥本区职能部门和街道（镇）落实各项应急措施。

2．应急工作保障机制

1）人员保障

市工作组办公室和各成员单位应指定专人负责空气重污染应急工作。

2）监测与预警能力保障

市生态环境局与市气象局加强合作，进一步健全空气重污染监测预报预警体系，做好空气重污染过程的趋势分析，完善会商研判机制，提高预测预警的准确度。

3）通信与信息保障

完善各级空气重污染预警和响应联络网络，明确各相关人员联系方式，确保应急指令畅通。

4）经费保障

按照市政府有关处置应急情况的财政保障规定执行。市工作组各成员单位所需经费，由各级政府在本级财政预算中安排。

6.4.3　上海市空气重污染应急预案分级

市生态环境局对环境保护部认定的本市国控点进行环境空气质量实时监测和预报结果，发布 $PM_{2.5}$ 等6项污染物的实时浓度和环境空气质量指数（AQI）等相关信息。

上海市空气重污染预警分级在2014年最初编制，随着上海市空气质量逐年改善，空气质量实况很难达到原先的预警级别。根据"国十条"当中有关"逐步减少重污染天气"的要求，相应社会公众对于环境改善的迫切需求，《上海市空气重污染专项应急预案》在2016年和2018年先后经过了两次修订。三个版本的预警分级如下：依据环境空气质量预报，并综合考虑空气污染程度和持续时间，将空气重污染由轻到重分为四个级别，依次用蓝色、黄色、橙色、红色表示。

1．《上海市空气重污染专项应急预案》（2014版）

（1）蓝色预警：经监测预测，未来一天环境空气质量指数（AQI）在201～300之间；

（2）黄色预警：经监测预测，未来两天环境空气质量指数（AQI）在201～300之间；

(3) 橙色预警:经监测预测,未来一天环境空气质量指数(AQI)在 301~400 之间,或者未来三天以上环境空气质量指数(AQI)在 201~300 之间;

(4) 红色预警:经监测预测,未来一天环境空气质量指数(AQI)大于 400。

2.《上海市空气重污染专项应急预案》(2016 版)

(1) 蓝色预警:经监测预测,未来一天环境空气质量指数(AQI)在 201~300 之间,或者未来一天环境空气质量指数(AQI)在 151~200 之间且可能出现短时重污染;

(2) 黄色预警:经监测预测,未来两天环境空气质量指数(AQI)在 201~300 之间;

(3) 橙色预警:经监测预测,未来一天环境空气质量指数(AQI)在 301~400 之间,或者未来三天以上环境空气质量指数(AQI)在 201~300 之间;

(4) 红色预警:经监测预测,未来一天环境空气质量指数(AQI)大于 400。

3.《上海市空气重污染专项应急预案》(2018 版)

(1) 蓝色预警:经预测,未来一天环境空气质量指数(AQI)在 101~200 之间且可能出现短时重污染;

(2) 黄色预警:经预测,未来一天环境空气质量指数(AQI)在 201~300 之间;

(3) 橙色预警:经预测,未来一天环境空气质量指数(AQI)在 301~400 之间,或者未来持续两天及以上环境空气质量指数(AQI)在 201~300 之间;

(4) 红色预警:经预测,未来一天环境空气质量指数(AQI)大于 400。

6.4.4 上海市空气重污染应急的发布和响应

市工作组办公室负责统一发布空气重污染预警信息。其中,蓝色、黄色、橙色预警时,负责审核并发布预警信息,通报市工作组成员单位启动对应等级的响应措施;红色预警时,及时发起会商,提出预警发布建议,报请市工作组领导审核同意后,对外发布预警信息,并通报市工作组成员单位启动对应等级的响应措施。市工作组办公室确定发布的预警信息,及时报送市政府总值班室备案。根据空气重污染蓝色、黄色、橙色、红色预警等级,启动相应的Ⅳ级、Ⅲ级、Ⅱ级、Ⅰ级应急响应措施。

1. 预警响应

(1) 蓝色和黄色预警:市工作组办公室协调相关成员单位及时通过上海市突发事件预警信息发布中心、广播、电视、网络、电子显示装置、报刊等媒体和微博、微信等方式,向公众发布信息,告知公众采取自我防护措施。

(2) 橙色和红色预警:在黄色预警基础上,市工作组成员单位加强值班,并保持通信畅通。市工作组办公室加强监控,加密预测预报,增加向社会公众发布通告的频次。

(3) 进入预警期后,各区政府及市有关部门做好应急响应的准备工作。学校、医院、体育场(馆)、机场、车站、码头、旅游景区(点)等重点区域和人员密集场所做好空气重污染预警响应工作。

（4）当达到应急终止条件时,经市生态环境局与市气象局联合会商,由市工作组办公室发布应急终止指令。

2. Ⅳ级预警响应措施

1）公众健康防护提示

（1）儿童、老年人和心脏病、肺病及其他慢性疾病患者尽量停留在室内,暂停户外活动;一般人群减少户外活动,尽量减少开窗通风时间。

（2）室外作业人员采取必要的防护措施。

2）建议性措施

（1）倡导公众节约用电。

（2）出行尽量乘坐公共交通工具,减少汽车上路行驶。

（3）暂停重大群众性户外体育赛事。

3）强制性措施

（1）石化、钢铁、化工、水泥、造船、印刷等重点行业涉及大气污染物排放的企业和涂装工艺的企业合理安排生产计划,确保污染治理设施高效运行,减少污染排放。（责任部门、单位:市经济信息化委、市生态环境局、各区政府）

（2）除特殊工艺、应急抢险工程外,停止桩类施工、土石方工程、建筑构件破拆、建设工地脚手架拆除、建筑材料装卸、道路开挖、路面铣刨、房屋拆除等作业。（责任部门、单位:市住房和城乡建设管理委、市交通委、各区政府）

（3）提高道路保洁频次,尽可能减少地面起尘。（责任部门、单位:市绿化市容局、市交通委、各区政府）

（4）工程渣土、建筑垃圾运输、散装建筑材料车辆停止上路行驶。（责任部门、单位:市绿化市容局、市住房和城乡建设管理委、市交通委、市公安局、各区政府）

（5）严禁农作物秸秆、废弃物露天焚烧;严禁露天烧烤。（责任部门、单位:市农委、市城管执法局、市生态环境局、相关区政府）

（6）严禁燃放烟花爆竹。（责任部门:市公安局、相关区政府）

（7）中小学和幼托机构一律停止室外体育课及户外活动,迟到、缺勤学生不作为迟到或旷课处理。学校根据学生出勤情况,灵活安排教学进度。（责任部门:市教委）

3. Ⅲ级预警响应措施

1）公众健康防护提示

（1）儿童、老年人和心脏病、肺病及其他慢性疾病患者尽量停留在室内,暂停户外活动;一般人群减少户外活动,尽量减少开窗通风时间。

（2）室外作业人员采取必要的防护措施。

2）建议性措施

（1）倡导公众节约用电。

（2）出行尽量乘坐公共交通工具,减少汽车上路行驶。

（3）暂停重大群众性户外体育赛事。

3）强制性措施

（1）组织应急天然气资源,协调应急用气供应;强化"清洁发电、绿色调度",所有并网燃煤机组选用优质煤发电,确保污染治理设施高效运行。（责任部门:市发展改革委、市住房和城乡建设管理委、市经济信息化委、市生态环境局）

（2）石化、钢铁、化工、水泥、造船、印刷等重点行业涉及大气污染物排放的企业和涉涂装工艺的企业合理安排生产计划,采取限产、限污等措施,确保污染治理设施高效运行,减少污染物排放。对排放挥发性有机物(VOCs)的重点企业和区域,停止各类开停车、放空等作业,加强设备维护和检漏频次,停止室外涂装作业。（责任部门、单位:市经济信息化委、市生态环境局、各区政府）

（3）除特殊工艺、应急抢险工程外,停止桩类施工、土石方工程、建筑构件破拆、建设工地脚手架拆除、建筑材料装卸、外立面涂料涂装、道路开挖、路面铣刨、绿化种植、房屋拆除等作业。（责任部门、单位:市住房和城乡建设管理委、市交通委、市绿化市容局、各区政府）

（4）易产生扬尘污染的物料码头、堆场和搅拌站停止作业,并做好场地洒水降尘工作。（责任部门、单位:市交通委、市住房和城乡建设管理委、市绿化市容局、各区政府）

（5）加强道路保洁频次,尽可能减少地面起尘。（责任部门、单位:市绿化市容局、市交通委、各区政府）

（6）工程渣土、建筑垃圾运输、散装建筑材料车辆停止上路行驶。（责任部门、单位:市绿化市容局、市住房和城乡建设管理委、市交通委、市公安局、各区政府）

（7）建筑和市政工地施工机械停止作业(从事特殊工艺和应急抢险工程以及使用电力、天然气等清洁能源的除外)。（责任部门、单位:市住房和城乡建设管理委、市交通委、各区政府）

（8）严禁农作物秸秆、废弃物露天焚烧;严禁露天烧烤。（责任部门、单位:市农委、市城管执法局、市生态环境局、相关区政府）

（9）严禁燃放烟花爆竹。（责任部门:市公安局、相关区政府）

（10）中小学和幼托机构一律停止室外体育课及户外活动,迟到、缺勤学生不作为迟到或旷课处理。学校根据学生出勤情况,灵活安排教学进度。（责任部门:市教委）

4. Ⅱ级预警响应措施

1）公众健康防护提示

（1）儿童、老年人和病人留在室内,避免体力消耗;一般人群避免户外活动。

（2）室外作业人员减少室外作业时间,并加强防护。

2）建议性措施

（1）倡导公众节约用电。

（2）出行尽量乘坐公共交通工具,减少汽车上路行驶。

（3）暂停露天大规模群众活动。

3）强制性措施

（1）组织应急天然气资源，协调应急用气供应；强化"清洁发电、绿色调度"，所有并网燃煤机组选用优质煤发电，确保污染治理设施高效运行。（责任部门：市发展改革委、市住房和城乡建设管理委、市经济信息化委、市生态环境局）

（2）石化、钢铁、化工、水泥、造船、印刷、有色、建材、医药、家具制造等重点行业涉及大气污染物排放的企业和涂装工艺的企业合理安排生产计划，采取限产、限污或停产等措施，确保污染治理设施高效运行，减少污染物排放。对排放 VOCs 的重点企业和区域，严禁各类开停车、放空等作业，加强设备维护和检漏频次，停止室外涂装作业。（责任部门、单位：市经济信息化委、市生态环境局、各区政府）

（3）除特殊工艺、应急抢险工程外，停止所有影响环境空气质量的建筑工地室外作业，停止道路开挖、路面铣刨、沥青铺装、绿化种植、房屋拆除等作业。（责任部门、单位：市住房和城乡建设管理委、市交通委、市绿化市容局、各区政府）

（4）易产生扬尘污染的物料码头、堆场和搅拌站停止作业，并做好场地洒水降尘工作。（责任部门、单位：市交通委、市住房和城乡建设管理委、市绿化市容局、各区政府）

（5）增加道路保洁频次，最大程度减少地面起尘。（责任部门、单位：市绿化市容局、市交通委、各区政府）

（6）工程渣土、混凝土搅拌、建筑垃圾运输、散装建筑材料车辆停止上路行驶。（责任部门、单位：市绿化市容局、市住房和城乡建设管理委、市交通委、市公安局、各区政府）

（7）建筑和市政工地施工机械停止作业；港作机械、农业机械、林业机械、园林机械停用50%（从事特殊工艺和应急抢险工程以及使用电力、天然气等清洁能源的除外）。（责任部门、单位：市住房和城乡建设管理委、市交通委、市农委、市绿化市容局、各区政府）

（8）严禁农作物秸秆、废弃物露天焚烧；严禁露天烧烤。（责任部门、单位：市农委、市城管执法局、市生态环境局、相关区政府）

（9）严禁燃放烟花爆竹。（责任部门：市公安局、相关区政府）

（10）中小学和幼托机构一律停止室外体育课及户外活动，迟到、缺勤学生不作迟到或旷课处理。学校根据学生出勤情况，灵活安排教学进度。（责任部门：市教委）

（11）暂停重大群众性户外体育赛事。（责任部门：市体育局）

5. Ⅰ级预警响应措施

1）公众健康防护提示

（1）儿童、老年人和病人留在室内，避免体力消耗，一般人群避免户外活动。

（2）室外作业人员减少室外作业时间，并加强防护。

2）建议性措施

（1）倡导公众节约用电。

（2）出行尽量乘坐公共交通工具，减少汽车上路行驶。

3）强制性措施

（1）组织应急天然气资源,协调应急用气供应;强化"清洁发电、绿色调度",所有并网燃煤机组选用优质煤发电,确保污染治理设施高效运行。（责任部门:市发展改革委、市住房和城乡建设管理委、市经济信息化委、市生态环境局）

（2）石化、钢铁、化工、水泥、造船、印刷、有色、建材、医药、家具制造及电子信息等重点行业涉及大气污染物排放的企业和涂装、铸造、锻造、热处理、电镀的企业合理安排生产计划,采取限产、限污或停产等措施,确保污染治理设施高效运行,减少污染物排放;大气污染物排放量较大的工业企业采取阶段性停产措施;对排放 VOCs 的重点企业和区域,严禁各类开停车、放空等作业,加强设备维护和检漏频次,停止室外涂装作业。（责任部门、单位:市经济信息化委、市生态环境局、各区政府）

（3）除特殊工艺、应急抢险工程外,停止所有建筑施工、房屋拆除、市政和道路施工及喷涂等室外作业。（责任部门、单位:市住房和城乡建设管理委、市交通委、市绿化市容局、各区政府）

（4）易产生扬尘污染的物料码头、堆场和搅拌站停止作业,并做好场地洒水降尘工作。（责任部门、单位:市交通委、市住房和城乡建设管理委、市绿化市容局、各区政府）

（5）增加道路保洁频次,最大程度减少地面起尘。（责任部门、单位:市绿化市容局、市交通委、各区政府）

（6）工程渣土、混凝土搅拌、建筑垃圾运输、散装建筑材料车辆停止上路行驶;停驶 50% 党政机关和事业单位公务用车(除执法执勤车外)。（责任部门、单位:市绿化市容局、市住房和城乡建设管理委、市交通委、市公安局、市机管局、各区政府）

（7）建筑和市政工地施工机械停止作业;港作机械、农业机械、林业机械、园林机械停用50%(从事特殊工艺和应急抢险工程以及使用电力、天然气等清洁能源的除外)。（责任部门、单位:市住房和城乡建设管理委、市交通委、市农委、市绿化市容局、各区政府）

（8）单壳化学品船、200 总吨以下的干散货船、600 吨载重以上的单壳油船暂停出港签证(LNG 动力船舶、新能源动力船舶、运输生活垃圾的环卫船舶及水域保洁船舶除外)（责任部门、单位:市交通委、上海海事局）

（9）严禁农作物秸秆、废弃物露天焚烧;严禁露天烧烤。（责任部门、单位:市农委、市城管执法局、市生态环境局、相关区政府）

（10）严禁燃放烟花爆竹。（责任部门:市公安局、相关区政府）

（11）中小学和幼托机构一律停止室外体育课及户外活动。参照本市应对极端天气有关规定,当日 6:00 前发布预警的,采取停课措施;在当日 6:00 后至上课前发布预警的,执行 Ⅱ 级响应相关措施。（责任部门:市教委）

（12）暂停露天大规模群众活动和体育赛事。（责任部门、单位:市文广影视局、市体育局、各区政府）

根据具体污染程度,交通、公安等有关部门经市政府批准,可采取高污染机动车管控措施。

6. 预警落实和信息公开

预警和响应期间,市工作组办公室协调相关成员单位及时通过广播、电视、网络、报刊等媒体,公开有关信息。信息内容包括污染状况、来源成因、未来趋势、已采取措施,以及相应的健康防护建议等。

各有关部门、单位收到应急响应指令后,按照本预案和相关工作方案,及时组织落实各项措施。市工作组各成员单位在实施过程中依法加强监管,加大执法力度,并在预警和响应期间,每日定时向市工作组办公室报送措施落实情况。

应急终止后,各成员单位总结应急措施落实情况,报市工作组办公室。市工作组办公室对空气重污染预警和响应工作做出总结评估[61-63]。

6.5 上海市大气细颗粒物来源、防治对策及达标评估研究

6.5.1 上海空气质量现状及原因分析

通过滚动实施五轮环保两年行动计划,上海市大气污染防治工作取得了显著成效,环境空气中的常规污染物(SO_2,NO_2,PM_{10})年均浓度整体呈下降趋势。但上海市大气污染物排放量居高不下,排放总量、人均排放强度和单位面积排放强度均高于国外发达地区和城市。导致这一现象的主要原因在于持续增长的能源消费总量和不尽合理的产业结构。尽管随着治理技术的不断进步,单位 GDP 的能耗逐年下降,但能源消费总量不断攀升,2013 年达 11 703.67 万吨标准煤,且煤炭占总能源消费的 46%,为各类能源中最高。产业结构方面,三产比重不断上升,2013 年第三产业占比达 62%,但两产中六大战略行业仍是上海经济发展的主要力量,经济增长对能源消耗的依赖度依旧很高。

上海市大气污染类型也逐渐由传统的煤烟型污染向煤烟型和光化学污染相互耦合的复合型大气污染转变。2012 年,新《环境空气质量标准》颁布。2013 年,上海市 $PM_{2.5}$ 年均质量浓度为 62 $\mu g/m^3$ 超出国家空气质量二级标准(35 $\mu g/m^3$)77%,10 个国控空气质量监测点的 $PM_{2.5}$ 年均浓度均处于超标状态,全年 124 个污染日中有 87 个污染日的首要污染物为 $PM_{2.5}$,占比达 70.2%,因此细颗粒物 $PM_{2.5}$ 是上海市环境空气的首要污染指标。

6.5.2 上海市 $PM_{2.5}$ 化学组分特征及其来源分析

为进一步解释上海市 $PM_{2.5}$ 化学组分特征及其时空变化规律,挑选了 2012—2013 年 4 月、7 月、10 月、1 月四季典型月份在上海市 6 个采样点(浦西城区、浦东城区、浦东郊区、崇明、奉贤、松江)手工采集 $PM_{2.5}$ 样品并开展水溶性离子、有机碳元素碳、微量元素及有机物化学分析,共获得 5 万余个有效数据。结果表明,上海市 $PM_{2.5}$ 化学组分复杂,且以二次生成为主。其中,有机物(OM)、硫酸盐(SO_4^{2-})、硝酸盐(NO_3^-)、铵盐(NH_4^+)是 $PM_{2.5}$ 的主要化学组分,占总质量的 70%,这些物质主要为挥发性有机物(VOCs)、二氧化硫(SO_2)、氮氧化物(NO_x)、氨(NH_3)等气

态前体物经物理化学反应二次生成:地壳物质占 PM$_{2.5}$ 总质量的 16%,元素碳(C)占 4%。从消光作用来看,对能见度影响最大的组分是硫酸盐,其次是有机物(气溶胶形式)。

针对 PM$_{2.5}$ 及其前体物的排放源,甄选出燃煤源、柴油车、船舶、扬尘面源、餐饮源与秸秆燃烧源等典型排放源进行 PM$_{2.5}$ 现场测试并得到相应的排放量及源谱特征,建立 PM$_{2.5}$ 源谱特征库。研究采用自主研发的稀释通道设备,开展燃煤固定源源谱测试,源谱中 SO$_4^{2-}$,Ca^{2+},Al,Ca,Fe,S,OC 以及地质元素是丰度较高的组分,但在装有 SCR 装置的电厂测得的源谱 NH$_4^+$ 含量明显高于其他的测试结果,SCR 带来的氨逃逸问题需要引起重视;采用车载排放测试技术,开展柴油车尾气瞬态排放特征实测和颗粒物源谱测试工作,发现 OC、EC 是柴油车尾气排放细颗粒物中的主要成分,有机物组分中正构烷烃和正烷酸是主要成分谱,并且 C29 和 C30 的藿烷是具有指征性的特征组分;利用自主研发的再悬浮设备,对不同类型道路和工地开展测试获得道路及建筑工地扬尘源渐谱,其中的主要化学物种均为 Ca,Al,Fe,OC,EC,地壳类元素所占比重高;采用自主研发的餐饮源 PM$_{2.5}$ 采样器,开展餐饮源 PM$_{2.5}$ 采样工作,测试结果显示 OC 和 EC 是餐饮排放细颗粒物中的主要组分;利用烟罩法的原理对长三角地区典型作物秸秆开展露天焚烧和炉膛燃烧的源谱采集工作,秸秆燃烧产生的细颗粒物中 OC,BC,CI 和 K 是主要的化学组分,根据作物类型不同和燃烧方式不同会略有区别。

在此基础上,通过源清单、数值模型和受体模型三种方法联用,获得上海市 PM$_{2.5}$ 综合来源解析结果。利用数值模型进行的全年区域输送影响测算表明,区域输送对上海市 PM$_{2.5}$ 月均浓度的贡献为 16%~36%,全年平均在 26% 左右。重污染期间,上海易出现本地累积与区域输送叠加的过程,外来输送的贡献率高达 50% 以上,对 2010 年以来污染日天气形势的分析表明,上海出现细颗粒物污染时大多受到西北方向污染输送或局地污染累积的影响。上海市 PM$_{2.5}$ 来源中本地排放占 64%~84%,平均约为 74%。本地污染排放来源中,流动源占 29.2%,工业生产占 28.9%,燃煤占 13.5%,扬尘占 13.4%,另有农业生产、生物质燃烧、民用生活面源及自然源等其他源类占 15.0%。不同季节中,PM$_{2.5}$ 本地源贡献构成略有差异。移动源贡献率为 22.6%~33.6%,除夏季略低外,其余季节的贡献率较为接近;燃煤源的贡献率冬春季高,夏秋季相对较低;工业生产的贡献率为 24.2%~30.3%,四个季节均较为接近;而扬尘在夏季的贡献率明显高于其他三个季节,主要是由于夏季颗粒物浓度整体较低,扬尘类一次排放的贡献率明显上升,但从绝对质量浓度贡献来看四个季节基本相当[64]。

6.5.3 上海大气污染治理对策、目标机可行性分析

综合上海市环境空气质量现状、细颗粒物来源解析结果、大气污染治理力度及空气质量改善目标可达性,将本市空气质量达标目标年设为 2030 年。在未来十多年间本市社会经济仍将持续发展,常住人口和机动车保有量都将进一步上升,因此能源消费必将进一步扩大并加剧空气质量的恶化。近期(2017 年前)空气质量达标的规划措施针对能源结构优化、产业结构调整、发展绿色交通、规范建设行业、强化农业污染治理和生活面源整治六个方面提出了控制措施方

案。同时,为有效应对重污染天气制定了蓝色、黄色、橙色和红色四级预警减排方案。从中远期看(2017—2030 年),本市需要通过更大力度的产业结构调整和大幅度提高清洁能源的供应比重,将单位产品的污染排放量严格控制到全球最先进的水平;全面提升城市精细化管理程度,降低扬尘类一次颗粒物的排放水平:出台更为严格的机动车牌照使用制度,将机动车保有量增长率控制在 2%,并提高轨道交通运载能力 40% 以上:重点淘汰干散货运输业,推进"清洁燃油"船舶控制区,全面降低船舶排放 40% 以上;并依托长三角地区的联防联控的共同减排,以确保上海 $PM_{2.5}$ 浓度的达标。

结合未来社会经济发展所带来的大气污染物排放增量及大气污染控制措施所带来的污染排放减量,采用污染排放清单动态估算方法,预计 2017 年全市 SO_2,NO_x,PM_{10},$PM_{2.5}$,VOC 和 NH_3 排放总量将在 2012 年的基础上分别下降 45.2%,39.2%,33.8%,33.0%,40.2% 和 15.0%。空气质量模型模拟结果显示,$PM_{2.5}$ 年均浓度将在 2012 年的基础上下降 20.2%,基本实现清洁空气行动计划中的改善目标。至 2020 年在评估清洁空气行动计划环境效益的基础上,进一步落实减排措施,提高行业能效。至 2030 年,全面优化能源结构,促进产业改造升级,全市 SO_2,NO_x,PM_{10},$PM_{2.5}$,VOCs 和 Hg 排放量将在 2012 年的基础上降低 61.7%,59.3%,58.9%,57.4%,63.2% 和 120.7%,届时环境空气中 $PM_{2.5}$ 浓度在 2012 年基础上下降 51%,浓度达 31 $\mu g/m^3$ 左右,可达到国家标准[65]。

7 城市固体废弃物风险防控体系研究与实践

7.1 基础知识

7.1.1 概念

固体废弃物,是指在生产、生活和其他活动中产生的失去原有利用价值或者虽未失去利用价值但被抛弃或放弃的固态、半固态和置于容器中的气态的物质,也包括法律、行政法规规定纳入固体废物管理的物品、物质。(《中华人民共和国固体废物污染环境防治法》2016 年最新修订版第八十八条)

7.1.2 类型

《中华人民共和国固体废物污染环境防治法》(以下简称《固废法》)规定,将固体废弃物分为工业废弃物、城市生活固体废弃物(也称城市生活垃圾)及危险物。

固体废弃物的分类方法很多,根据产生源及对环境的危害程度将固体废物分为工业固体废物、生活垃圾和危险废物三类;在城市中通常根据其来源分为城市生活固体废弃物、工业固体废弃物和农业固体废弃物等[66]。

1. 城市生活固体废弃物

城市生活固体废弃物,也叫城市生活垃圾,是指在城市日常生活中或者为城市日常生活提供服务的活动中产生的固体废物,以及法律、行政法规视为城市生活固体废弃物的固体废物。[2] 其主要包括居民生活垃圾、医院垃圾、商业垃圾、建筑垃圾(又称渣土)[67]。

2. 工业固体废弃物

工业固体废弃物主要指在工业的生产过程中所排放出来的采矿废石、燃烧后的固体废渣、不合格的原料尾矿以及冶炼或化工生产过程中产生的废物。固体废弃物的堆积不仅占据了土地资源的使用权,同时还会造成大气以及水资源的污染,对环境也构成了很大的威胁。大多数情况下,由于急需使用堆放地,固体废弃物被简单地处理,有可能导致严重的资源浪费[68]。

3. 农业固体废弃物

农业固体废弃物是指农业生产、农产品加工、畜禽养殖和农村居民生活排放的废弃物,如植物秸秆、畜禽粪便等[69]。

7.1.3 主要污染物及其危害

固体废弃物产生源分散、产量大、组成复杂、形态与性质多变,可能含有毒性、燃烧性、爆炸性、放射性、腐蚀性、反应性、传染性与致病性的有害废弃物或污染物,甚至含有污染物富集的生物,有些物质难降解或难处理、排放(固体废弃物数量与质量)具有不确定性与隐蔽性,这些因素导致固体废弃物在其产生、排放和处理过程中对资源、生态环境、人民身心健康造成危害,甚至阻碍社会经济的持续发展。

1. 固体危险废弃物

固体废弃物尤其是危险废弃物,如果处理不当,会破坏生态环境,影响人类健康。危险废弃物通过摄入、吸入、皮肤吸收、眼接触而引起毒害或引起爆炸等危险事件,长期危害导致中毒、致癌、致畸、致变等。

1) 一次污染

如果将固体废弃物简易堆置、排入水体、随意排放、随意装卸、随意转移、偷排偷运等不当处理,破坏景观,其所含的非生物性污染物和生物性污染物进入土壤、水体、大气和生物系统,对土壤、水体、大气和生物系统造成一次污染,破坏生态环境。

2) 二次污染

固体废弃物处理过程中,固体废弃物所含的一些物质(包括污染物和非污染物)参与物理反应、化学反应、生物生化反应,生成新的污染物,导致二次污染。二次污染形成机理复杂,防治比一次污染更加困难。

此外,易燃易爆等有害废弃物的不当处理可能导致火灾、爆炸等事故,产生大量有毒害污染物,给生态环境、生产生活和人民生命财产带来灾害。

2. 生活垃圾类固体废弃物

生活垃圾与人们的日常生活有紧密关系,这种固体废弃物的污染和危害具有迟滞性、潜在性、长期性、间接性、隐蔽性、综合性和灾难性等特点,是与人类生产生活息息相关的环境问题,需要高度重视。

1) 污染水体

固体废弃物的有害成分,如汞(来自红塑料、霓虹灯管、电池、朱红印泥等)、镉(来自印刷、墨水、纤维、搪瓷、玻璃、镉颜料、涂料、着色陶瓷等)、铅(来自黄色聚乙烯、铅制自来水管、防锈涂料等)等微量有害元素,如果处理不当,可能随溶沥水进入土壤,从而污染地下水,同时也可能随雨水渗入水网,流入水井、河流以至附近的海域,或者被植物摄入,再通过食物链进入人体,影响人体健康。

2) 污染大气

固体废弃物中的干物质或轻质随风飘扬,会对大气造成污染。焚烧法是处理固体废弃物较为流行的方式,但是焚烧会产生大量的有害气体和粉尘,一些有机固体废弃物长期堆放,在适宜的温度和湿度下被微生物分解,同时会释放出有害气体。

3）污染土壤

土壤是许多细菌、真菌等微生物聚居的场所,这些微生物在土壤功能的体现中起到重要的作用,它们与土壤本身构成了一个平衡的生态系统,而未经处理的有害固体废物,经过风化、雨淋、地表径流等作用,其有毒液体会渗入土壤,进而杀死土壤中的微生物,打破了土壤生态系统的平衡,污染严重的地方甚至寸草不生。

7.1.4 相关的法律法规

(1)《中华人民共和国固体废物污染环境防治法》(2016 修正);

(2)《危险化学品安全管理条例》;

(3)《危险废物经营许可证管理办法》;

(4)《危险废物转移联单管理办法》;

(5)《废弃危险化学品污染环境防治办法》;

(6)《危险废物经营单位编制应急预案指南》;

(7)《城市生活垃圾处理及污染防治技术政策》;

(8)《再生资源回收管理办法》(商务部、发展改革委、公安部、建设部、工商总局、环保总局令 2007 年第 8 号);

(9)《电器电子产品有害物质限制使用管理办法》(2016 年);

(10)《国家危险废物名录》;

(11)《危险废物污染防治技术政策》(环发〔2001〕199 号);

(12)《危险废物和医疗废物处置设施建设项目环境影响评价技术原则(试行)》(环发〔2004〕58 号);

(13)《废弃家用电器与电子产品污染防治技术政策》(环发〔2006〕115 号)。

7.2 固体废弃物污染案例

在工业化的历史进程中,国外也发生过大量固体废弃物事件,对当地的环境造成了不可逆的污染。位于美国西部太平洋沿岸一个世纪前为修建水电站人工挖成的一条运河,20 世纪 40 年代就已干涸而废弃不用了。1942 年,某电化学公司购买了这条大约 1 000 m 长的废弃运河,作为垃圾仓库来倾倒工业废弃物。这家公司在 11 年的时间里,向河道内倾倒的各种废弃物约 800 万吨,倾倒的致癌废弃物约 4.3 万吨。1953 年,这条已被废弃物填满的运河被该公司填埋覆盖后转赠给了当地的教育机构。当地政府在这片土地上陆续开发了房地产,盖起了大量的住宅和一所学校。厄运从此降临到居住在此的人们身上。从 1977 年开始,当地的居民不断发生孕妇流产、儿童夭折、婴儿畸形、癫痫、直肠出血等病症。1987 年夏,暴风雨后,地面开始渗出一种黑色液体,周围的草木开始发黑枯萎,在室外玩耍的孩童皮肤呈现灼伤症状,这引起了人们的恐慌。后经有关部门监测分析表明,共有 82 种化学物质散溢在地表,其中仅致癌物就有 11 种之多:像氯仿($CHCl_3$)、三氯酚($C_6H_3Cl_3O$)、二溴甲烷(CH_2Br_2)等多种有毒物质。

生活垃圾、建筑垃圾非法异地倾倒并不是新鲜事,早在 2004 年我国就有了此类案件的公开报道。统计发现从仅 2014 年至今被公开报道的就有 26 起。这其中,2016 年 1 月至 9 月被曝光的案件最多,共 14 起,超过前两年案件数量之和。此类垃圾倾倒案件在省际、同省城际、同城区县之间都有发生,行政区划交界处的村落、河道、公路等是多发地点。

7.3 城市废弃物风险识别、分析、评估与预警

7.3.1 风险识别

固体废弃物污染风险防控,首先是对污染风险源的识别。

固废污染源对城市生态环境的污染风险,存在于从产生、收集、运输、贮存、处理到最终处置和综合利用的整个生命周期过程中。污染形式多种多样,包括对城市水体的污染、对城市空气的污染、对周边土壤的污染等对生态环境造成严重破坏。因此,固体废弃物污染风险防控需要对固体废弃物进行全生命周期的污染风险识别、分析、评估与预警,需要全过程监管。

由于固体废弃物的污染源具有复杂多变的特性,收、运、处等流程较长,处理工艺复杂且多样,在环境监管上容易出现漏洞,从而给污染风险防控带来很高难度。近年来,固体废弃物非法转移和倾倒事件愈演愈烈,违法倾倒工业固废、非法处置及违规转移和贮存危险废物等多起固体废弃物污染事件曝光,说明了有效识别固体废弃物污染风险,对固体废弃物进行全过程监管的重要性和紧迫性,以及固体废弃物污染风险防控的必要性,需要得到政府和监管部门的高度重视。

7.3.2 风险分析

固体废弃物污染风险防控,要对固体废弃物的处理全过程可能产生的风险进行客观科学分析。

有些固体废弃物本身对环境的污染较小,但在处置或资源回收过程中可能产生较大的危害,如从电子线路板中回收稀贵金属,如果回收方法不当,将对环境和人体产生严重的影响。

有些固体废弃物的资源化产品在使用中也可能带来长期的负面环境污染,如重金属含量较高的污泥堆肥土地利用,使用后对土壤和作物具有较大的危害性。

从处理技术上看,有些固体废弃物处理技术具有一定优势,但是从固体废弃物处理与利用全链条来看,则不一定具有优势,存在"压下葫芦起了瓢"的问题。比如垃圾焚烧,目前垃圾焚烧是处理城市垃圾最常用的方法之一,但是处理工艺和技术水平的差异,可能会导致二噁英、飞灰等二次污染物大量产生,对城市生态环境造成严重污染。

许多固体废弃物是水、大气、土壤污染治理中污染物分离富集的产物,即污染"汇",如污水处理厂污泥、河道清淤底泥、烟气净化残渣、开挖出来的严重污染土壤等。

类似这些固体废弃物的处理与利用必须以系统化思维实现全局优化,要充分考虑其在处理和利用过程中可能产生的环境污染风险,进行客观的环境风险分析,做出科学的风险防控措施,否则一旦出现逆向污染控制问题,将历经多重环节、付出很大代价。

7.3.3 评估与预警

随着我国生态文明建设的深入开展,固体废弃物污染风险管理已经取得了较大成绩,固体废弃物环境管理的法规制度标准体系基本建立,环境监管的智能化、信息化、实时化能力持续加强,重点固体废弃物如城市生活垃圾和危险废弃物正在走向规范化管理,无害化处理水平也在不断提高,主要固体废弃物处理与利用的专业化、市场化模式基本成熟,为我国环境污染防治和环境质量改善做出了重大贡献。但是,必须清醒地看到,我国固体废弃物环境管理还存在较多薄弱环节,对环境风险的评估和预警工作还需要进一步提高,补齐短板,消除隐患,解决难题,切实做好环境风险防控工作。

7.4 城市固体废弃物污染的风险管控措施

城市固体废弃物处理的风险管控需要从固体废弃物产生、分类、运输、处理全生命周期的各个环节进行有效的监管、合理的处置,遵循减量化、资源化、无害化的处理原则。大力推进城市垃圾分类工作,从源头减少垃圾的产生。

促进"两网融合"工作开展,将城市环卫系统与再生资源系统两个网络有效衔接,融合发展,突破两个网络有效协同发展不配套的短板,实现垃圾分类后的减量化和资源化。

积极发展静脉产业经济,以保障环境安全为前提,以节约资源、保护环境为目的,运用先进的技术将生产和消费过程中产生的固体废弃物转化为可重新利用的资源和产品,实现固体废弃物资源再利用的产业化和经济效益。

通过推进垃圾分类、促进两网融合和发展静脉产业等措施可以有效地进行城市固体废弃物资源化利用和无害化处理,提高固体废弃物的风险管控水平。因此,国家和各部委陆续出台了多个政策和行业标准来提高和规范固体废弃物处理水平,为城市固体废弃物的风险管控提供有力保障。

1. 国家出台行业政策为风险管控提供政策保障

"十三五"以来,国家陆续围绕着城市固体废弃物包括生活垃圾、建筑垃圾、危险废弃物等出台一系列国家政策,为固废处理产业发展引导方向。自 2017 年开始,随着国家政策的逐步推行,全国各地的各级政府有关管理部门也纷纷制定了相关的管理办法甚至地方立法。

2016 年底,发改委和住建部联合发布《"十三五"全国城镇生活垃圾无害化处理设施建设规划》,到 2020 年底,直辖市、计划单列市和省会城市(建成区)生活垃圾处理无害化达到 100%;其他设市城市生活垃圾无害化处理率达到 95% 以上。

2017 年 11 月,发改委发布《关于推进资源循环利用基地建设的指导意见》(发改环资〔2017〕1778 号),到 2020 年,在全国范围内布局建设 50 个左右资源循环利用基地,基地服务区域的废弃物资源化利用率提高 30% 以上,探索形成一批与城市绿色发展相适应的废弃物处理模式。

要求各地循环经济综合管理、环卫要会同国土、规划等部门做好基地选址,充分考虑城市废弃物年处理量变化,合理预留处理空间;统筹基地建设规划,科学布局项目建设,综合考虑废弃物产生、分类、收运、处置、运营、监管全过程空间需求,做好项目衔接,一次规划,分期建设;将基地建设纳入城市总体规划、土地利用总体规划等,优先保障土地供应。各项目运行产生的废气、废水及固体废物,要努力做到集中收集、科学处理、循环利用,严防"二次污染",着力发挥项目间的协同效应。

城市环卫部门、发展改革部门应加快推进生活垃圾分类收集,按照"分类收集、规范运输、集中处置"的原则,合理布局生活垃圾收集设施,推进生活垃圾分类投放、规范储存和运输。积极推进生活垃圾、再生资源、危险废物回收网络和设施整合,实现有效衔接,提高废弃物回收效率和水平,为基地内各项目良好运行提供保障。

2017 年 5 月,发布《"十三五"全国危险废物规范化管理督查考核工作方案》,建立分级负责考核机制,以省(区、市)为主组织考核,国家对全国的规范化管理情况进行抽查。在落实主体责任的前提下,进一步加强危废监管。随着危废相关禁令和政策密集出炉,我国逐步形成了覆盖从危废鉴别、转移、处置到资质、监管的危废治理法规体系,对危废违法犯罪惩处日趋严厉。

2. 建立行业标准体系为风险管控提供技术规范

随着国家对固废处理政策的出台,相关部委也陆续发布了相关行业标准体系。固废行业标准体系的建设为技术的规范化发展提供了强有力的支撑。

在生活垃圾处理方面,随着城镇生活垃圾无害化处理技术的日渐成熟,城镇生活垃圾开始进行分类收集、分类运输、分类处理处置,以利于实现无害化、减量化、资源化,作业市场化、投资多元化、管理规范化,逐步向全过程管理发展。

根据"十三五"规划,到 2020 年底,将建立较为完善的城镇生活垃圾处理监管体系。表明政府对垃圾填埋过程、二次污染控制、封场修复等环节的监管程度日趋严格,特别是加强对卫生填埋场渗滤液、填埋气体排放和渗漏情况的监测,以及填埋场监测井的管理和维护,促进设施的高效达标运转。

目前,建筑垃圾管理与资源化标准体系逐步提高,但现有的建筑垃圾资源化利用及再生产品生产与应用相关国家及行业标准规范中存在一定局限性,强制性标准条文不多,在某种程度上制约了再生产品的生产、使用和推广。

在环境保护要求越来越严的大背景下,进一步严格化、公开化、法制化的政府监管已成为行业的共识。"十三五"期间,监管依据将更加规范,监管技术将更加专业,监管机制将更加完善,监管信息将更加透明,监管力度将更加强硬,有效而严格的监管必将成为化解危机的有效手段,推动行业进步,提高行业风险管控水平。

7.4.1 国外城市垃圾分类案例

1. 德国

德国是生活垃圾分类收集工作进展得最好的国家之一,其生活垃圾的分类与环保政策、循环经济政策有着密切的关系。

德国的垃圾处理机构分为五级:社区、市、地区、州以及联邦。其中联邦负责法律颁布,州负责法律规定实施,地区负责垃圾处理项目审批,市负责垃圾收集、运输、处理及处置的全过程,社区是垃圾收集的基本单元。

德国一般将垃圾分成四种基本类型,即城市生活垃圾、矿山垃圾、工业垃圾和建筑垃圾。城市生活垃圾分为家庭垃圾和其他城市生活垃圾两大类。家庭垃圾包括普通家庭生活垃圾、公共垃圾、大件垃圾、可堆肥的有机垃圾(亦称生物质垃圾)、可生物降解的公园和花园垃圾、可回收利用的垃圾(玻璃、废纸、纸板、PPK、轻质包装材料、金属等),其他城市生活垃圾包括街道清扫垃圾、市场垃圾、其他混合生活垃圾等。

在德国,垃圾处理顺序为"源头削减—回收利用—焚烧回收能源—最终填埋处理",即在源头上就对垃圾进行控制(也就是做好垃圾分类工作)是重中之重。同时,德国人非常重视生活垃圾中资源的回收利用,根据生活垃圾产生和处理的统计资料,回收利用量和回收利用率都占有重要比例。

2. 日本

20 世纪 60 年代,日本经济高速增长带来的严重工业污染使日本人意识到了环境保护的重要性。日本自 20 世纪 80 年代开始进行全国垃圾分类,逐渐将垃圾分类的方法逐步细化,从源头上减少垃圾对环境的污染并进一步提高资源的利用率,至今已形成了成熟的循环经济模式。

第一,日本非常重视环境立法工作,关于环保的垃圾处理法律越发完善严密,并逐渐形成了基础法、综合性法律和具体产品法律三个垃圾处理法律体系,严格约束民众的垃圾分类行为。

第二,日本有严格的垃圾分类要求。日本的垃圾分类主要将生活垃圾分为四大类,分别是资源类、可燃类、不可燃类和大件垃圾。各类垃圾不能随意外扔,需要在规定的时间和地点投放收集,并由环卫工人收走后,送到垃圾处理厂,或再利用、或掩埋和焚烧。

第三,日本拥有规范、完善的垃圾收集装置和完善的处理设施,以东京为例,对于可燃垃圾,东京都 23 个区共建有焚烧厂 21 座,基本每个区一座。

第四,大力开展垃圾分类制度的宣传教育,环保意识从娃娃做起,提高民众的自觉环保意识。

日本政府经过几十年的努力,国民高度重视垃圾分类,重视环保教育,才使得日本的环境得到了大幅度的改善,干净的环境也成了日本的一张名片。

7.4.2　国内城市垃圾分类案例——以上海市为例

上海在垃圾分类工作上,自 2011 年开始将垃圾分类减量工作纳入"市政府实事工程",并成立了生活垃圾分类减量推进工作联席会议,多部门联合推进落实垃圾分类工作。2013 年起,上海开始探索垃圾分类推广的"上海模式",将"绿色账户"作为正向激励机制,试点垃圾分类正向激励机制,并在试点中不断深化,规范化推进"绿色账户"激励机制。按照整区域推进原则,各区选择条件成熟的街道、镇或者集中住宅区推广"绿色账户"激励机制,落实责任分解和任务分配,目前通过"绿色账户"激励机制推进居民参与垃圾干湿分类工作已在全市达成共识,取得了良好成果。

根据全市"一主多点、就地消纳、区域共享"的生活垃圾处置格局要求,上海市某辖区提出了湿垃圾"就地处置"的工作导向,明确了建立"一镇一站、一村多点"处置模式的目标,着力解决湿垃圾处置问题,并出台一系列政策制度,鼓励街镇积极推进湿垃圾处理设施建设,提高资源化处理水平。同时,组建低值回收队伍,在试点小区对低值可回收物进行回收,并拓展至城区 100 多个小区,经过不断探索实践,低值可回收物的回收处置工作取得了不错的效果。

7.4.3　国内城市垃圾分类案例——以城镇为例

1. 镇级垃圾分类背景

城镇案例——以江苏某镇为例,开展生活垃圾分类管理是从源头上推进垃圾减量化、资源化、无害化管理的重要途径,是减少和防控固体废弃物污染风险、促进循环经济发展、提升城市生态环境质量的有效措施。

政府高度重视垃圾管理问题,全面加大了生活垃圾中转设施、处置终端建设力度。在市区范围内率先启动生活垃圾分类试点,将生活垃圾分类管理列为生态文明建设重点范围,力求通过开展生活垃圾分类管理,从源头上遏制垃圾增长势头,推动生活垃圾逐步减量,提高垃圾资源化处置管理水平,降低废弃物产生的生态环境风险,促进循环经济发展。

《2017 年某市治理生活垃圾专项实施方案》中突出对居民生活垃圾、建筑垃圾、餐厨废弃物、园林绿化垃圾、农村有机易腐垃圾、有害垃圾的分类管理和综合治理,不断改善城乡人居环境质量,全面提升全市垃圾减量化、资源化、无害化处置水平。到 2020 年,市区生活垃圾分类投放设施覆盖率达到 95%,区镇达到 10%。全市城乡生活垃圾无害化处理率达到 100%,农村有机易腐垃圾就地生态化处理的区镇在 90% 以上。在农村基本实现农村生活垃圾分类收运,有机易腐垃圾就地生态处理,农村垃圾产生量减少 30%。建立可回收物资回收再利用体系。基本实现商品生产流通环节可回收物资的企业回收再利用,再生资源回收网点布局合理、管理规范。

2017 年 10 月 30 日,某省发改委、住建厅联合制定《生活垃圾分类制度实施办法》(以下简称《办法》),提出的目标:到 2020 年,社区、城市建成区生活垃圾分类投放设施覆盖率将达 70% 以上,其他城市建成区达 60% 以上。

2. 镇级垃圾分类现状

1) 某镇概况

某镇位于长江下游,镇总面积 98.47 km²,耕地面积 4 766 hm²。下辖 23 个行政村,3 个社区,875 个村民小组。2014 年末全镇总人口 7.69 万人。

该镇是以农业为主的地区,是市政府推举的首个全域开展生活垃圾分类和农村有机易腐垃圾就地生态化处理试点镇,也是市级垃圾分类的试点镇。

2) 垃圾分类硬件设施现状

2017 年镇政府购置了一些硬件,但尚缺乏规范性的指导。

目前,该镇的小区内设置绿色垃圾桶只有两个,如图 7-1(a)所示,分为可回收、不可回收两类;村内按需求放置移动垃圾桶;过道上放置黄绿两分类垃圾箱 90 个,如图 7-1(b)所示;集镇区设置智能语音提示三分类垃圾站 10 个,如图 7-1(c)所示;镇内还设置三分类垃圾亭,如图 7-1(d)所示。

(a)　　　　　　　　　　　　(b)

(c)　　　　　　　　　　　　(d)

图 7-1　垃圾分类配置的垃圾箱示意分类

3) 垃圾分类投放现状

(1) 居民随地乱扔垃圾的情况少,道路整洁。

(2) 生活垃圾投放至指定的垃圾亭。

（3）村民经宣传教育后，将农业垃圾、菜叶子、秸秆等农业废弃物另外堆放，不与生活垃圾混合。

（4）可回收物，如铁、塑料、泡沫等，经保洁员回收，送至临时废品回收站，如图7-2所示。

4）垃圾分类运输现状

保洁员从垃圾桶里收垃圾，通过运输车送到村中转房，一个村平均有两个中转房；镇一级没有中转站，直接运到市级中转站。其中镇级以上的垃圾运输实行外包，配备一辆运输车、两名工作人员兼司机；中转站不收处置费，但限量每天22吨（图7-3）。

图7-2 可回收垃圾送往临时垃圾站

（a）运输车　　　　　　　　　（b）中转房　　　　　　　　　（c）运输车

图7-3 垃圾分类运输现状

5）垃圾分类宣传现状

政策宣传、发动群众的工作靠小组长。大约50户一个村民组，设置一名村组长，80%是党员，大部分群众基础好，60岁以上。

6）垃圾分类终端现状

（1）城乡垃圾分类在县级市成立分类办，2018年要将分类出来的废弃品处理，包括有毒的电池、灯管建一个专门集散地，正在规划和建设中。

（2）该市政府计划2018年建一个市级可回收物分拣中心。

（3）该市餐厨废弃物的处置工厂将在2019年建成运行。

（4）目前，该镇的农作物垃圾集中清运至农村废弃物利用技术与装备创新中心进行处理。2018年计划投资建设易腐垃圾和农作物垃圾处理站，目前在选址中。

（5）该镇目前无垃圾分类回收的镇级分拣中心，本次项目将建议筹建镇级分拣中心。

3. 垃圾分类方案

2016年年末，该市政府明确了垃圾分类总体思路和目标，市区生活垃圾分类试点工作按照"政府主导、社会参与、市场运作、试点先行、逐步推开"以及"近期大分流、远期细分类"的总体思

路,力争通过 3 年左右的试点,努力达到以下 6 个方面的目标:

- 生活垃圾分类的制度体系基本建立;
- 生活垃圾分类的基础设施建设基本到位;
- "3 + 5 + X"的分类方式和"分类收集、分类运输、分类处置"的收运体系基本完善;
- "第三方参与生活垃圾分类"的模式基本确立;
- 以"互联网 + 分类"为纽带的全民参与生活垃圾分类的氛围基本形成;
- 到 2020 年市区生活垃圾分类试点小区和住户覆盖率达到 80%。

1) 明确垃圾合理分类方法

(1) 市级垃圾分类"3 + 5 + X"分类方法。该市根据目前市内生活垃圾管理实际情况和现有处置终端、处置能力情况,确定了"3 + 5 + X"的分类方式。

"3"就是将日常生活垃圾分为可回收物、其他垃圾、有害垃圾三类分别进行收运处置。由于市区目前未建成餐厨废弃物处置终端,所以目前没有将餐厨废弃物纳入分类范围。其中,可回收物主要包括废纸、塑料、玻璃、金属四大类。废纸主要包括未被污染的报纸、书本、包装纸、办公用纸、广告纸、纸盒等,纸巾和厕所纸由于水溶性太强不可回收。塑料主要包括各种塑料袋、塑料包装物、一次性塑料餐盒和餐具、牙刷、杯子、矿泉水瓶等废弃塑料制品。玻璃主要包括各种玻璃瓶、玻璃杯、玻璃片、镜子、灯泡等废弃玻璃制品。金属物主要包括易拉罐、罐头盒、餐具、工具、衣架等日常生活用品以及废弃金属材料。有害垃圾是指废弃电池、油漆桶、杀虫剂罐、化妆品、过期药品等。

"5"就是对装修垃圾、大件垃圾、绿化垃圾、电子垃圾和废旧织物五类特殊垃圾实行专项分流处置。装修垃圾是指单位、家庭装修中产生的各种垃圾;大件垃圾主要是体量较大的废弃家具;绿化垃圾主要是枯死的树木、修剪的树枝等;电子垃圾是废弃的冰箱、洗衣机、电视机、手机等电器。

"X"是根据今后垃圾处置终端建设情况,成熟一项,分流一项,逐步推行干湿分离,对餐厨垃圾、厨余垃圾等实行分类收运处置。

(2) 镇级垃圾分类"4 + 2"分类方法。根据《某省生活垃圾分类制度实施办法》《某市垃圾分类和综合治理工作领导小组办公室文件》等上位规划,结合该镇现状,建议在该镇实行垃圾分类"4 + 2"模式。

"4"指的是易腐垃圾、其他垃圾、可回收物、有害垃圾。易腐垃圾如剩饭剩菜、骨头、果皮、蛋壳、茶渣等湿垃圾。其他垃圾如受污染的纸巾、受污染的食品袋、肥沃保鲜膜、废弃陶瓷制品、烟头、清扫的灰尘等。可回收物包括废纸,废塑料,废金属,废包装物,废旧纺织物,废玻璃,废纸塑铝复合包装等。有害垃圾包括废电池、废荧光灯管、废温度计、废血压计,废药品及其包装物,废油漆、溶剂及其包装物,废杀虫剂、消毒剂及其包装物,废胶片及废相纸等。在常规类基础上,再加种养殖产生的农药类包装。

"2"指的是农业废弃物、建筑垃圾。农业垃圾主要指农业废弃物、绿化垃圾,包括秸秆、菜叶、枯死的树木、修剪的树枝、落叶等。建筑垃圾指单位、家庭装修中产生的各种垃圾、体量较大的废弃家具等。

2）规范优化垃圾分类收运体系

对现行的垃圾收运处流程进行和优化,以垃圾分类终端处理为目标导向的收运处流程规划。村居投放、回收、短驳、清运、处置处理路径等如图 7-4 所示。

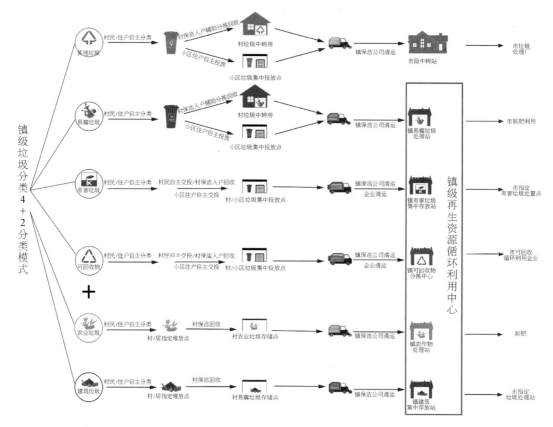

图 7-4 镇级 "4+2" 分类标准

3）提升垃圾分类硬件设施配置

对现有垃圾分类并对分类箱和中转站进行提升改造,从形态、样式、外观、布点等方面增加或改进中转站和垃圾分类箱。

（1）垃圾分类标识。垃圾分类"4+2"分类标识及分类桶的样式如图 7-5 所示。

（2）垃圾分类硬件配置。

· 建设镇级可再生资源化循环利用中心并运行,其功能涵盖:易腐垃圾终端、建筑垃圾中转调配、有害垃圾存储、高低值可回收物打包中转站等;

· 为农村每户准备分类投放桶;

· 升级村级分类回收短驳存储硬件,包括短驳运输车;

· 明确村级高低值可回收物及有害垃圾固定及临时交投点、修改及增加村级中转房及居

易腐垃圾
如：剩菜剩饭、骨头、菜根菜叶、果皮、蛋壳、茶渣等

其他垃圾
如：受污染的纸巾、受污染的食品袋、废弃保鲜膜、废弃陶瓷制品、烟头、清扫的灰尘等

可回收物
如：废纸、塑料、玻璃、金属和布料等

有害垃圾
如：废电池、废日光灯管、废水银温度计、过期药品等

农业垃圾
如：秸秆、残株、杂草、落叶、果实外壳、藤蔓、树枝和其他农田果园废物

建筑垃圾
如：渣土、混凝土块、碎石块、砖瓦碎块、废砂浆、泥浆、沥青块、废塑料、废金属、废竹木等

图 7-5 垃圾分类 "4+ 2" 分类标识及分类桶的样式

集中分类指导站亭；

· 确立村级易腐垃圾及建筑垃圾存储点；

· 配置镇级分类清运硬件。

4）设立垃圾分类终端处理设施

根据垃圾分类工作需要,建立镇级再生资源循环利用中心,完善镇级农业垃圾、易腐垃圾、餐厨垃圾、可回收物分拣中心等终端处理设施。

5）建立专业垃圾分类运营队伍

在原有的专业垃圾保洁清运的基础上,针对可回收物的回收,引入专业运营队伍,对镇内可回收物回收进行规范化统一管理和运营。

（1）垃圾分类宣传队伍建设。

· 镇级成立垃圾分类联合管理小组,涵盖试点村、居委,各小组成员负责内容及职责、各小组成员主负责人清晰明确。

· 村居分类工作实施中必要的志愿者、保洁队伍按需精选、合理配置组建到位。志愿者选取以居民中群众基础好、党员、活跃善交流者最佳。保洁队伍包干负责制方式最佳。

· 志愿者、保洁队伍垃圾分类补贴标准可参考国内志愿者普遍按小时制进行补贴,保洁是按分类回收的易腐垃圾 桶量、低值可回收物及有害垃圾回收实际量制订补贴标准。

（2）垃圾分类专业清运队伍。

镇内现有一支专业的保洁清运队伍,相关保洁清运工作做得很出色,因此,只需要在保持原有的工作基础上,根据垃圾终端处理的去向分配专项垃圾清运工作即可。

（3）可回收物运营回收队伍。

随着可回收物回收体系的建立,引入或规范回收人员,建立一支管理规范的专业回收队伍。

6）完善垃圾分类管理制度政策

为了使垃圾分类工作取得良好效果并能长效维持,需建立适宜的、完善的垃圾分类管理制度。

（1）建立"4＋2"分类清运频率、28座垃圾中转房编号及运出数据统计制度。

（2）建立镇级、村居级考核制度。

（3）建立村居委、户、保洁队伍奖惩制度。

（4）如需使用互联网软件,明确积分对象、积分兑换标准。

（5）预备每次入户、定期嘉奖、各类活动所需费用。

7）推进垃圾分类试点建设工作

围绕着垃圾分类的方案制订,选取试点村和试点区域的垃圾分类试点建设工作,并积极探索在全镇域进行推广。

垃圾分类应针对农村的不同情况分重点区域和一般区域。重点区域如集镇区、村部周边区域等公共的、人流量比较大的区域;一般区域指沿河沿路、居住区等。重点区域应便于人员的集中分类、投放、收集、运输,做到实际运行、宣传到位、居民认可并积极参与。

（1）垃圾分类试点选取。

以村级和多层商品房居住区为试点,在实践总结基础上,稳健高效推进全镇开展生活垃圾分类和农村有机易腐垃圾就地生态化处理试点工作。

（2）村级试点。

选取的村级户籍人口800多人,村内物态多元,有公园、分散(集中)居住的民居、各类产业的厂房、办公楼、集体宿舍、各类种植大棚等。

· 保洁现状:村内配有3名保洁人员,一人负责河道保洁、一人负责路面保洁、一人全权负责各类垃圾回收短驳。

· 分类现状:村内住户日产垃圾主要有两类:生活日常产生的各类垃圾;种植产生的农业有机废气物。

· 配置现状:村内住户垃圾投放方式有两种:生活日常垃圾投放散落于村各处32个垃圾投放点;种植产生的农业有机废气物在32个垃圾投放点选择就近投放。村内存储垃圾方式有两种:村垃圾中转房,村级易腐垃圾存储点。村内工业垃圾、大棚种植产生的废弃物不属生活垃圾源,有独立清运渠道不进入村级中转房。

农村独门独户,具有天然知晓农户分类实况优势,村民祖辈群居属熟人社区,具有天然互相监督功能,村内现有相对集中投放、回收方式极不利于发挥以上天然优势。过多公共区域的投放点设置不利于村内公共环境卫生保持整洁。现有村级垃圾中转房的垃圾落地存储,异味大、环境差、易生蚊蝇。

· 垃圾来源:村易腐垃圾产生量具有不可测性、种植种类随意性大且四季无常,存储点垃圾量无法准确统计。村级垃圾中转房内存储垃圾(除过年期间日常较稳定)主要来源于公园、分散(集中)居住的民居、各类产业的厂房、办公楼、集体宿舍、路面保洁的日产垃圾,约 28 桶(240 升/桶,没有压实前提下)。村垃圾中转房垃圾来源分布如图 7-6 所示。

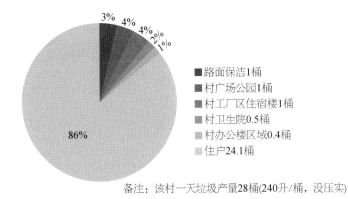

备注:该村一天垃圾产量28桶(240升/桶,没压实)

图 7-6　村垃圾中转房垃圾来源分布

(3) 多层商品房试点。

试点小区为多层商品房,小区共有居住户 115 户,商住户 30 户。

项目有 1 名保洁负责路面清扫,清扫出的垃圾就近投放入垃圾桶,靠近小区主出入口附近目前有 3 处相对集中投放点,配有 9 只 240 升的垃圾桶,由镇指定的 1 名保洁员负责投放点回收短驳至镇指定中转点,早 7 点赶在回收前目测垃圾量,约可合并成 6 桶半。小区没有建筑垃圾指定堆放点,住户将建筑垃圾也投放或堆放在三处相对集中投放点。小区几乎没有绿化,也没有大量种植空间,这两个来源点的易腐垃圾量可忽略不计。

密集型的小型居住区为了便于启动垃圾分类后监管,适合绝对的集中投放方式。

8) 试点垃圾分类建设进度规划

第一阶段:前期准备阶段(2018 年 9 月 1 日—9 月 15 日)

(1) 前期准备阶段分类动员培训:根据垃圾分类工作需要,提前开展分类试点工作动员、培训会,包括镇级、村级、集中居住区的委、镇保洁公司、保洁员团队、志愿者团队、热心村务的村民、热心小区居民。

(2) 前期准备阶段分类工作流程:

· 明确志愿者包干区域、包干内容;

· 明确保洁队伍包干区域、包干内容;

· 入户宣传目的及内容;

· 营造村内(小区)公共区域宣传氛围;

· 赠送农户的垃圾桶、集中投放点均需做好分类标识;

· 明确正式分类日期;

· 做好全村(小区)环境卫生清洁运动会,即垃圾分类启动仪式活动准备工作;

- 垃圾分类列入村规(民约)中;
- 在使用互联网软件的情况下,增加办理开通账户的事务。

(3) 前期准备阶段农村垃圾分类工作要点:

- 将拆除、取消目前全村 32 个垃圾投放点(移至他处);
- 每户赠送一对分类投放桶(厨余垃圾、其他垃圾)住户在家自主分类;
- 每日保洁定时入户分类回收并短驳至村垃圾中转房,中转房只存放厨余垃圾、其他垃圾两类垃圾;
- 易腐垃圾、建筑垃圾就近投放于村级指定地点;
- 道路保洁作业产生垃圾(主成分:林业绿化废弃物、灰土、石子)不得进入村级垃圾中转房,自行短驳至村级易腐垃圾、建筑垃圾存储点分类投放;
- 建立定期例会制度;
- 高值可回收物居民自行卖给回收人员,低值可回收物(主指玻璃制品、废旧纺织品)、有害垃圾可交由保洁员,也可自行送至村级指定的固定交投点;
- 村民自愿办理可回收物、有害垃圾积分卡,由运营队伍在村内设定临时及固定交投点回收,在固定交投点展示储备积分兑换物资,同时具有宣教功能,并由运营队伍负责清运至镇可再生资源循环利用中心,对接后续处置处理事宜。

(4) 前期准备工作小区垃圾分类工作要点:

- 摸排小区住户基础情况并整理成住户档案;
- 投放高低峰期调研;
- 延续小区集中投放模式,移除影响集中投放良好习惯养成的现有其他投放点;
- 住户在家自主分类;
- 保洁、志愿者按投放高低峰期调研结果,在高峰期驻守集中分类投放点,宣导协助住户养成良好分类行为;
- 建筑垃圾就近投放于居委指定地点;
- 保洁辅助达标分拣;
- 小区路面保洁作业产生垃圾分类投放至集中分类投放点对应分类桶;
- 定期例会制度确立;
- 高值可回收物居民自行卖给回收人员,低值可回收物(主指玻璃制品、废旧纺织品)、有害垃圾可交由保洁也可自行送至村级指定的固定交投点;
- 村民自愿办理可回收物、有害垃圾积分卡,由运营队伍在村内设定临时及固定交投点回收,在固定交投点展示储备积分兑换物资,同时具有宣教功能,并由运营队伍负责清运至镇可再生资源循环利用中心,对接后续处置处理事宜。

第二阶段:正式分类阶段(2018 年 9 月 16 日—12 月 31 日)

(1) 举办启动活动,正式分类日前保证垃圾分类桶领取完毕,正式分类日当天村现有投放

点拆除完毕;

(2) 垃圾分类工作组按需视实况持续组织各类专题培训;

(3) 志愿者值日表订立;

(4) 志愿者随同保洁员作业,视实况及时指导住户,严格填写《户分类实况表》;

(5) 依据《户分类实况表》分析结果,有针对性地开展入户指导并循环巩固;

(6) 每周汇总交流工作情况,便于及时调整工作重点,视实况调整志愿者、保洁员工作内容;

(7) 据第 1 个月工作情况,安排第 2 个月工作强度;

(8) 分析月分类信息,制作亮眼板报并借助志愿者、保洁队伍及时反馈至住户;

(9) 根据信息分析结果在年底前举办一次大型分享活动(用照片、视频等可视内容呈现分类推进实况、嘉奖分类优秀住户、适度公布不配合住户分类实况等);

(10) 镇级如需开现场会,准备好台账记录,制作好分享资料;

(11) 利用各类媒体平台宣传,营造分类氛围。

第三阶段:分类稳定阶段(2019 年 1 月 1 日—8 月 31 日)

(1) 使用简版《户分类实况表》实施记录跟踪;

(2) 根据实际情况调整志愿者、保洁员工作内容;

(3) 每季度总结一次信息统计结果,给予住户反馈并给予优秀住户嘉奖、不配合住户惩罚;

(4) 根据实际情况按需求举办各类专项活动。

9) 打造两网融合运营标杆

(1) 两网(废旧物资回收网络和生活垃圾收运网络)融合。

全国城市生活垃圾历年堆放总量高达 70 多亿吨,而且每年以约 8%的速度递增。城市生活垃圾堆放量占土地总面积已达 5 亿平方米,约折合 75 万亩耕地。中国的耕地面积有 20 亿亩,相当于全国每万亩耕地就有 3.75 亩用来堆放城市生活垃圾,很多城市已经找不到土地用于垃圾堆放和填埋。

据中国再生资源回收利用协会核算,农村生活废弃物、农业废弃物,每年产生量保守估计在 1.5 亿吨以上。大量的厨余废弃物、废塑料袋、废玻璃、牲畜粪便堆积在村头村尾,形成"垃圾围村"现象,占用农地,污染土壤、地下水和空气。

我国废旧物资回收网络与生活垃圾收运网络出现脱节,大量社区废旧回收站(点)和集散市场因运作不合理、不规范而被拆除,回收人员被驱除。原本应该进入废旧物资回收网络的垃圾进入生活垃圾收运网络,而负责生活垃圾收运的环卫系统垃圾房、垃圾清运车辆等设施、设备不适合资源回收用途,又造成居民交投不便,随意丢弃。"两网融合"变成"两网断裂",生活垃圾有出口,再生资源无出口。

以前,废旧物资回收与生活垃圾收运属于两套回收系统,分别由不同的政府部门负责,前者属于"再生资源回收系统",具有商业属性,后者是"生活垃圾回收系统",有公益属性,两套系统并行运转。"两网融合"就是要把原有两个体系,从源头投放、收运系统、处置末端三个环节进行统筹规划设计,实现投放站点的整合统一、作业队伍的整编、设施场地的共享等,方便居民分类投放、交售废品,提升收运队伍专业化水平,使服务更及时周到,不同类型垃圾能得到循环、再生利用和合理处置处理,资源利用效率达到最大化。

(2) 两网融合政策背景。

推动"两网融合",实施生活垃圾源头分类,促进生活垃圾减量化、资源化和无害化(下文简称三化),是"十三五"规划一项重要任务,是改善城市人居环境、提高城乡环境整治能力、建设生态文明的重要内容。国家有关部委已经将"两网融合"发展作为下一步工作重点,正在大力推动有条件的城市创新工作体制机制,试点开展再生资源回收与生活垃圾分类清运体系的协同发展,鼓励在重点环节加强对接,在收集、回收、转运与分拣、处理环节融合发展。

随着经济社会发展和物质消费水平大幅提高,生态环境隐患日益突出,已经成为新型城镇化发展的制约因素。遵循生活垃圾减量化、资源化、无害化的原则,实施生活垃圾分类,可以有效改善城乡生态环境,促进资源回收利用,加快"两型社会"(资源节约型和环境友好型社会)建设,提高新型城镇化质量和生态文明建设水平。

为切实推动生活垃圾分类,根据党中央、国务院有关工作部署,2017 年 3 月 18 日国务院办公厅转发国家发展改革委、住房城乡建设部《生活垃圾分类制度实施方案》,部署推动生活垃圾分类,完善城市管理和服务,创造优良人居环境。

针对农村生活垃圾分类,农村环境整治,党和国家高度关注,出台了一系列政策文件,推动农村垃圾分类和资源化利用,完善农村垃圾"户分类、村组收集、乡镇转运、市县处理"集中处置与"户分类、村组收集、乡镇(或村)就地处理"分散处置相结合的模式。

2017 年 3 月,《全国农村环境综合整治"十三五"规划》出台,规划中明确"建立村庄保洁制度,推行垃圾就地分类减量和资源回收利用,推进农村生活垃圾减量化、资源化、无害化"。

《中共中央、国务院关于深入推进农业供给侧结构性改革 加快培育农业农村发展新动能的若干意见》(中央一号文件)中指出:我国 2020 年实现农村生活垃圾处理率将达到 90%,深入开展农村人居环境治理和美丽宜居乡村建设,推进农村生活垃圾治理专项行动,促进垃圾分类和资源化利用,开展城乡垃圾乱排乱放集中排查整治行动。

生活垃圾分类减量工作总体上仍处于起步阶段,法制保障的建设、标准体系的完善、相关政策的配套、分类处置能力的建设,以及分类投放习惯的养成都是长期性的工作,必须要坚定不移、坚韧不拔、坚持不懈。

(3) 两网融合建设目标。

以垃圾减量化和提高资源利用率为目标,按照公平、公开、公正原则,建立废品回收分类回收"政府引导、社会监督、居民参与、专业运营"的市场化运作管理模式,打造回收、中转、销售、利用为一体的资源再利用生态体系,实现社会效益、环境效益、经济效益的多赢模式,促进生活垃圾"三化"处理水平,构建资源节约型、环境友好型现代化美丽乡村。

以某镇为例,总面积 98.47 km²、耕地面积 4 766 hm²、下辖 23 个行政村和 3 个社区。根据该镇的实际情况,以实现生活垃圾从前端分类回收到末端的资源化处理,保证两网融合的长期稳定高质量地运作为目标,考虑市场成本最优化开展实施工作(图 7-7)。

通过政企"政府引导、社会监督、居民参与、专业运营"的市场化运作管理模式合作,开展爱回收示范项目和建设再生资源分拣中心,利用移动互联网和物联网技术实现"源头减量、全程分类、末端无害化资源化利用",实现村收集、镇(分拣)转运、末端再利用,用科技手段,物联网智能系统运营方式保障垃圾分类回收,数据准确,高效运作,实现垃圾和废旧物资追踪流向管理。

（4）两网融合建设方案(图 7-8)。

· 运营采取直营和合作两种方式。

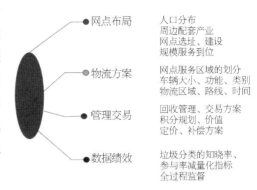

图 7-7 两网融合运营图

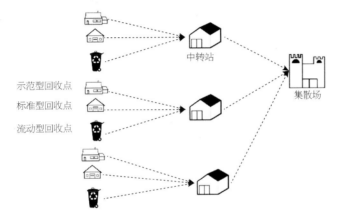

图 7-8 再生资源分拣中心示意

回收站运营流程图如图 7-9 所示。

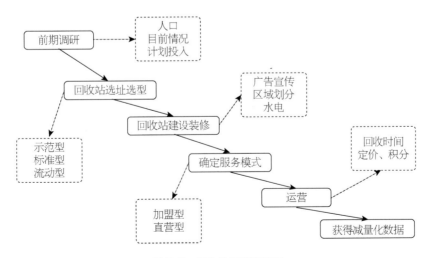

图 7-9 回收站运营流程图

物流过程示例如图 7-10 所示。

图 7-10　两网融合物流过程示例

物流和中间过程介绍如表 7-1 所示。

表 7-1　　　　　　　　　　　　物流和中间过程介绍

回收节点	中间环节
前端回收	定时定点专人回收—交易数据记录并保存至云平台
回收站	再生资源分类收运—过地磅—分类堆放
分拣中心	再生资源过地磅—分类处理—打包压缩—分类堆放—运出

· 回收体系建设。在镇内建设 1 个再生资源分拣中心(中转仓),在各村建再生资源回收示范站 6～23 个;企事业单位回收网点 N 个,对经营网点进行门面标识牌和服装佩饰规范、完善,建立统一的管理制度和经营规范;再生资源分拣中心实现集散、储存、分拣、交易功能;购置计量器材、分选设备、打包机,粉碎机,消防设施、回收车等设施设备。

· 营销采取网络在线宣传和传统线下宣传两种方式。

网络在线宣传:专业运营团队具有成熟网络销售渠道,在网络上有丰富的销售经验、运营能力及品牌影响力,可以用低成本高效率开展网络宣传、回收、销售工作。

传统线下宣传:随着移动网络和互联网的发展,网络的推广更加高效,但是网络的宣传不能实时覆盖,运营团队应委派专业人员到村级和村组级进行培训,普及、宣传垃圾分类知识,引导居民积极参与到垃圾减量化、资源化、无害化项目中来。

8　城市热环境风险防控体系研究与实践

8.1　基础知识

8.1.1　城市热环境与城市热岛

1. 城市热环境

城市热环境是以城市下垫面的地表温度和空气温度为核心,受人类活动影响而改变后的传输大气状况(如空气湿度、风速、大气浑浊度等)、下垫面状况(土地利用覆盖类型、热容、发射率、反照率等)和太阳辐射为组成部分的可以影响人类及其活动的物理环境系统[70],泛指能够影响人体对冷暖的感受程度、健康水平和人类生存发展等与热有关的物理环境[71-72]。

城市空间热环境的演变过程与人类社会、经济活动有密切的关系[73]。在城市化进程中,采用沥青、金属、水泥等不透水表面大量替代原有自然地表[74-75],以及人口数量激增均造成了城市整体热排放水平的日益增加[76-77]。因而,城市热环境状况的良好与否是当前衡量城市生态环境状况的重要指标之一,不仅直接关系到城市人居环境质量和居民健康状况,同时还对城市能源和水资源消耗、生态系统过程演变、生物物候以及城市经济可持续发展有着深远的影响[78-79]。

2. 城市热环境和城市热岛

城市热岛(Urban Heat Island, UHI)是指快速城市化和工业化过程中导致城市大气温度和地表温度高于周边郊区或乡村等非城市环境的一种温度差异性现象[80-81](图 8-1)。而城市空间热环境则是近年来气象和环境研究领域的专家学者在城市热岛概念的基础上进行扩展延伸后提出的概念。二者既有区别,又有联系:共同点在于表征因子均为地表温度和大气温度;区别在于前者更加强调城市市区与郊区之间温度的差异性,而后者的衡量指标则与温度的高低程度、建筑容积率、建筑密度、水体和绿地分布等多种因素相关[82-83]。城市热岛效应在某种程度上是城市空间热环境的一种集中性的反映和体现。选取全球 419 个人口超过 100 万的城市,分析它们白天和夜间热岛效应的强度,结果表明,92%的城市白天的市区温度均高于郊区温度,热岛强度平均达到(1.5±1.2)℃,最高可达 7 ℃;95%的城市夜间市区温度高于郊区温度,但热岛效应相对白天较弱,热岛强度平均为(1.1±0.5)℃,最高达 3.4 ℃[84]。因此,城市热岛并不是某个地区的特有现象,而是全球共同存在的问题。

由于当前在全球城市区域尺度范围内开展的城市空间热环境及其气候变化和环境整治研究大多以热岛效应为主要内容,所以本章中对城市空间热环境和城市热岛均有提及。

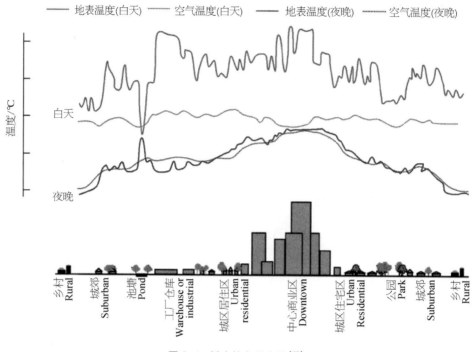

图 8-1 城市热岛示意图[85]

3. 城市热岛形成的原因

很多学者对热岛效应的形成和分布展开了研究。以上海为例,彭保发等研究了近年来上海市热岛效应的强度变化和影响机理[86]。通过分析气象观测资料,发现 1991—2006 年间是上海城市热岛强度增长最快的时期,热岛强度的升温速率约为 0.2 ℃/年,这段时期也是上海城市化和工业化发展最迅速的时期。2006 年以后,上海城市热岛强度有所减弱。另外,通过多因素与热岛强度之间的相关性分析,得出土地城市化是上海热岛效应的主要影响因素,二者相关系数大于 0.8。同时,工业化、房地产开发、人口增长对热岛效应均有较大影响,相关系数介于 0.6~0.8 之间。研究人员计算了上海各年人为热排放量并分析了人为热与气温变化的关系[87]。人为热来源主要包括工业热源、交通热源和民用热源。2000 年以后,上海人为热快速增长,工业是上海人为热主要来源,但民用和机动车人为热比重呈不断上升趋势。经过遥感影像分析发现,上海地区温度空间分布与人为热空间分布有很好的一致性,这说明人为热是影响气温的重要因素。此外,相关研究表明,以上海为中心的长三角地区在 2003—2013 年极端高温事件出现异常的区域与城市群快速发展区具有很好的一致性[88]。极端高温天气出现频率的增加会加重能源消耗,危及人类健康,有悖于可持续发展的要求[89]。因此,对于正处于城市化进程快速发展的地区而言,采取必要手段对热岛效应进行识别、评估和预警,预防和降低城市热环境带来的危害。

8.1.2 城市热环境对健康和环境的风险

目前,随着城市化的进程加快和城市的扩张,热岛效应越来越突显,城市热环境的日益恶化已成为全球现代化城市气候变化最显著的特征之一,对城市空气质量改善、雾霾治理和植物健康生长带来了极大的负面影响。

极端高温是与天气相关死亡率增加的主要原因[76],已成为影响健康的重要公共卫生问题[71]。高温对人的热胁迫会导致多种疾病发病率上升,心血管、呼吸系统、脑血管疾病与肾衰竭是热浪诱发死亡的最主要疾病[90-91]。20世纪60年代,美国流行病学研究发现由高温热浪引起的死亡多发生于城市。例如,1966年7月的热浪事件中,美国圣路易斯市246例死亡案例中有85%发生在市区[92]。市区的高死亡率是城市化改变局地气候的结果:城市热岛加剧了市区的高温强度,特别是夜间更为显著的热岛效应使城区在夜晚降温变缓,导致城市居民在白天和夜晚经历持续的高强度热胁迫[93]。因此,有学者提出"热岛等于死亡之岛"[94]。随后,针对1980年圣路易斯和堪萨斯的热浪事件[95]以及1995年芝加哥热浪事件的分析[96],也证实热岛效应使城市居民高温健康风险显著增加,导致中心城区的死亡率要远高于城市郊区和农村地区。

2003年8月,欧洲发生了大范围热浪事件,造成上万人死亡[97],此后的流行病学研究发现了城市热岛效应对高温期间超额死亡率的影响。例如,在法国,这次热浪造成死亡率最高的是城市化水平最高的大巴黎地区[98]。相比农村地区,热岛效应使城市的高温暴露指数增加了10%,而大巴黎地区则增加了35%[99]。其中,夜间城市热岛效应对巴黎市区超额死亡的影响更大[100-101]。针对意大利的研究也发现,城市热岛效应增加了2003年热浪期间城市居民特别是老年居民的死亡率[102]。此外,Smargiassi等对比了加拿大蒙特尔平均气温为26℃相对于20℃的死亡率变化,发现热岛区域比非热岛区域死亡率增加15%[103]。Gabriel等的研究发现,1994年和2006年夏季极端高温多发期间,德国柏林异常死亡率要明显高于周边农村地区;高温期间柏林市内各区域的死亡率与其建筑物密度有很好的相关性,不透水比例更高的区域异常死亡率更高[104]。

国内针对高温热浪对死亡率的影响研究尚处于起步阶段,相关研究集中于高温致死现象的时间分布特征,不过也有一些学者涉及该现象的空间分布尤其是城乡分布的流行病学研究。例如,Tan等发现,1998年热浪期间上海市区的平均超额死亡率为102.4%,比近郊区(84.3%)高了18.1%,比远郊区(43.0%)更是高出59.4%。研究得出城市热岛强度指数越大,超额死亡率也越高的结论[105]。Goggins等指出,高密度建筑引起的热岛效应和低风速增加了香港市区高温期间死亡率[106]。上述流行病学研究都证实了极端高温期间热岛效应与超额死亡率有密切的相关性,因此,在进行城市高温预报和城市高温风险评估时需要考虑热岛效应的影响[107]。

综上所述,如何准确监测、评估和预警城市区域的热环境变化,使其能够可持续发展,是全世界各国政府、企事业单位、国际组织和大学研究机构目前研究的一个热点问题。我国于2006年2月,由国务院颁布了《国家中长期科学和技术发展规划纲要(2006—2020年)》[108],其中明确要求:"要把城市热岛效应形成机制与人工调控技术作为重点研究,期望提升城市功能和市民生产生活的环境质量。"国家住房和城乡建设部分别于2013年9月和2015年11月发布了《城市居住区热环境设计标准》(JGJ 286—2013)和《城市生态建设环境绩效评估导则(试行)》[109-110]将城市热环境的质量纳入建设项目考核评价指标体系,表明我国已将城市热环境问题作为今后城市整体建设和发展重要的研究项点,并希望通过不断完善和规范设计标准,确保今后我国城市生态环境的可持续发展。

8.1.3　城市极端高温风险评估和预警

作为最主要的气象灾害之一,极端高温事件给人类造成的健康威胁是剧烈的、致命的。风险评估作为灾害风险管理的重要组成部分,对于气候变化下极端高温的防灾减灾工作具有重要意义。近年来,随着国际上对于气候变化、公共健康与风险概念的日益关注,仅考虑高温危险性的风险评估方法已不是主流,人口脆弱性等要素(包括年龄、种族、性别、社会隔离程度以及空调使用等)已被尝试纳入高温风险评估指标体系中。目前基于健康的极端高温风险评估主要通过在地图上叠加高温危险性与脆弱性因素,实现人群高温健康风险的可视化。大量的研究试图寻找到在风险评估模型中量化脆弱性的科学合理方法,但人口脆弱性涉及因素众多,对高温死亡率的作用机理非常复杂,并存在不确定性,目前主流专家打分法、主成分分析法以及聚类分析法等方法在指标权重确定方面仍受到多种制约,导致风险评估结果精度仍较低,离实际应用尚有较大差距。在这方面,谢盼等[111]已对高温脆弱性框架以及定量评价方法进行了综述,进一步探讨人口脆弱性的定量化表征已成为当前风险评估研究的重要趋势。

科学合理的风险评估结果可用于表征人群风险以及脆弱性在空间上的差异,为适应性政策的制定提供参考,但目前国内外针对适应能力的讨论仍相对较少。例如,大量研究表明,老龄人口在极端高温状况下体温调节机能更差,死亡风险更高。在气候变暖、热岛效应与极端高温呈现上升趋势的背景下,城市的人口老龄化也将成为未来高温死亡的主要驱动因素之一[112]。但目前这个问题尚未引起足够的重视,对于如何增加老龄人口(尤其是独居老人与失能、半失能老人)对高温的适应性,较少有针对性的措施。

总体来看,如何通过极端高温风险评估体系达到对社区、群体或个人风险的预警,国内目前还缺乏这一类的研究和实践。因此,将人口分布、年龄、疾病史等承灾体信息与气象、环境等危险源信息纳入风险评估框架,综合考虑城市热岛效应的影响,根据高时空动态分辨率的风险评估结果进行科学决策,从而在国家及区域尺度上有效应对城市极端高温频发趋势,同时在城市及社区尺度上提供有效信息进行科学预警,是减缓及适应气候变化背景下城市极端高温的重要发展方向之一,对城市规划及区域发展也具有重要意义。

1. 城市极端高温预警

降低高温健康风险的一项重要对策是建立高温健康预警系统(Heat Health Warning System, HHWS)。20世纪90年代,美国费城就开始建设HHWS[113]。2003年欧洲热浪事件以后,建立高温健康预警系统在国际上引起高度关注[91]。美国[114]和欧洲的经验表明[115],该系统能够有效降低高温死亡率。近年来,中国上海[116]、南京[117]等地也陆续建设了热浪健康预警系统。高温健康预警系统一般都建立在单个城市,大多由气象部门发布,但是目前的天气预报业务系统中对城市化的影响考虑得还很不够。尽管城市冠层模式参数化方案已有了重要进展,但对于城市地表特征及其气候效应的机理认识还有待进一步加强,城市化影响极端高温强度与范围的物理机制也尚未形成完整的理论。理论的缺乏也限制了精细化城市天气数值预报模式的发展和完善,未来在这方面的研究还有很大的发展空间。例如,城市地表特征精细参数化以及城市地表特征数据库的建立对于城市陆面过程数值模拟研究至关重要[118-119],目前中国急需加强这两方面的研究。极端高温健康预警系统另一个重点是热胁迫指标及其阈值的确定,当热胁迫指数超过对人体健康产生严重威胁的阈值时则发布健康预警。由于不同地域气候条件不同,人体对于热胁迫的适应性存在着显著的区域差异,热胁迫指标阈值也会有所不同。此外,阈值的确定还需要考虑其他环境要素(如空气污染物)的影响以及成本、可信度等其他条件。尤其值得注意的是,目前中国的高温预警只是单纯地考虑高温热浪灾害的危险性,对处于不同自然环境、社会经济状况、资源可得性的高温易感人群脆弱性方面考虑得不多。因此,根据年龄、性别、疾病、职业及其他社会经济条件所决定的不同人群适应性的差异,更加有针对性地开展高温与健康预警系统研究,有待进一步探索。

2. 未来全球城市极端高温预估

仅重视全球尺度上的气候变化,而忽视了区域尺度上由于城市迅速扩张造成的气候变化,将给未来高温风险评估造成不确定性[120]。目前利用全球或区域气候模式耦合城市冠层模式预估未来城市气候及极端高温变化的研究是有限且初步的,仅有很少的模式应用于这方面的研究,因此这类研究带有更多的探索性。然而,这些研究表明,在气候变化中城市热岛效应未必是静态的,城市化对区域未来的极端气候变化有着重要的影响。因此,城市热岛强度是会继续发展抑或有所缓解将是未来城市气候变化预估中一个重要科学问题。当前中国许多区域正经历快速城市化进程,城市人口不断增加,城市面积迅速扩展,而且这一趋势在未来10多年还将持续,气候变化和城市化的叠加影响将使得城市面临更大的极端高温风险。因此,城市陆面模式的设计和嵌套,城市热岛效应的预估,尤其是极端高温期间的热岛预估,城市排放的气溶胶对大气辐射影响的参数化等,将是未来研究城市气候变化的重要课题。未来城市气候的动力降尺度模拟在很大程度上依赖于输入的全球气候模型(Global Climate Model, GCM)气候情景,城市未来发展情景也会对模拟结果产生重要影响。因此,有必要进行多个全球(区域)气候模式、CO_2、人为热以及气溶胶排放情景,通过多城市发展情景的集合模拟以减少高温风险评估的不确定性,再进行多情景模拟与方案权衡,从而对未来的风险防范提供多目标决策支持。

8.2　欧美城市热环境（高温）预警和应对策略

8.2.1　应对城市高温的规划指导

作为城市热环境变化所造成的最典型的极端气候灾害,高温热浪的应对措施已在欧美等发达国家进行了较长时间的理论研究和规划落实。2006 年,美国国家环境保护局(United States Environmental Protection Agency, USEPA)出版了《极端高温事件指导手册》,在分析费城、多伦多、凤凰城等城市的高温应急行动规划后,列出了高温行动规划应当包括的四个重要组成部分:①提前 1~5 天预警极端高温事件;②风险评价(定量化地评估极端高温事件的潜在危害、评估统计高风险人群、统计记录设备和位置);③通告公众与应急响应;④缓和措施。2008 年,世界卫生组织(World Health Organization,WHO)欧洲办公室发布了《高温—健康行动规划指导》,在总结欧洲应对极端高温实践项目的基础之上,针对政府政策制定者和医疗工作者,提供宏观视角的高温热浪规划指导。指导建议在现有应急响应机制的基础上,构建一个多元合作的体系,应包含 8 项核心要素,如表 8-1 所示[121]。

表 8-1　　　　　　　　　　　　高温行动规划的核心要素[121]

1	组织	能够协调不同机构间应急救灾的工作
2	预警系统	预警系统准确及时并迅速发出预警
3	信息平台	制定"高温-健康"信息规划并向相关机构和公众传递气候、健康的信息,详细规定信息交流的对象、渠道把握适当的时机
4	应对策略	制定短期、中期、长期的策略来削弱城市建筑内的高温暴露度
5	救护策略	对脆弱人群制定特别的救护策略
6	筹备工作	健康和社会保障系统的筹备工作
7	手段	以长期的城市规划手段来减少热岛效应
8	评估体系	实时的灾情监控和规划评估

US EPA 的规划建议着眼于极端高温期间的短期灾害应急管理与救灾措施。世界卫生组织撰写的《高温—健康行动规划指导》着重于长期的城市规划对于极端气候的效用,强调规划措施不能加剧气候变化,鼓励被动式的降温方式。这也反映出欧美国家在应对城市极端高温灾害时,从最初偏重于专项高温应急规划,逐步转变为弹性城市(resilient city)理念指导,以整合统筹的方式提高城市的气候适应性与可持续发展能力。

在理论研究方面,早期学者从灾害学、环境科学的角度侧重高温热浪与居民健康关系、温度阈值研究,将城市自然环境、建筑环境、人口特征、社会经济等因素纳入研究范围。随着计算机技术的发展,在多学科合作的基础上,利用情景模拟预测,对高温热浪灾害和城市规划、建筑的关系进行更深入的研究。如法国学者利用计算机情景模拟模型研究了巴黎市未来 5 种城市扩张模式与高温灾害脆弱胜之间的关系,伦敦市政府联合英国建筑设备特许工程师学会(Chartered Institution of Building Services Engineers, CIBSE)研发了一套能够模拟城市高温风险的应用软件 DSYs(Design Summer Years)。软件将城市未来夏季气温、城市热岛效应、高温健康危害三个因素纳入模型,直接成为城市规划师、建筑师、工程师提供应对高温气候变化的科学设计工具。

8.2.2　应对城市高温的规划实践

在应对高温灾害的具体规划实践方面,芝加哥、多伦多、费城等城市有着多年的规划治理经验,走在世界前列。

2004 年,英国从灾害应急响应的视角编制了高温规划——《英格兰高温规划》,此后每年修编更新。规划的实施主体包括政府、社会服务提供组织、社区民众三个层级。2015 年版的《英格兰高温规划》核心内容分为 7 个部分:①战略规划,城市为应对极端高温和气候变化需要长期实施的规划措施,如节能减排、绿色基础设施建设等;②高温预警系统的构建;③政府应对高温热浪的具体筹备工作;④公众宣传与沟通;⑤社会救灾服务者的工作,如医院、养老院、学校等;⑥社区工作;⑦规划实施监测与评估。

2011 年,伦敦颁布了《管理灾害风险和提高城市韧性:伦敦市气候适应战略规划》,将高温热浪作为城市未来主要的气候灾害之一,提出 4 项总体策略:研究并划定高温灾害风险区;增加城市绿化量;减少城市对机械制冷的需求;构建强有力的高温应急规划,并从城市、社区、建筑三个空间层面加以落实。2013 年英国编制了《英国国家气候适应性规划》。目前英国已形成了专项高温应急规划与整体城市气候适应性规划兼备的完善体系。

相比英国,北美地区在应对高温热浪灾害方面更重视城市专项应急规划的建设,并没有形成从大区域到城市层级分明、结构清晰的高温规划体系。加拿大多伦多和美国费城是北美地区最早开始应对极端高温的城市之一。多伦多自 1999 年就开始建设高温—健康预警系统,2000年成立高温应急委员会,负责每年起草、监督、改进高温天气响应规划(Hot Weather Response Plan),详细规定了各个层级的机构、组织和各自承担的责任与义务,以及在高温期间负责履行的措施。美国费城的高温灾害规划在民众宣传教育方面取得了成功的经验。例如政府开设了"高温热线",为市民提供 24 h 高温医疗建议。市域内每个街区投票选出一位负责人,负责与政府相关机构联系并向居民传播防灾知识。当紧急情况发生时,负责人还会探望记录在案的弱势住户。城市还开展了"伙伴计划",鼓励市民两两互助,并一起帮助弱势邻居。相比于英国强调被动式降温的防灾措施,美国的高温规划更重视建设空调降温中心避灾措施,在现有公共资源基础上规划建设降温中心,并为民众提供便利的交通途径。

高温灾害具有很强的可预测性,因而高温预警系统的建立是高温应急规划的重要实施保障,各项应急措施需根据不同的预警级别制订。英国政府气候办公室每年夏季(6 月 1 日—9 月 15 日)都会运行"热量—健康"监控系统,从 0 到 4 级总共 5 个预警等级,如表 8-2 所示。根据不同的预警级别,从 4 个层面(国家层面→健康与社会委员会→医疗救助服务提供者→社区及志愿者团体)为规划实施者制订了明确而详细的规划行动,构成了英格兰高温规划的核心框架。

8.2.3　高温风险区和避难场所

1. 设置高温灾害高风险区的意义

随着对城市与气候的日益关注,国外规划学者将其应用到城市气候适应性规划与防灾的领域。2011 年,伦敦市气候适应策略规划中,将绘制全市高温风险地图(overheating risk maps)作为应对城市极端高温的重要策略之一,以确保最脆弱地区的人群能得到首要的保护。高温灾害高风险区的划定无论对长期性防灾策略还是应急性防灾策略都有重要意义:在常态性的规划

表 8-2　　　　　　　　　　　　英格兰"热量-健康"监控预警系统

预警级别	预警时机	预警内容
0 级	全年常态	平时的长期规划(如应对气候变化的空间和住宅规划)
1 级	6 月 1 日—9 月 15 日	应对高温热浪、夏季的一般筹备工作
2 级	高温热浪即将发生前夕	预警并准备—在接下来的两三天里将有 60% 的可能性出现高温热浪
3 级	已经有一个或以上的规划区的温度达到了高温级别	采取高温热浪防灾措施
4 级	高温热浪灾害易产生重大的社会危害(如影响水电供应)	由中央政府宣布,政府各部门采取应急响应行动

中,高风险区的划定有助于城市空间规划能够更有效地配置资源,如城市绿色基础设施建设、生态住区建设能够向灾害高风险片区倾斜,有的放矢。特别是对于高密度的城市中心区,绿地面积不足且改造空间十分有限,只有实施精准有效的改造,才能获得最大的减灾防灾效果。当高温灾害发生时,灾害高风险区的划定能够使救灾措施、社会医疗保障机构迅速地锁定最脆弱的片区、最脆弱的人群,进而最大程度地减少灾害的负面影响。

2. 高温灾害高风险区的划定方法

根据"风险三角形理论",灾害风险由致灾因子、承灾体暴露度、承灾体脆弱性共同构成。当灾害发生时,暴露度大而脆弱性强的地方就成为灾害高风险的地区。而在城市中,暴露度一方面取决于城市的热环境,另一方面取决于建筑内部的热环境。在城市热环境方面,热岛效应的存在增加了热岛中心区域在灾害发生时的暴露度。在建筑内部热环境方面,建筑物老旧、建筑保温隔热和通风性能差、配套设施老化这些问题都会大大降低其防御功能,甚至使高温伤害加剧。故而城市中的老旧历史街区、流动人口聚集区往往因其建筑使用年限长、建筑质量较差大大增加了受灾暴露度。

而脆弱性分为主体与客体两个层面,其中最重要的是城市主体,即城市居民的脆弱性。对于城市居民的脆弱性,国内外的学者做过大量的研究。身体机能情况决定了人群的敏感度,社会、经济环境决定了人群的应对能力,二者共同影响人口的脆弱性。而城市客体的脆弱性体现在适应性和敏感度两个方面,由于城市中缺乏绿地、湖泊等绿色基础设施,其对于气候调节的适应性较差,脆弱性更强。高温灾害除了对健康产生严重影响外,还会对城市水电供应产生影响,而城市中商业、服务业发达的地区,由于对水电的需求量巨大,对高温灾害也会更为敏感。

目前,高温高风险灾害区绘制在城市规划中的实践尚属于比较前沿的领域,需要综合考虑城市物理环境和社会环境,需要完善的城市调研和统计数据支撑。在城市物理环境方面,除了对城市空间和建筑的现场调研外,基于完整的遥感图像处理平台(The Environment for Visualizing Images, ENVI)的红外线遥感卫星地图温度反演技术的使用,为研究整体城市热环境提供了便利的手段。且与传统气象观测站的点状数据分布相比,红外线遥感技术更能全面地反映整个城市的地表热环境。而城市社会环境的数据则需要人口普查、家庭经济收入等数据支撑，需要政府相关机构的配合。例如澳大利亚墨尔本的港口小城菲利普（city of Port Phillip, Melbourne）将 20.62 km² 的城市空间划分为 228 个统计单元，从高温灾害风险的温度暴露度、行为暴露度、脆弱性三个方面，利用地理信息系统（Geographic Information System, GIS）对其热环境和人口经济情况进行详细的统计分析（图 8-2），并将这些图层相叠加，划定 A，B，C 三个等级高温灾害高风险区（图 8-3）。其中三项风险因子得分都最高的地块定义为最高危的地块，将对其进行一系列气候适应性设计与改造[54]。菲利普已成为利用高温高风险区研究制定

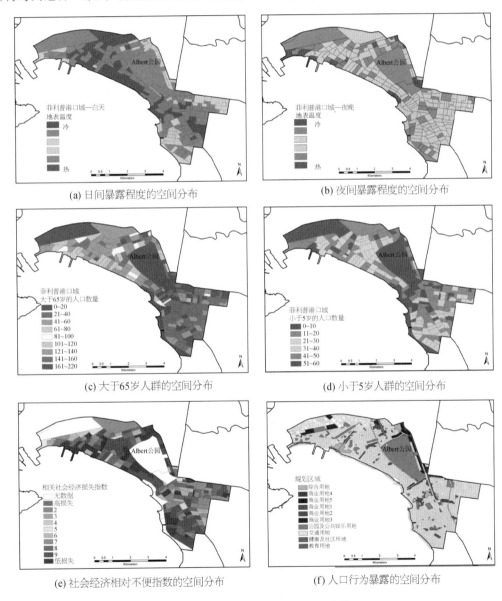

(a) 日间暴露程度的空间分布　　　　　　(b) 夜间暴露程度的空间分布

(c) 大于65岁人群的空间分布　　　　　　(d) 小于5岁人群的空间分布

(e) 社会经济相对不便指数的空间分布　　(f) 人口行为暴露的空间分布

图 8-2　菲利普城市风险因子分析[22]

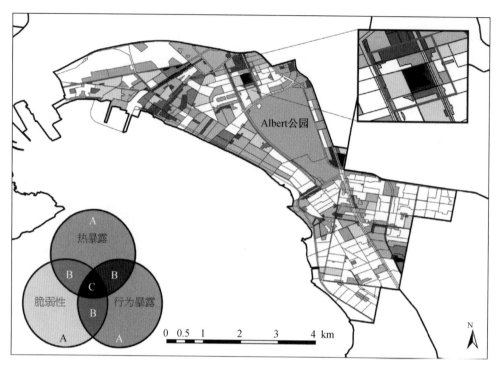

图 8-3　菲利普城市高温灾害风险区划定[22]

城市气候适应性规划设计的典范。

3. 高温避灾场所

对于居住条件恶劣没有降温条件或长时间暴露在室外的弱势群体，应当提供避暑降温场所。避暑降温场所可分为室内与室外两类。室内避暑场所的选择应当利用现有的公共资源，如社区活动中心、图书馆、大型购物中心等。北美城市的高温应急规划特别重视对降温场所的规划。如芝加哥市在高温热浪期间会设置 24 h 降温中心。多伦多市为高温弱势人群发放免费的乘车券，接送市民到降温中心。费城市可持续发展办公室每年都会统计降温场所与灾害弱势人群的分布变化，用以改善降温场所的规划布局。室外避暑场所主要针对长期暴露在外的流动人口设置，一般结合公园、广场或重要交通枢纽站点等人流密集的公共空间，在公园或广场设置的避暑场所可以结合城市景观小品的形式，如巴黎街头设置的喷雾景观小品在高温期间能达到降温的效果。

8.3　我国城市热环境（高温）预警系统

我国高温热浪预警系统的研究起步较晚，大部分城市高温热浪的监测预警仅属于气象部门的工作内容，以热量温度为主考量因素，但对健康因素考虑不够。2013 年中国疾病预防控制中心开始在哈尔滨、南京、重庆、深圳 4 个城市试点启动高温—健康风险预警模型，预警分为 4 级，根据不同的预警级别向公众发布信息,并制定了相应的应对措施,这是我国城市应对极端气候类灾害的有益探索。未来城市应当进一步提升现有高温—健康预警系统,使之与城市应急规划相结合,完善由气象部门、社会保障部门、医疗机构、社会团体等多主体参与的高温应急机制。

8.3.1　南京市高温热浪与健康风险早期预警系统试运行效果评估

研究人员利用 2013 年 7 月 15 日至 9 月 30 日南京市高温预警数据,分析和评估高温热浪与健康风险早期预警系统在南京市的试运行情况[55]。通过收集预警模型发出的预警信号数,比较预警信号与试点医院同期门(急)诊、住院病例的相关性,以及中暑病例评估模型的灵敏度和错误预警率。结果显示,观察期间共发出预警信号 170 条,平均每日 2.18 条,心脑血管疾病、呼吸系统疾病、儿童呼吸系统疾病、中暑、总健康风险各占信号总数的 22.9%、17.6%、18.8%、17.6%、22.9%。不同预警级别的儿童呼吸系统疾病门(急)诊和住院病例数差异均有统计学意义($P<0.05$), Ⅰ 级和 Ⅱ 级预警的就诊数均高于 0 级($P<0.05$ 或 $P<0.01$);不同预警级别的呼吸系统和心脑血管疾病门(急)诊和住院病例差异均无统计学意义($P>0.05$)。各项健康风险预警与当日气象高温预警均呈正相关($P<0.01$)。中暑预警灵敏度为 72.7,中暑错误预警率为 34.9%。结论认为预警系统信号发出及时,运行状况良好,对儿童呼吸系统发病和中暑的预警准确率较高,但仍需进一步调整和完善(表 8-3)。

表 8-3　　　　　　南京市当日试点医院就诊数与预警级别的关系 (x±s, 人次)[17]

病例来源	0 级	Ⅰ 级	Ⅱ 级	F 值	P 值
儿童呼吸系统门急诊	1 245 ± 93	1 373 ± 87①	1 349 ± 59①	11.343	0.000
儿童呼吸系统住院	25 ± 8	34 ± 7①	31 ± 6②	6.946	0.002
呼吸系统疾病门急诊	264 ± 49	259 ± 41	253 ± 39	0.209	0.812
呼吸系统疾病住院	9 ± 4	8 ± 5	7 ± 4	0.683	0.510
心脑血管疾病门急诊	456 ± 147	483 ± 119	443 ± 91	0.544	0.585
心脑血管疾病住院	21 ± 13	21 ± 12	18 ± 9	0.427	0.655

注:与 0 级比较 ① 为 $P<0.01$② 为 $P<0.05$;x 表示平均值,s 表示标准误差。

8.3.2　哈尔滨市高温热浪健康风险早期预警系统运行效果评估

兰莉等分析了 2013—2014 年系统运行时间段不同预警级别与医院门(急)诊及住院病人的相关性[56],评估了哈尔滨市高温热浪健康风险早期预警系统的运行情况。结果显示,系统运行 177 天,有效运行 93 天,占运行天数的 53%,共发出预警信号 178 条,其中 Ⅳ 级预警 85 条,Ⅲ 级预警 81 条,Ⅱ 级预警 2 条。心脑血管疾病、呼吸系统疾病、儿童呼吸系统疾病、中暑、总健康风险各占信号总数的 20.24%、8.93%、28.57%、11.90%、30.36%。儿童呼吸系统疾病门(急)诊就诊人数与住院人数、呼吸系统门诊人数 Ⅲ 级预警高于 0 级预警,差异有统计学意义($P<0.05$),65 岁以上呼吸系统疾病、心脑血管疾病死亡人数 Ⅲ 级、Ⅳ 预警均高于 0 级预警,差

异有统计学意义（$P<0.05$）；全人群呼吸系统疾病、心脑血管疾病死亡人数、心脑血管疾病门诊及住院病人数与预警级别之间差异无统计学意义。总体来讲，预警系统运行状况良好，预警信号发出及时，初步实现了早期预警能力，但仍需进一步调整和完善，以获得更为科学准确的预警信息（表 8-4）。

表 8-4　　　　2013—2014 年预警日居民死亡人数与预警级别关系（x±s，人 次）[123]

来源	Ⅲ	Ⅳ	0	F 值	P 值
全人群呼吸系统疾病死亡	14.06 ± 4.23	14.29 ± 4.50	13.07 ± 3.83	1.46	0.23
全人群心脑血管疾病死亡	86.40 ± 10.43	83.19 ± 11.05	81.92 ± 12.42	1.90	0.15
65 岁以上呼吸系统疾病死亡	12.76 ± 4.13*	12.44 ± 4.09	10.88 ± 3.13	4.75	0.01*
65 岁以上心脑血管疾病死亡	61.97 ± 10.23*	60.89 ± 11.33	57.90 ± 8.87	4.59	0.01*

注：$P<0.05$；* 表为有统计学意义；x 表示平均值，s 表示标准误差。

8.4　总结与展望

高温热浪作为气候变化背景下衍生出的典型极端气候灾害，究其根源必须要从统筹整合、提高整体城市气候适应性的角度出发，制定规划政策。我国城市规划在应对气候变化及其所带来的极端高温灾害方面，尚处于起步阶段。在全球面临气候威胁的大背景下，城市的可持续发展必须建立在气候安全的基石之上；发达国家的规划经验为我国城市应对极端热浪灾害提供了诸多有益借鉴。

在我国传统的城市规划编制领域，综合防灾往往作为城市总体规划中较为独立的章节，气候类安全也不作为传统综合防灾规划的考虑重点。然而气候安全作为非传统类型的城市安全，它的影响渗透到城市的方方面面以及居民每天的日常生活中，因而传统的城市综合防灾并不能解决气候威胁给城市带来的挑战。在倡导多规合一的大背景下，我国急需打破传统规划中防灾、绿化、基础设施、经济社会政策等规划各自为政的局面，从统筹整合的视角编制新型的防灾规划，并且将基于弹性城市理念的气候适应性规划融合进城市总体规划中，其相应的规划策略应当是常态性与长期性的。

其次，我国城市灾害专项规划往往是蓝图式的，以城市防灾空间规划和工程类防灾措施为主，忽视了灾害风险应急管理，而规划的实施者、参与者也以政府当局为主，忽视了灾害发生时其影响主体是多元化的。由于高温热浪极端气候灾害的可预测性强，短时破坏性小，所以当灾害来袭时，风险应急管理往往比工程类防灾措施更加重要。因此，在整体统筹的防灾规划基础之上，需要建立权责分明的应急响应规划，目的在于使城市遭遇到高温热浪侵袭时能及时监控灾情，利用各种行政手段规范并协调各相关机构在灾时的权责和任务，指导民众在极端高温期间采取有效的防御措施。

9 城市噪声污染风险防控体系研究与实践

9.1 基础知识

9.1.1 噪声污染的概念

噪声是指发声体无规则振动时发出的声音。声音由物体的振动产生,以波的形式在一定的介质(如固体、液体、气体)中进行传播。从生理学观点来看,凡是干扰人们休息、学习和工作以及对所要听的声音产生干扰的声音,即不需要的声音,统称为噪声[124]。当噪声造成不良影响时,就形成噪声污染。产业革命以来,各种机械设备的创造和使用,给人类带来了繁荣和进步,但同时也产生了越来越多而且越来越强的噪声。噪声不但会对听力造成损伤,还能诱发多种疾病,干扰人们的日常生活。

9.1.2 噪声污染的类型

噪声源是向外辐射噪声的振动物体。噪声源有固体、液体和气体三种形态。噪声源种类很多,可以按照产生的机理、来源、随时间变化、空间分布形式等原则进行分类。为便于系统地研究各种噪声源特性,对噪声源按如下分类原则进行研究[125]。

(1) 按噪声产生的机理,噪声源可分为机械噪声、空气动力性噪声、电磁噪声等。

(2) 按照噪声的来源,噪声源可分为工业噪声、交通噪声、建筑施工噪声、社会生活噪声。

(3) 按照噪声随时间的变化,噪声源可分为稳态噪声和非稳态噪声两大类。稳态噪声是指噪声强度不随时间变化或变化幅度很小的噪声。非稳态噪声是指噪声强度随时间变化的噪声,而非稳态噪声又可分为周期性起伏的、脉冲的和无规则的噪声。

(4) 按照噪声的空间分布形式,在声学研究中通常把各种声源简化为点声源、线声源和面声源。声环境的预测评价需要从点、线、面声源分类上开展。

研究噪声源就要了解噪声源的振动辐射特征,包括声源强度、辐射效率(输入机械功率与输出的声功率之比),声辐射的频率特性,声源指向性以及声源的辐射阻抗等。这些特征不仅与声源的结构组成有关,也与声源受激励的方式有关。如空气动力性噪声源中的喷射噪声、涡流噪声、旋转噪声、燃烧噪声,各有不同的振动结构和辐射特征,而机械噪声源中的电磁、碰撞、摩擦等噪声辐射也各不相同。

9.1.3 城市噪声主要污染物及危害

城市噪声对于居民的干扰和危害日益严重,已经成为城市环境的一大公害。城市噪声主要有交通噪声、工业噪声、建筑施工噪声、社会生活噪声[126]。城市噪声干扰居民的工作、学习、休息和睡眠,严重的还会危害人体的健康,引起疾病和噪声性耳聋。对长期噪声暴露的听力保护要求,8 h 等效连续声级为 70～90 dB(A),对于吵闹干扰的容许值要求日间等效声级为40～60 dB(A),夜间为 30～50 dB(A)。

1. 城市噪声来源

1) 交通噪声

交通噪声主要是机动车辆、飞机、火车和轮船的噪声。这些噪声的噪声源是流动的,影响面较广。超音速喷气式飞机飞行时引起的轰鸣声,可以使地面建筑物墙壁开裂,玻璃破碎。在机场附近,一般亚音速飞机起飞和降落时的噪声干扰很严重,能使房间内的噪声高达 A 声级①80～90 dB(A),飞机低飞时产生的干扰更大。飞机和机场噪声,在一些发达国家已成为主要的噪声污染源。我国飞机数目少,机场一般离市区又较远,因而飞机噪声尚不严重。城市区域内交通干线上的机动车辆噪声(主要是载重汽车、摩托车等的噪声)已成为城市的主要噪声,约占城市噪声源的 40% 以上。城市交通干线的噪声的等效 A 声级可达 65～75 dB(A),汽车鸣笛较多的地方 A 声级甚至在 80 dB(A)以上。汽车噪声主要包括发动机、冷却风扇、进气和排气系统运转时产生的噪声,车体振动、刹车时产生噪声,车轮滚动时轮胎与路面之间所形成的噪声。尽管汽车生产工艺已达到较高水平,但噪声有时仍然过高,这主要是由于汽车维护不良,排气消声器失灵造成的。汽车高速行驶时产生的噪声则主要是轮胎噪声。火车运行的噪声在距 100 米处约 75 dB(A),夜间火车穿过市区,对铁路两侧居民的干扰相当严重(铁道交通噪声)。

2) 工业噪声

工业噪声主要是工厂车间动力机械设备等辐射的噪声。电子工业和轻工业的噪声约在90 dB(A)以下,机械工业的噪声为 80～120 dB(A)(见机械噪声)。工厂噪声不仅给生产工人带来危害,造成职业性耳聋和其他疾病,而且干扰附近居民,设在居民区内的工厂干扰尤为突出。

3) 建筑施工噪声

建筑施工噪声虽然对某一地点来说是暂时性的,但对于整个城市和对基建工人来说,却是经常性的。打桩机、推土机、混凝土搅拌机、运料车等的噪声 A 声级都在 90 dB(A)以上。

4) 社会生活噪声

社会生活噪声包括群众集会、文娱宣传活动、人声喧闹、家用电器(如收音机、电视机、洗衣机、空调机)等产生的噪声。在国外,演唱会舞会是最吵闹的场所之一,这类噪声分布的范围较广,影响也较大。

2. 城市噪声危害

随着工业生产、交通运输、城市的发展,环境噪声已成为污染环境的一大公害。噪声具有局

---

① A 计权声级,A 计权声级反映了噪声的客观强度与频率这两个因素在人主观引起的感受,A 声级越高,噪声引起的危害也越大。

部性、暂时性和多发性的特点。噪声不仅会影响听力,而且还对人的心血管系统、神经系统、内分泌系统产生不利影响,有人称噪声为"致人死命的慢性毒药"。噪声给人带来生理上和心理上的危害主要有以下几方面:

1) 干扰休息和睡眠,影响工作效率

休息和睡眠是人们消除疲劳、恢复体力和维持健康的必要条件。但噪声影响休息,从而会影响到工作和学习。人熟睡后,即使是 40～50 dB(A)的噪声干扰,也会让人从熟睡状态变成半熟睡状态。人在熟睡状态时,大脑活动是缓慢而有规律的,能够得到充分的休息;而在半熟睡状态时,大脑仍处于紧张、活跃的状态,使人得不到充分的休息。

研究发现,噪声超过 85 dB(A),会使人感到心烦意乱,感觉到吵闹,无法专心地工作,导致工作效率降低。

2) 损伤听觉、视觉器官

我们都有这样的经验,坐飞机时或在锻压车间,耳朵总是嗡嗡作响,甚至听不清说话的声音,离开这种环境一段时间才恢复。这种现象叫做听觉疲劳,是人体听觉器官对外界环境的一种保护性反应。如果人长时间遭受强烈噪声作用,听力就会减弱,进而导致听觉器官的器质性损伤,造成听力下降。

3) 对人体的生理影响

噪声长期作用于人的中枢神经系统,可使大脑皮层的兴奋和抑制失调,条件反射异常,出现头晕、头痛、耳鸣、多梦、失眠、心慌、记忆力减退、注意力不集中等症状,严重者可产生精神错乱。

噪声可引起植物神经系统功能紊乱,表现在血压升高或降低,心率改变,心脏病加剧。噪声会使人唾液、胃液分泌减少,胃酸降低,胃蠕动减弱,食欲不振,引起胃溃疡。噪声对人的内分泌机能也会产生影响,如:导致女性性机能紊乱,月经失调,流产率增加等。噪声对儿童的智力发育也有不利影响,据调查,3 岁前儿童生活在 75 dB(A)的噪声环境里,他们的心脑功能发育都会受到不同程度的损害,在噪声环境下生活的儿童,智力发育水平要比安静条件下的儿童低 20%。噪声对人的心理影响主要是容易使人烦恼、激动、易怒,甚至失去理智。此外,噪声还对动物、建筑物有损害,噪声对植物生长也会产生不利影响,甚至死亡。

9.2　国外噪声污染治理案例

9.2.1　阿姆斯特丹机场噪声治理

史基浦机场位于荷兰首都阿姆斯特丹西南 9 km 处,是欧洲第三繁忙的机场,也是世界上最繁忙的机场之一。

平均每年有超过 6 300 万名乘客通过史基浦机场,往返各种国际目的地的航班多达 479 000 次。航班平均每天约 1 300 架次,将近每分钟一趟航班。

1916 年,当荷兰军方决定建设机场时,他们选择了圩田——曾经是一个巨大湖泊的河床的平坦低地。几十年来,哈勒默梅尔圩田平坦的广阔地区成为该国人口最密集的地区之一,而机场产生的噪声,也日渐成为居民们最头疼问题。

居民们抱怨飞机起飞时的隆隆声属于"地面噪声"。在这片广阔而平坦的低地上,噪声肆意传播,简单的障碍物并不会降低低频的声波。当机场在 2003 年开放最长的跑道时,居民甚至可以听到 28 km 外的喧嚣声。

为了解决噪声问题,机场聘请了一家名为 H + N + S Landscape Architects 的建筑公司和艺术家保罗来进行降噪设计。让景观艺术家解决技术问题的想法其实源于一场意外。2008 年,在试图控制噪声失败后,机场工作人员偶然发现——当跑道与居住点之间的耕地被耕种后,噪声竟然降低了。保罗在机场的西南方,即跑道边缘附近挖了一系列树篱和沟渠。这个设计包括 150 个山脊,脊之间的距离大致相当于机场噪声的波长,大约 36 英尺(1 英尺 = 0.304 8 米)。这样简单的山脊设计,竟让噪声水平降低了一半以上。

原来,保罗借鉴了 18 世纪德国物理学家和音乐家 Ernst Chladni 的经验,后者被尊称为"声学之父",他对声音物理学的研究奠定了现代声学科学的基础。他最著名的一个实验是,将盐或沙子撒在金属板上并使其受到振动,谷物自身便会排列成几何图案和脊,称为 "Chladni figures"。

保罗的工作最终使这片降噪田变成一个占地 360 000 m^2 的公园,名为 Buitenschot。游客在公园里就像置身于迷宫一样,还能进行野餐。公园里设置了一些小型的声控艺术装置——当游客穿过一个小型钻石状水池上的桥时,就能激活水里面的波浪。还有一面形如抛物面的盘子,它能放大远处传来的声音(图 9-1)。

除了在机场周围设置降噪措施外,对于机场本身的降噪同样重要。我国在航空噪声治理措施原则:一是建立噪声监测点位,实行动态控制;二是限制航班起飞与结束时间,减少噪声对居民的影响;三是航班起飞后限定飞机转向,避开居民区;四是对影响居民的高噪声区增设降噪措施。

9.2.2 噪声地图的应用

欧洲经济进入高速发展期,噪声污染日益严重。长期被噪声折磨的欧洲人开始反抗,噪声大的工厂、机场成了抗议目标,不同的国家和地区也陆续通过噪声地图来反映噪声的影响。

噪声地图是将噪声源的数据、地理数据、建筑的分布状况、道路状况、公路、铁路和机场等信息综合、分析和计算后生成的反映城市噪声水平状况的数据地图。作为数字化城市管理手段的重要组成部分,噪声地图综合了两项信息科技前沿技术——计算机软件仿真模拟与地理信息系统,以数字与图形的方式再现了噪声污染在交通干道沿线和城市区域范围内的分布状况。

在噪声地图上各个地理位置的噪声值分布用不同颜色的噪声等高线、网格和色块来表示,区域颜色越深,噪声污染越重。这种地图在欧美日等发达地区已经得到广泛应用,《欧盟 2002 年噪声指引》明确要求成员国必须绘制符合条件的噪声地图。目前,伦敦、巴黎、柏林、东京等城市都绘制了十分详细的噪声地图(图 9-2)。

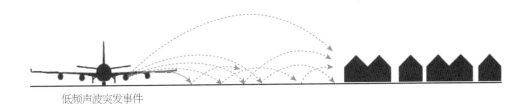

低频声波突发事件

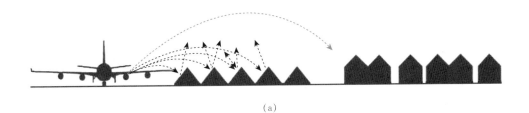

(a)

(b)　　　　　　　　　　　(c)

图 9-1　Buitenschot 公园的噪音防控示意

图 9-2　城市噪声地图示意

　　英国伯明翰市是最早制作全城范围噪声地图的城市。在噪声地图上,不同的颜色标注该城市企业、机场、道路和铁路等的噪声水平。如噪声超过 75 dB(A)的地区被列入最高级别,标注为深红色。在英国政府环保部门的支持下,噪声地图已于 2000 年完成。2004 年又启动了一个地图更新的项目,2005年,英国出版了一本世界上最大的官方噪声地图——《伦敦道路交通噪声地图》。在噪声地图上,不同的颜色代表不同的声压级。

德国也是发展噪声地图最早的国家之一。在德国已经有超过500个城镇绘制了噪声地图,其中大部分城镇已基于噪声地图,提出了可行措施来控制环境噪声。像德国法兰克福的噪声地图,机场地区颜色最深,由于噪声分贝太高,影响民众晚上休息,遭到长期抗议,德国法院通过一项决议,规定柏林机场的运营时间是5:00—24:00。机场附近的居民提出反对意见,认为这项决议仅给了他们5 h的睡眠时间,最后,机场妥协,保证至少让周边民众"睡足6 h"(图9-3)。

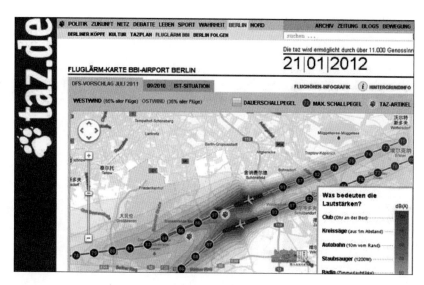

图9-3　机场噪声地图示意

葡萄牙通过噪声地图与城市规划的密切联系,将噪声管理纳入城市规划建设,综合治理同时兼顾其技术特点和经济效益,现已应用在新区的规划和现有城区的管理中。

爱尔兰发展了一项改进的基于三维模型可视化噪声地图,可以直观观察到安装声屏障对声场分布的作用,以预测使用声屏障等措施后对噪声污染带来的改善。土耳其颁布了噪声控制法,要求在铁路、航空和工业等方面使用噪声地图技术降噪。美国在绘制噪声地图的同时,将宣传噪声控制意识,吸引公众参与,作为环境评价体系的一部分。亚洲噪声地图的绘制稍晚于欧洲,目前北京、中国香港等地均绘制了噪声地图。

噪声地图由所在国专业研究机构按照一定的标准绘制。首先,专家要收集原始数据,包括噪声源数据、地理数据、建筑的分布状况、道路基地状况、噪声屏障及公路铁路交通资料等。其次,整理、分类数据并判定数据的可靠性,例如当住宅小区相邻商业区、工业区和交通要道时,需要同时考虑多种噪声源的影响。最后,建立数据库,选定计算方法,绘制噪声地图,判断噪声影响。由于噪声地图的复杂性,目前还不能实时更新,但相关研究机构至少每年更新一次。很多城市将噪声地图放在城市官网上,民众在搜索栏中输入当地的邮政编码,即可得知"噪声污染"程度。欧盟层面也制订了欧盟范围的噪声地图。地图显示,有20%的欧盟居民生活在专家认定可能带来健康威胁的噪声环境中。

　　欧盟国家和地区已将噪声纳入城市规划建设和综合治理,可以为城市总体规划、制定城市环境噪声防制战略、建设项目环评审批、交通发展、噪声防制方案等应用提供科学依据。比如根据噪声地图进行新建居民区的选址,尽量远离机场、工厂等噪声区;用消音墙"封锁"噪声严重的高速公路,机场周边则开辟森林;对于噪声超标的单位进行处罚和改进。居民区也有噪声管理规定,如德国严禁居民晚上10点后发出较大声响。很多民众也熟悉噪声地图,常常根据地图来购买新房、找工作等,给政府提出减噪建议,并在生活中尽量不制造噪声。在不久的将来,看看房屋周边的噪声地图,打造更好的居住方案将不再困难;有了噪声地图的指引,选择更安静的区域择优买房将成为现实。

3. 丹佛城市噪声管理

　　美国丹佛市的环境健康保护部门开展了一项计划,即对城市噪声污染状况进行调查,针对调查结果,及时对噪声政策做出调整(图9-4—图9-6)。

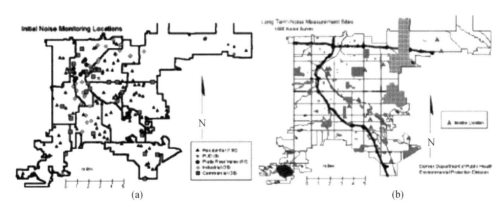

(a)　　　　　　　　(b)

图 9-4　临时测点的布置与永久测点的布置

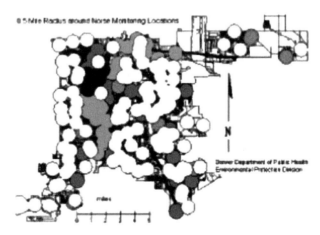

图 9-5　测点覆盖半径示意

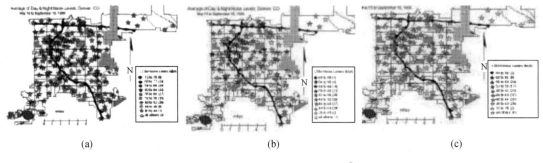

图 9-6　L10，L50，L90 噪声图①

管理部门根据该市的情况,在不同的城市功能区域布置了噪声监测点,临时监测点 180 个,其中居住区 100 个,商业区 30 个,工业区 30 个,城市发展规划区 10 个,普拉特河流域 10 个。这 180 个临时监测点,如果以半径 0.5 英里(1 英里 = 1 609.344 米)画圆,可以覆盖整个市区。选定监测点,在 7:00—22:00 间记录 20 min,在 22:00 至次日记录 10 min。另外布置 17 个长期监测点,以小时为单位持续记录噪声状况,用来计算白天和深夜的平均噪声水平和 24 h 等效连续 A 声级(LAeq)②和昼夜等效声级(Ldn)③。

通过对半年的监测数据进行整理和分析,绘制了噪声地图,同时也发现在噪声政策管理方面存在一定的问题。

比如,丹佛市居住区噪声标准是白天 55 dB(A),夜晚 50 dB(A),噪声监测调查发现,居住区的噪声夜晚的 L90 数值还不到 35 dB(A),如果 50 dB(A)的噪声在夜晚响起,响度大约是背景噪声的 2～3 倍。这表明噪声比标准过于宽松,因此,管理当局把夜晚的标准规定降为 40 dB(A)。

在商业与居住混合的区域,制定严格的标准不太现实,这些区域的噪声状况白天普遍超过噪声标准,晚上又低于标准规定。经过研究,原来规定的居住占总面积 25％就应该实行居住区的声环境标准,改为居住区达到 50％执行居住区噪声标准,否则按照混合区域执行。

商业区的 L10 比规定的要高出很多,但是 L50 却比规定低,因此,管理当局做出相应调整,建议分时段进行噪声管理。

9.3　城市噪声污染风险识别、分析、评估与预警

9.3.1　噪声风险识别

1. 交通运输噪声

交通运输噪声是机动车辆、铁路机车、船舶、航空器等交通运输工具在运行时所产生的干扰

---

① Ln 表示累计百分声级,如 L10，L50，L90。

② LAeq,等效连续 A 声级是指在规定的时间内,某一连续稳态声的 A 计权声压,具有与时变的噪声相同的均方 A 计权声压。

③ 昼夜等效声级(Ldn),也称日夜平均声级,符号"Ldn"。用来表达社会噪声昼夜间的变化情况。

周围生活环境的声音,主要包括道路交通噪声、轨道交通噪声、船舶噪声和航空噪声,道路交通噪声是各种机动车辆所产生的道路整体噪声。轨道交通包括常规铁路、地铁、轻轨以及最新发展的磁悬浮列车等,轨道交通噪声指铁路、地铁、轻轨、磁悬浮列车等噪声,也包括车厢内噪声、车站内噪声和路边噪声。航空噪声通常指航空器在机场及其附近活动(起飞、降落、滑行、试车等)时产生的噪声。船舶噪声包括船舶动力机械噪声(主机噪声、螺旋桨噪声、水动力噪声)和船舶辅助机械噪声(泵噪声、风机噪声等)。

1)道路交通噪声

2016 年,全国共有 320 个地级以上城市开展道路交通噪声昼间监测,全国城市昼间道路交通噪声平均值为 66.8 dB(A)[127]。

影响道路交通噪声的主要因素:一是车流量、行驶速度和车种;二是道路坡度、车辆加速和减速情况等。如图 9-7 所示是不同车流量时的道路交通噪声特性曲线,横坐标为 A 声级,纵坐标为超过某一声级的累计时间百分比。

在车流量相同时,重型载重车及大型公共汽车在车流量中所占的比例愈大,则道路交通噪声愈高。表 9-1 列出了不同路面坡度,载重汽车所占比例不同时的噪声值。

表 9-1　　　　　　　　　　　路面坡度与车型对道路交通噪声的影响

路面坡度/%	5								7							
车流量/(辆·时⁻¹)	1 000				4 000				1 000				4 000			
载重车比例/%	0	25	50	100	0	25	50	100	0	25	50	100	0	25	50	100
等效声级/dB(A)	67	68.8	70	72	72.5	74.3	75.6	76.7	67.3	72.7	75	77.5	73.3	78.8	81	83.5

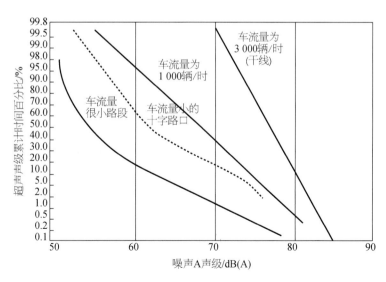

图 9-7　不同车流量的交通噪声特性

2）轨道交通噪声

铁路、地铁、轻轨等轮轨型交通噪声主要噪声源：

① 车轮与钢轨接触振动产生的轮轨噪声；

② 由受电弓滑板产生的滑动噪声、滑板瞬时滑脱接触导线的瞬态放电噪声以及受电弓的空气动力学噪声三部分组成的集电系统噪声；

③ 列车高速移动，压力在非恒定的气流中发生变化而产生的空气动力噪声；

④ 由于列车运动使建筑结构如桥梁、声屏障等振动产生的结构振动噪声。

研究表明，一般列车速度在 240 km/h 以下时，轮轨噪声对沿路线环境的影响较大；列车速度超过 240 km/h 时，空气动力噪声和集电系统噪声增大，与轮轨噪声共同成为主要噪声源（图 9-8）。

上海地铁噪声情况如表 9-2 所示。

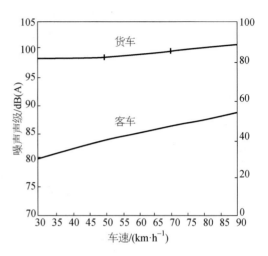

图 9-8　各类轨交车辆轮轨噪声与车速的关系

表 9-2　　　　　　　　　　上海地铁噪声情况

速度和工况	噪声级测量值/dB(A)
背景噪声	56～61
进站、出站	82～84
制动	93～95
停战	75
通过(60 km/h)	90～92

磁悬浮列车的工作原理与一般的轮轨列车不同，其噪声源也有很大的区别。由于与导轨没有直接接触，因此对于低速运行的磁悬浮列车，辐射的声级较低，其噪声问题并不突出，可以认为是"安静的列车"，对环境没有严重影响。但在速度很高(＞200 km/h)时，磁悬浮列车在噪声方面与轮轨高速列车相比优越性减弱。此时，磁悬浮列车的噪声将对周围环境造成相当大的影响。有数据表明，德国磁悬浮列车 TraspsridTR07 试验车（两节车厢）在其达到最高速度时，距离测试段轨道中心 25 m，3 m 高处噪声级接近 100 dB(A)。

3）船舶噪声

船舶及其周围的水中有多种振动源，因此各类船舶通常都存在噪声和振动问题。船舶环境，尤其在机舱环境里存在较为严重的噪声污染问题，对船员的健康、生活、休息和工作都存在很大的影响，甚至会产生心理和生理上的疾病，过强的噪声还会使船上的一些精密仪器设备工作不正常,精度降低,使用寿命缩短。

船舶在城市航道中运行时,对航道周边居民区产生噪声影响,主要是鸣笛噪声,噪声值达到110 dB(A)。

4)航空噪声

航空噪声是指航空器在空中、机场及其附近起飞、降落、滑行、试车等时产生的噪声。对于城市声环境风险来说,主要是机场飞机噪声影响机场周边居民区。

到 2020 年,我国飞机噪声大于 85 dB(A)时影响人口数约 2.07 万人,在 80～80 dB(A)时的影响人口数约 22.2 万人,在 75～80 dB(A)时影响的人口数约 54 万人,在 70～75 dB(A)时的影响人口数约 101 万人。

机场噪声是多个突发性短暂噪声,对于居民而言,机场噪声直接影响睡眠,妨碍交谈,干扰思考,使人厌烦等。经常性的扰眠或者唤醒也对居民的生理心理产生伤害,影响日常工作和生活。

一般来说,在飞机起飞时,风扇和喷流噪声是主要噪声源,而在飞机处于进场状态时,由于喷流的速度明显地降低,机体噪声也可能会超越风扇噪声成为主要声源。对于不同类型的飞机,声源在飞机总噪声中所占的比例是不同的,如涡轮风扇飞机中的风扇噪声是该类型飞机中的最主要声源之一,螺旋桨噪声是螺旋桨飞机的主要噪声源,气体喷射、喷流噪声是喷气式飞机的主要噪声源。尽管这里给出了几种类型飞机的主要噪声源,但在飞机处于不同飞行状态时,各类飞机的主要噪声源会有所变化,即原来的主要噪声源在某一飞行状态或时刻变为次要噪声源,而原来的次要噪声源变为主要噪声源。

2. 工业噪声

工业噪声涉及机械性噪声(由于机械的撞击、摩擦、固体的振动和转动而产生的噪声),如纺织机、球磨机、电锯、机床、碎石机启动时所发出的声音、空气动力噪声(这是由于空气振动而产生的噪声,如通风机、空气压缩机、喷射器、汽笛、锅炉排放气等产生的声音)、电磁性噪声(由于电机中交变力相互作用而产生的噪声,如发电机、变压器等发出的声音)等。

影响工人健康、严重污染环境的十大工业噪声源是风机、空压机、电机、柴油机、织机、冲床、圆锯机、球磨机、高压放空排气以及凿岩机。

对于城市生态环境声环境风险,工业噪声的影响体现在两个方面:一是工业企业厂界噪声排放,影响周边声环境;二是危害工人健康。

风机噪声的声压级,不仅与其风机的结构形式有关,而且还同其工作状态(由全压和风量决定)有关。不同系列、不同型号的风机,其声级是不一样的。同一风机,在不同工况下,其声级也是不同的。

空压机的噪声是由气流噪声(主要通过进、排气口向外辐射)、机械运动部件撞击、摩擦产生的机械性噪声以及包括电动机或柴油机所产生的噪声组成。一般移动式空压机(排量 6 m³/min),离机组 1 m 远,噪声平均值 100 dB(A)。

电机(包括发电机和电动机)是工农业生产中量大面广的动力设备,据调查,目前国产的中小型电机噪声多在 90～100 dB(A)，大型电机噪声均超过 100 dB(A)，声能分布在 125～500 Hz，个别出现在 1 000 Hz。其噪声特性为低、中频(图 9-9)。

图 9-9　各类工业噪声

3. 建筑施工噪声

根据建筑噪声特点[128]，根据噪声源的运动(固定噪声源和移动噪声源)和辐射时间特性(稳定噪声源和非稳定噪声源)情况，施工噪声分为五个阶段。

1) 拆除施工阶段

拆除施工阶段主要噪声源是挖掘机锤、风镐、电锤等。

2) 土石方施工阶段

建筑施工土石方阶段主要噪声源是推土机、挖掘机、装载机、运输车辆等，其声功率级的范围是 100～120 dB(A)，70％的声功率级集中在 100～110 dB(A)，噪声源没有明显指向性。这类施工机械绝大部分是移动式噪声源，有些噪声源移动范围较大，如各种运输车辆噪声。有些噪声源移动范围较小，如推土机、挖掘机等。

3) 基础施工阶段

基础施工阶段的主要噪声源是各种打桩机、吊车、打井机、风镐、移动式空压机等。这些噪声源基本上是一些固定噪声源，其中打桩机是基础施工阶段最典型、最大的噪声源。打桩机的声功率级为 125～135 dB(A)，导轨式打桩机噪声较小，其声功率级为 116～118 dB(A)。打桩机噪声为周期性脉冲噪声且有明显的指向特性，背向排气口的一侧噪声可以比最大值低 4～9 dB(A)；打桩机噪声与土层结构也有关系。风镐、吊车、平地机等设备为次要噪声源，其声功率级为 100～110 dB(A)。

4) 结构施工阶段

结构施工阶段是建筑施工中周期比较长的阶段，使用的设备品种较多，此阶段是重点控制噪声的阶段。主要噪声源包括各种运输设备、汽车吊车、塔式吊车、施工电梯、混凝土搅拌机、振动器、电锯、电刨、砂轮机等机械噪声及某些撞击噪声。结构施工阶段最主要的噪声源是振动器，这种噪声源工作时间较长，影响面较广，应是控制的重点。振动器的声功率级为 98～102 dB(A)，混凝土搅拌机的声功率级为 95～100 dB(A)，其他一些辅助设备有些声功率级较低，有些工作时间很短。对于一些用商品混凝土的工地，混凝土运输车辆也是重要噪声源之一。

5）装饰施工阶段

装饰施工阶段噪声源数量较少,其主要噪声源包括砂轮机、电锤、电钻、切割机、卷扬机、电锯、电刨等,大多数声功率级较低,一般为 90 dB(A)左右,即使有些噪声源声功率较高,但使用时间也较短,有些设备还在房间内部使用。但是因为装修过程中同建筑中有居民入住情况,因此对同一栋建筑影响较大。

4. 社会生活噪声

社会生活噪声是指人为活动产生的除工业噪声、交通噪声和建筑施工噪声之外干扰周围生活环境的声响。在《社会生活环境噪声排放标准》(GB 22337—2008)中社会生活噪声专指营业性文化娱乐场所和商业经营活动中使用的设备、设施所产生的噪声。在商业活动发达的现代化城市,产生社会生活噪声的行为普遍存在,形式多样,社会生活噪声污染占城市环境噪声污染一半以上,是干扰生活环境的主要噪声污染源,成为城市居民关注的环境热点、难点问题。

一般而言,产生社会生活噪声的行为大致有以下几种:一是经营性的文化娱乐场所(迪厅、夜总会、演唱会等)产生噪声,如商业经营活动中使用发电机、冷却塔、热泵机组、水泵等固定高噪声设备;二是在商业活动中使用高噪声设备(高音喇叭广播等)招揽顾客或个人,使用高音喇叭、广播宣传等;三是在公共场所组织娱乐、集会使用高音响器材,如广场舞音响;四是室内娱乐、室内装修而未有效控制音量;五是其他个人、单位社会活动(除工业生产、建筑施工、交通运输)产生的噪声、宠物叫声、家庭内部或邻里之间的吵架声等。

9.3.2 噪声风险分析

1. 交通运输噪声的风险分析

交通运输噪声主要来源于交通运输车辆行驶通过时产生的噪声,可分为两类。

第一类司机鸣笛噪声属于人为噪声,主要产生于后车司机提醒前车司机或行人的警示喇叭,尤其是司机提醒随意穿马路的行人、占用机动车道的非机动车或前车司机随意变道、加塞等,是司机与周围行驶人员的一种沟通方式。国家法规对汽车鸣笛警示音有频率和幅值的规定,擅自改装机动车鸣笛装置属于违规行为。乱鸣笛属于"路怒症"的表现,可以通过法规来约束驾驶员的行为减少鸣笛声对环境的影响。如自 2017 年 3 月 25 日起施行的新版《上海市道路交通管理条例》规定禁止在上海市外环线以内以及公安机关规定的其他区域和路段鸣喇叭[129]。对于违规鸣笛的抓拍执法技术也有了长足的进步,声呐系统的应用,让鸣笛的精准定位得以实现,如图 9-11 所示。对鸣笛抓拍系统的主要性能指标进行测试,包括抓拍率和准确率,抓拍率和准确率均达到 95% 以上。鸣笛抓拍系统已经通过公安部检验,具有鸣笛抓拍功能,能够正确区分鸣笛车辆和非鸣笛车辆,声音云图叠加正确,可以作为车辆违章鸣笛行为的证据。从长远发展来看,随着汽车智能驾驶和汽车物联网的发展,未来交通组织方式的智能化将大大降低鸣笛警示这一环境噪声污染,在不久的将来,城市道路中将不再需要通过鸣笛来进行沟通了。

第二类车辆行驶时的车外噪声,成因与汽车的发动机噪声、进排气噪声、轮胎噪声、车身共振噪声和风噪声有关,汽车在行驶过程中属于移动的振动源,不同车型、不同时速的噪声也各不相同。发动机噪声与其排量和转速有关,进排气噪声与其排量、转速和排气消声器有关,轮胎噪声与轮胎花纹、路面状况有关。《汽车加速行驶车外噪声限值及测量方法》(GB 1495—2002)对汽车出厂前的车外噪声进行限制,不合格的汽车,将不予发放合格证,不允许对外销售。其测量方法如图 9-10 所示。

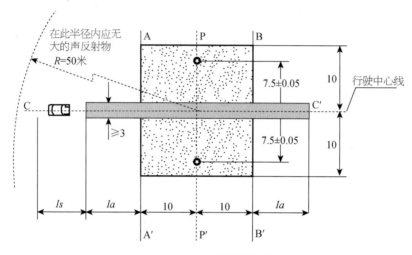

图 9-10 车外噪声测量方法

GB 1495—2002 规定了第一阶段(2002 年 10 月 1 日至 2004 年 12 月 30 日)和第二阶段(2005 年 1 月 1 日至今)生产的汽车车外噪声限值,如表 9-3 所示。

随着汽车 NVH 技术的长足发展,GB 1495—2002 规定的汽车车外噪声限值明显已经落后,因此,关于第三阶段自 2020 年 7 月 1 日起所有销售和注册登记的汽车和第四阶段自 2023 年 7 月 1 日起所有销售和注册登记的汽车的车外噪声限值标准已进入征求意见阶段,如表 9-4 所示。

法规限制了单辆车的车外噪声。当道路上车流量大时,叠加噪声值将大大超出《声环境质量标准》(GB 3096—2008)的标准要求,现有的防治措施主要有:在道路沿线安装道路声屏障或在噪声敏感区域建筑安装通风隔声窗。

安装道路声屏障:在声源和接收者间插入一个设施,使声波传播有一个显著的附加衰减,从而减弱接收者所在一定区域内的噪声影响,这样的设施称为声屏障(图 9-11)。

通风隔声窗:相比于传统隔声窗,在隔声的同时,室外新鲜空气可以从设计的流道进入室内,而噪声则被隔绝在室外(图 9-12)。上海中环高架沿线和中春路高架沿线均已成功批量安装各类通风隔声窗,取得良好的社会效益,如图 9-13 所示。

图 9-11 各类声屏障措施

表 9-3 汽车加速行驶车外噪声限值

汽车分类	噪声限值/dB(A)	
	第一阶段	第二阶段
	2002.10.1—2004.12.30 期间生产的汽车	2005.1.1 以后生产的汽车
M_1	77	74
M_2(GVM≤3.5 t),或 N_1(GVM≤3.5 t):		
GVM≤2 t	78	76
2 t<GVM≤3.5 t	79	77
M_2(3.5 t<GVM≤5 t),或 M_2(GVM>5 t):		
P<150 kW	82	80
P≥150 kW	85	83
N_2(3.5 t<GVM≤12 t),或 N_3(GVM>12 t):		
P<75 kW	83	81
74 kW≤P<150 kW	86	83
P≥150 kW	88	84

说明:

(1) M_1,M_2(GVM≤3.5 t)和 N_1 类汽车装用直喷式柴油机时,其限值增加 1 dB(A)。

(2) 对于越野汽车,其 GVM>2 t 时:

如果 P<150 kW,其限值增加 1 dB(A);

如果 P≥150 kW,其限值增加 2 dB(A)。

(3) M_1 类汽车,若其变速器前进挡多于四个,P>140 kW,P/GVM 之比大于 75 kW/t,并且用第三挡测试时其尾端出线的速度大于 61 km/h,则其限值增加 1 dB(A)。

注: 汽车加速行驶时 其 车外最大噪声级不应超过表中规定的限值。

表中符号的意义如下: GVM— 最大总质量(t) P-发 动机额定功率(kW)

表 9-4 汽车加速行驶车外噪声限值

汽车分类		噪声限值/dB(A)	
		第三阶段	第四阶段
M₁	GVM≤2 500 kg$^{a), b)}$	72	71
	GVM>2 500 kg$^{c), d)}$	73	72
M₂$^{f)}$	GVM≤3 500 kg	74	73
	GVM>3 500 kg	76	75
M₃$^{f)}$	GVM≤7 500 kg	78	77
	7 500 kg<GVM≤12 000 kg	80	79
	GVM>1 200 kg	81	80
N₁$^{e)}$	GVM≤2 500 kg	73	72
	GVM>2 500 kg	74	73
N₂$^{f)}$	GVM≤7 500 kg	74	73
	GVM>7 500 kg	79	78
N₃$^{f)}$	GVM≤17 000 kg	81	80
	GVM>17 000 kg$^{g)}$	82	81

注 对特殊车型的限值宽松说明,详见以下 a)~g 条款可叠加)。

a)GVM≤2 500 kg 的 M₁ 类车型:如属于越野车(G 类)或采用中置(后置)发动机且后轴参与驱动时,其限值增加 1 dB(A);其中,采用中置发动机仅后轴驱动的车型如果其驾驶员座椅 R 点离地高度≥800 mm其限值再增加 1 dB(A)。

b)GVM≤2 500 kg 的 M₁ 类车型:如 PMR>120 kW/t,其限值增加 1 dB(A);其中,如 PMR>160 kW/t,其限值再增加 2 dB(A)。

c)GVM>2 500 kg 的 M₁ 类车型:如属于越野车(G 类),或其驾驶员座椅 R 点离地高度≥850 mm,其限值增加 1 dB(A)。

d)GVM>2 500 kg 的 M₁ 类车型如 PMR>160 kW/t其限值增加 2 dB(A)。

e)N₁ 类车型如属于越野车(G 类)或噪声测量时后轴参与驱动,其限值增加 1 dB(A)。

f)M₂,M₃,N₂,N₃ 类车型:如噪声测量时采用多于两轴行驶其限值增加 1 dB(A);如噪声测量时采用多轴驱动其限值再增加 1 dB(A)。

g)GVM>17 000 kg 的 N₃ 类车型:如属于越野车 G 类)其限值增加 1 dB(A)。

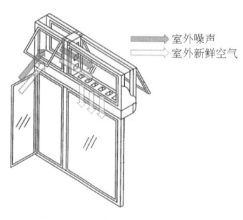

图 9-12 通风隔声窗原理

图 9-13 各类通风隔声窗措施

2. 工业噪声的风险分析

常见的工业噪声源有如下几类:

1) 振动盘、振动筛等工业上料设备噪声

上料设备在劳动密集型加工制造企业使用非常普遍,噪声值在 90~100 dB(A),经常位于员工操作岗位附近,对点检、维修、散热等要求较高,一般采用全封闭或半封闭式隔声罩,可有效降低 15~20 dB 的设备噪声,如隔声罩对工作效率影响过大,也可以采用隔声帘,可有效降低 10~15 dB 的设备噪声(图 9-14)。

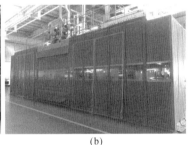

(a)   (b)

图 9-14 上料设备噪声及降噪措施

2) 吹扫噪声

压缩气体是工业上最为常用的公用动力,在加工制造型企业中用来吹扫和清洁零件,噪声值在 95~105 dB(A),由于部分喷枪是由工人直接操作,工人直接暴露在高分贝的噪声环境下。吹扫噪声主要是气动噪声,频率较高,可以采用的治理手段有采用低噪声吹扫枪和设置消声吹扫箱(图 9-15)。

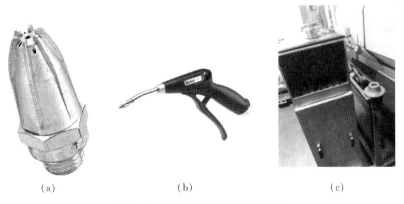

(a)   (b)   (c)

图 9-15 吹扫设备噪声及降噪措施

3）电机、风机、泵等动力设备

动力设备在生产线的各个环节均有出现,噪声值在 80～110 dB(A),经常位于员工操作岗位附近,对点检、维修、散热等要求较高,一般采用全封闭或半封闭式隔声罩将噪声源隔绝在隔声罩内,可有效降低 15～30 dB 的设备噪声(图 9-16)。

图 9-16　动力设备噪声及降噪措施

4）冷却塔、冷水热泵机组等暖通空调设备

冷却塔、冷水热泵机组等暖通空调设备多位于室外,对环境噪声影响较大,一般声源强度 80～100 dB(A),对通风要求比较高,噪声治理措施不能影响设备本身的通风需求,多采用通风隔声罩或声屏障加出风消声百叶,可有效降低 15～20 dB 设备噪声,如图 9-17 所示。

（a）　　　　　　　　　　　　　（b）

图 9-17　暖通设备噪声及降噪措施

对冷却塔降噪问题,现有一种低噪声风叶技术,可以采用大角度、低转速的风叶,降低风机的转速,加大风叶的宽度,然后减小风叶的叶片与风筒间的尖端间隙,从而提高风叶的效率,增加冷却塔的性能,如图 9-18 所示。

5）管道噪声

由管道内流动介质冲击管道壁面引起的噪声在管道弯头、三通、阀门处噪声尤为突出,有的管道架空高度较高,可视为线声源,衰减慢,辐射广,在化工企业最为严重。管道噪声与管内流动介

图9-18　冷却塔设备采用低噪声风叶技术

质种类、介质流速、流量、壁厚相关,管道内如果是高速气体,其噪声为80～90 dB(A),管道内如果是高速液体,其噪声为80～100 dB(A),管道内如果是高速粒子,其噪声为90～110 dB(A),在管道弯头、三通、阀门处噪声将提高3～5 dB。管道噪声的治理方法主要是采用涂抹阻尼涂层和管道隔声包扎,对于壁厚较薄的风管,管壁在气流的鼓动下容易产生共振,涂抹阻尼涂层可以有效降低管壁的共振,对于管壁较厚的高度气体管道、液体管道和粒子传输管道,有效的方法是采用复合隔声包扎,在贴近管道处包裹离心玻璃棉或聚氨酯泡沫吸声材料,外侧再包裹橡胶隔声卷材或铝板,隔声包扎的降噪量为10～20 dB(图9-19)。

图9-19　管道噪声及降噪措施

3. 建筑施工噪声的风险分析

在建筑施工现场,随着工程的进度和施工工序的更替而采用不同的施工机械和施工方法。例如,在基础工程中,有土方爆破、挖掘沟道、平整和清理场地、打夯、打桩等作业;在主体工程中,有立钢骨架或钢筋混凝土骨架、吊装构件、搅拌和浇捣混凝土等作业;在施工现场,有自始至终频繁进行的材料和构件的运输活动;此外还有各种敲打、撞击、旧建筑的倒坍、人的呼喊等。因此噪声源是多种多样的,而且经常变换。由于施工机械多是露天作业,四周无遮挡,部分机械需要经常移动,起吊和安装工作需要高空作业,所以建筑施工中的某些噪声具有突发性、冲击性、不连续性等特点,特别容易引起人们的烦恼。某些施工机械的噪声随时间变动的起伏波形。防治建筑施工噪声污染的各项措施如下:

(1) 人为噪声的控制施工现场提倡文明施工,建立健全控制人为噪声的管理制度。尽量减少人为大声喧哗,增强全体施工人员防噪声扰民的自觉意识。

(2) 强噪声作业时间的控制凡在居民稠密区进行强噪声作业的,严格控制作业时间,晚间作业不超过22时,早晨作业不早于6时,特殊情况需连续作业(或夜间作业)的,应尽量采取降噪措施,事先做好周围群众的工作,并报有关主管部门备案后方可施工。

(3) 强噪声机械的降噪措施:①牵扯到产生强噪声的成品、半成品加工、制作作业(如预制构件,木门窗制作等),应尽量放在工厂、车间完成,减少因施工现场加工制作产生的噪声。②尽量选用低噪声或备有消声降噪声设备的施工机械。施工现场的强噪声机械(如搅拌机、电锯、电刨、砂轮机等)要设置封闭的机械棚,以减少强噪声的扩散。

(4)加强施工现场的噪声监测:加强施工现场环境噪声的长期监测,采取专人管理的原则,根据测量结果填写建筑施工场地噪声测量记录表,凡超过《施工场界噪声限值》标准的,要及时对施工现场噪声超标的有关因素进行调整,达到施工噪声不扰民的目的。

(5)设置声屏障围挡:必要时,在施工场地四周设置声屏障围挡,可以部分隔离噪声,确保临近工地的噪声敏感建筑的噪声等级不超标(图9-20)。

图9-20 施工场界降噪措施

4. 社会生活噪声的风险分析

社会生活噪声包含的范围相当广泛[130],在当代越来越严重。在人口稠密的城市里,在活动范围狭小的空间里,所有能够产生声响的活动如果不注意控制音量,不管时间和地点都有可能成为影响他人的社会生活噪声污染源。为了使人们树立起防范社会生活噪声污染的意识,了解噪声污染的危害是必要的。

社会生活噪声超过国家规定的噪声排放标准,并干扰他人正常生活、工作和学习的现象为社会生活噪声污染。因此,构成噪声污染的条件有两个:一是超标排放的客观现实因素,二是影响居民正常生活的心理感知因素。对于前者的把握在于排放标准和监测数值的硬性对比,而对于后者,则因为噪声污染的特点和受害者当时的心境,难以界定。

概括起来,噪声对人体的影响和危害是多方面的:强烈的噪声可引起耳聋、诱发各种疾病甚至导致猝死等;影响人们的休息和工作,造成睡眠障碍、降低生产效率、影响设备的正常工作甚至破坏设备构件等;吵闹的环境噪声还会干扰人类的思维,增加学习困难程度、造成烦恼和较高的精神压力等。

尤其是娱乐噪声,严重干扰睡眠休息,使人烦恼激动、易怒,甚至失去理智。最近发生的向广场舞者泼粪、鸣枪驱赶等矛盾冲突,就是有力的证据。

噪声污染与水、气、固体等物质的污染相比,与人的主观意愿及生活状态有关,在污染有无及程度上与人的主观评价关系密切。另外,噪声污染具有无污染物存在、不产生能量积累、瞬时性强、时间有限、传播不远、振动源停止振动噪声消失、治理难度大等特点。因此,也是局限性和分散性公害,具有能量性、波动性、避难性及其危害的潜伏性。

防止社会生活噪声的措施如下所示。

(1)合理布局规划,建立市区监控平台规划和建设布局对环境噪声防治具有重要作用,可以从源头上防治噪声敏感建筑物集中区域噪声污染。加强防治社会生活噪声污染全过程管理,从产生、传播到接收三方面来考虑规划布局,超前实施建设决策。按照城市发展的趋势,大胆规划、合理规划,优化交通道路规划,使居民区远离城市主要交通干线周围,将居民区与商业区、娱乐区分开,单独规划建设,这样既可以使城市居民免受噪声的干扰,又可以在工作之余享受购物和娱乐休闲,从根本上解决问题。此外,构建完善的社会商业交往虚拟平台,提高社会运行效率,减少社会生活噪声的产生。进行降噪规划,制定降噪目标,建立噪声达标区。加强大城市噪声集中监控平台建设,动态监控市区社会生活噪声污染状况,建立信息化管理系统。利用网站、微博等及时反馈公众对社会生活噪声污染状况的承受能力等信息。

(2) 建立街区防控网,强化市民意识,宣教建立城市社会生活噪声分布动态信息管控平台,让群众能够时刻了解噪声现状。建立城市社会生活噪声分布模型,提供决策。政府关注民众生理、心理健康,建立和谐社区邻里关系,减少夜间活动。加强环境教育,提高公众的环境意识,采用具体行动,持之以恒地开展宣传教育活动。通过广播、电视、宣传媒体、网络等方式宣传教育并设立噪声污染防治宣传日,宣传噪声污染的严重性,倡导民众保护环境。提高广大人民的素质,普及社会噪声控制教育,提升人群环保意识。号召市民从自己做起,在公众场所不大声喧哗,即使在家中也不应制造噪声,以免影响邻居,既符合礼仪,又顺应构建和谐社会的潮流,形成一个为创造良好声学环境,人人做贡献的氛围,从而在根本上解决噪声污染的问题。此外,加强个人心理、生理承受力训练,使群众在噪声情况下承受能力加强,防止部分噪声问题。标注家用电器噪声量,人们在购买时考虑噪声因素。

(3) 完善法律法规,加强执法监督管理及时开展环保法规、政策听证会,让环保法规政策更有利地服务生态环境。完善法律法规及相关的政策和规定,无隔音、防振动设施或设施不完备,达不到标准的,坚决予以取缔。国家应授权环保部门将是否在技术上控制声源和噪声传播作为娱乐和商业场所营业准入的主要标准。各地政府应建立市民休闲娱乐的标准化场所,制定相应的标准。制定合理的物业管理法规中噪声控制标准,例如设备安装运行标准、装修管理标准、建筑施工标准等。实行排污收费手段,制定完善奖罚制。建立完善的举报监督制度,对举报人员可进行奖励。同时监管执法部门应严格执法,对于排污超标的企业或个人进行处罚。加强执法人员配备、培训,让执法人员在执法时能正确界定噪声,及时解决问题。完善执法人员奖罚制度。

(4) 促进技术进步,提高减振降噪效果首先应从技术上积极控制声源和噪声传播,例如设计能将声能转化为其他能量加以利用的声能转化设备,设计研究新型降噪材料。在社会活动场所周围设置噪声传播干扰设备,调制噪声频幅转变为悦耳声音。进行家用电器、厨卫设施等家用设备的降噪设计,安装消声装置,改变易发出声响的家用电器材质,减少振动从而减弱噪声。开发设计实用的个体防护装备,从接收者方面来阻隔噪声。政府应建立鼓励推广降噪设备使用的补贴制度。环保部门应要求娱乐和商业场所业主对产生噪声源的音响设备进行结构优化设计与制造,减小噪声源。从控制传播途径来说,可要求业主在娱乐和商业场所装修时采用"隔声"或"吸声"材料,阻隔噪声向室外传播。同时在马路和住宅之间设立屏障或种树、种草植绿化带来阻隔噪声传播途径。同时通过改造家里的门、窗和墙壁以及吊,安装吸音板等减少噪声。

9.3.3 评估及预警

1. 风险评估

1) 评估依据

根据《中华人民共和国环境噪声污染防治法》,噪声污染是指所产生的环境噪声超过国家规定的环境噪声排放标准,并干扰他人正常生活、工作和学习的现象。可见,为了评估噪声污染,需要合理的评估依据。针对不同的应用领域、噪声类型、使用目的等,我国颁布了一系列噪声相关的法律法规、标准规范,在解决日常工作、生活中由于噪声在引起的各类矛盾中起了积极的作用,也是评价和检验噪声控制工程实际效果最有力的依据。

(1)《中华人民共和国环境噪声污染防治法》

《中华人民共和国环境噪声污染防治法》规定:任何单位和个人都有保护声环境的义务,并有权对造成环境噪声污染的单位和个人进行检举和控告;城市规划部门在确定建设布局时,应当依据国家声环境质量标准和民用建筑隔声设计规范,合理划定建筑物与交通干线的防噪声距离,并提出相应的规划设计要求;建设项目可能产生环境噪声污染的,建设单位必须提出环境影响报告书,规定环境噪声污染的防治措施,并按照国家规定的程序报环境保护行政主管部门批准;建设项目的环境噪声污染防治设施必须与主体工程同时设计、同时施工、同时投产使用;在投入生产或者使用之前必须验收,产生环境噪声污染的单位,应当采取措施进行治理。

(2) 环境噪声标准

在我国环境保护类标准中,有质量标准和排放标准之分。质量标准是为了保障人群健康、维护生态环境和保障社会物质财富,并考虑技术、经济条件,对环境中有害物质和因素所做的限制性规定。国家环境质量标准是一定时期内衡量环境优劣程度的标准,是衡量环境是否受到污染的尺度,是环境规划、环境管理和制订污染物排放标准的依据。排放标准是根据国家环境质量标准,以及适用的污染控制技术,并考虑经济承受能力,对排入环境的有害物质和产生污染的各种因素所做的限制性规定;其目的是通过控制污染源排污量的途径实现环境质量标准或环境目标,是对污染源控制的标准。

《声环境质量标准》(GB 3096—2008)。该标准是我国环境保护工作领域最重要的标准之一,是判断噪声事件(飞机噪声除外)是否违反相关环境法律法规的重要依据,除飞机噪声事件以外,有关噪声的管理、评价、规划、监测、控制治理等都应该参考和符合该标准的相关规定。因此,它也是噪声控制工程中非常重要的一个参考标准,它所规定的环境噪声限值,往往是一个与环境相关的噪声控制工程的底线(表9-5)。

表 9-5　　　　　　　　　　　　　　　　　环境噪声限值　　　　　　　　　　　　单位:dB(A)

声功能区类别		标准限值/dB(A)	
		昼间	夜间
0		50	40
1		55	45
2		60	50
3		65	55
4	4a	70	55
	4b	70	6

注: 按区域的使用功能特点和环境质量要求,声 环境功能区分为五种类型。

0 类声环境功能区 指 康复疗养区等特别需要安静的区域。

1 类声环境功能区 指 以居民住宅医 疗卫生文 化教育科 研设计行 政办公为主要功能,需 要保持安静的区域。

2 类声环境功能区 指 以商业金融、集市贸易为主要功能或 者居住,商 业工 业混杂,需 要维护住宅安静的区域。

3 类声环境功能区 指 以工业生产,仓 储物流为主要功能,需 要防止工业噪声对周围环境产生严重影响的区域。

4 类声环境功能区: 指交通干线两侧一定距离之内,需要防止交通噪声对周围环境产生严重影响的区域,包括 4a 类和 4b 类两种类型。 4a 类为高速公路、一 级公路、二级公路城 市快速路城 市主干路城 市次干路、城市轨道交通(地面段) 内河航道两侧区域;4b 类为铁路干线两侧区域。

《机场周围飞机噪声环境标准》(GB 9660—1988)。该标准规定了机场周围飞机噪声的环境标准(表 9-6)。

表 9-6　　　　　　　　　　　　　　飞机噪声环境标准限值

适用区域	标准值/dB(A)
一类区域	≤70
二类区域	≤75

注: 一类区域:特殊住宅区,居民、文教区;二类区域:除一类区域外的生活区。

《工业企业厂界环境噪声排放标准》(GB 12348—2008)。该标准规定了工业企业和固定设备厂界环境噪声排放限值及其测量方法(表 9-7)。

表 9-7　　　　　　　　　　　　工业企业厂界环境噪声排放限值

厂界外声功能区类别	标准限值/dB(A)	
	昼间	夜间
0	50	40
1	55	45
2	60	50
3	65	55
4	70	55

注: 夜间频发噪声的最大声级超过限值的幅度不得高于 10 dB(A)。

夜间偶发噪声的最大声级超过限值的幅度不得高于 15 dB(A)。

《社会生活环境噪声排放标准》(GB 22337—2008)。该标准规定了营业性文化娱乐场所和商业经营活动中可能产生环境噪声污染的设备、设施边界噪声排放限值和测量方法(表9-8)。

表9-8　　　　　　　　　　社会生活噪声排放源边界噪声排放限值

边界外声功能区类别	标准限值/dB(A)	
	昼间	夜间
0	50	40
1	55	45
2	60	50
3	65	55
4	70	55

(5)《建筑施工场界环境噪声排放标准》(GB 12523—2011)。该标准规定了建筑施工场界环境噪声排放限值及测量方法(表9-9)。

表9-9　　　　　　　　　　建筑施工场界环境噪声排放限值　　　　　　　　单位:dB(A)

昼间	夜间
70	55

注:夜间噪声最大声级超过限值的幅度不得高于15 dB(A)。

当场界距噪声敏感建筑物较近,其室外不满足测量条件时,可在噪声敏感建筑物室内测量,并将表中相应的限值减10 dB(A)作为评价依据。

(3)职业健康标准

《工作场所有害因素职业接触限值第2部分:物理因素》(GBZ 2.2—2007)。该标准规定了工作场所噪声的职业接触限值(表9-10)。

表9-10　　　　　　　　　　工作场所噪声职业接触限值

接触时间	接触限值/dB(A)	备注
5 d/w,=8 h/d	85	非稳态噪声计算8 h等效声级
5 d/w,≠8 h/d	85	计算8 h等效声级
≠5 d/w	85	计算40 h等效声级

《工业企业噪声控制设计规范》(GB/T 50087—2013),各类噪声限值如表9-11所示。

2)风险评估

根据多年的科学研究结论,噪声危害健康,它可以使人听力衰退,引起多种疾病,同时,还影响人们正常的工作与生活,降低劳动生产率,甚至掩蔽声音预警信号,引发事故。

表 9-11　　　　　　　　　　　　　　各类工作场所噪声限值

工作场所	噪声限值/dB(A)
生产车间	85
车间内值班室、观察室、休息室、办公室、实验室、设计室内背景噪声级	70
正常工作状态下精密装配线、精密加工车间、计算机房	70
主控室、集中控制室、通信室、电话总机室、消防值班室，一般办公室、会议室、设计室、实验室室内背景噪声级	60
医务室、教室、值班宿舍室内背景噪声级	55

(1) 噪声使人烦恼。噪声的声压级、频谱、持续时间等千变万化，不同人(年龄、工作、男女、精神状态等)对噪声的敏感性也千差万别，噪声问题会引发纠纷。法规规范中规定的噪声评价及限值是裁决噪声性质的法律依据，超过标准的噪声会令大多数人感到烦躁。满足标准的噪声是法律许可的，但是，并不代表不会引起任何烦躁。

对于声音烦恼度问题，很大程度上因人而异。就某些特定人群而言，只要噪声超过一定的标准，都会引起烦躁。没有确定的指标能够准确地衡量某个人烦躁度的大小，烦躁的程度只能从当事人对噪声事件的行为反应中观察到。

就单个人来讲，对噪声烦躁度的行为反应程度从轻到重可分为无噪声意识、不舒适但尚无抱怨、明显不舒适有抱怨但尚可忍耐、严重不舒适而忍无可忍。就群体而言，例如，大范围的城市居民或工矿企业的职工，对噪声的抱怨人数比例反映了烦躁度的群体可接受程度，由小到大为无噪声反映、零星反映、有反映但比率较低、普遍反映、反映剧烈并有抗议。

烦躁度与噪声的声压级之间存在一定关系，但并不是绝对一成不变的，而是复杂的、多因素的、弹性的且主观支配的。目前，国内法律规定的各类情况的噪声限值，基本上属于在这些综合因素影响下，个体"明显不舒适有抱怨但尚可忍耐"、群体"有反映但比率较低"的统计结果。

(2) 噪声引起听力损失。当人们进入较强烈的噪声环境时，会觉得刺耳难受，经过一段时间就会产生耳鸣现象，这时如果用听力计检查，将会发现听力有所下降，但这种情况持续不会很久，若要在安静地方停留一段时间，听力就会恢复，这种现象叫做"暂时性听阈偏移"，也称"听觉疲劳"。但是，如果长年累月地处在强烈噪声环境中，这种听觉疲劳就难以消除，而且将日趋严重，以致形成"永久性听阈偏移"。这是一种职业病——噪声性耳聋。

暂时性听阈偏移和永久性听阈偏移，主要与噪声的强度、频率、暴露时间等因素有关，强度是主要因素。

目前国际上使用较多的是以 500 Hz, 1 000 Hz, 2 000 Hz 听力损失的平均值超过 25 dB(A)作为听力损失的起点。这个临界值表示语言听力发生轻度障碍的起点，即某人的听力损失超过这一临界值，则视其为发生听力损失或称噪声性耳聋，这一级称为轻度聋。听力损失 40～55 dB(A)

的称为中度聋,听力损失 55～70 dB(A)的称为显著聋,听力损失 70～90 dB(A)的称为重度聋,听力损失 90 dB(A)以上的称为极度聋。

国际标准化组织(ISO)根据调查统计资料,公布了听力损伤危险率与等效连续 A 声级、噪声暴露年限的关系。

表 9-12　　　　　　　听力损伤危险率与等效连续 A 声级、噪声暴露年限的关系

等效连续 A 声/dB(A)	工龄/年 危险率	5 年	10 年	15 年	20 年	25 年	30 年	35 年	40 年	45 年
≤80	危险率/%	0	0	0	0	0	0	0	0	0
	听力损伤者/%	2	3	5	7	10	14	21	33	50
85	危险率/%	1	3	5	6	7	8	9	10	7
	听力损伤者/%	3	6	10	13	17	22	30	43	57
90	危险率/%	4	10	14	16	16	18	20	21	15
	听力损伤者/%	6	13	19	23	26	32	41	54	65
95	危险率/%	7	17	24	28	29	31	32	29	23
	听力损伤者/%	9	20	29	35	39	45	53	62	73
100	危险率/%	12	29	37	42	43	44	44	41	23
	听力损伤者/%	14	32	42	49	53	58	65	74	83
105	危险率/%	20	45	58	65	70	76	82	87	91
	听力损伤者/%	26	55	71	78	78	77	72	62	45
110	危险率/%	36	71	83	87	84	81	75	64	47
	听力损伤者/%	38	74	88	94	94	95	96	97	97
115	危险率/%	36	71	83	87	84	81	75	64	47
	听力损伤者/%	38	74	88	94	94	95	96	97	97

从表 9-12 可以得出结论:等效连续 A 声级不超过 85 dB(A)时,一般不至于引起噪声性耳聋,当然,这不等于不造成听力损伤;当超过 85 dB(A)时,造成轻微的听力损伤;在 85～90 dB(A),造成少数人的噪声性耳聋;在 90～100 dB(A),造成一定数量和一定程度的噪声性耳聋;在 100 dB(A)以上,造成相当数量和较严重的噪声性耳聋。

上述的噪声性耳聋是慢性噪声性耳聋,还有一种噪声性耳聋称为爆震性耳聋,那是人们突然暴露于高声强的噪声环境下,如高达 150 dB(A)以上,会发生听觉器官急性外伤,双耳完全

失听。

（3）噪声影响神经系统。长期在噪声环境下工作和生活的人，常常会发生头疼、昏晕、脑涨、耳鸣、失眠、多梦、嗜睡、心悸、全身疲乏、记忆力衰退等症状，在医学上俗称神经衰弱症候群。神经衰弱症候群的发病率随着接触噪声的声级的增高而增多。

当噪声作用于人的中枢神经时，使人的基本生理过程——大脑皮层的兴奋与抑制的平衡失调，导致条件反射异常、脑血管受损害、脑电位改变、神经细胞边缘出现染色质的溶解，严重的会引起渗出性出血灶。这些生理学变化，如果是早期接触噪声，在 24 h 内可以复原，但如果长期在噪声的作用下，将形成牢固的兴奋灶，累及植物神经系统，产生病理学影响，导致神经衰弱症。

国内外大量的资料说明，如果长期处在 85 dB(A) 以上的噪声环境下工作，人的脑电反应、工作效率、睡眠状态等会受到影响。

（4）噪声影响心血管系统。噪声可导致交感神经紧张、心率加快、心律不齐、心肌结构损伤、心电图异常等，甚至引起心律失常、高血压、冠心病、血管痉挛、心肌梗死。近年发现，噪声接触组心房和心室心肌细胞有显著的 DNA 损伤。

德国科学家研究证实，长期在噪声环境中的人易患高血压。德国环境部对柏林地区的 1 700 名居民进行了一项调查，结果发现那些在夜间睡眠时周围环境噪声超过 55 dB(A) 的居民，患上高血压的风险要比那些睡眠环境噪声在 50 dB(A) 以下的居民高出一倍。据悉，调查结果与环境部早先发布的另一项关于噪声与心血管疾病的调查结论吻合。根据这些调查结果，德国已经采取了诸如在夜间限制住宅区内机动车行驶速度等措施，以降低噪声。

《欧洲心脏杂志》的研究资料显示，长期暴露在噪声环境中会增加患心脏病的风险，噪声可以使心跳加速、心律不齐和血压升高等。

根据欧洲有关报道，交通噪声会提高中风风险，每增加 10 dB(A)，风险提高 14％，若是 65 岁以上的老人，经常处于交通噪声环境暴露中，风险提高 27％。

（5）噪声影响消化系统。根据相关专家调查研究发现，接触噪声的工人极易发生胃功能紊乱，表现为食欲不振、恶心、无力、消瘦以及体质减弱等。在所调查的工人中，发现有 1/3 的人胃液酸度降低，但是也有少数人胃液酸度增高。经胃液分次实验，有 1/3 的人胃分泌处于抑制状态，胃液分泌机能降低。有半数以上的人出现胃排空机能减慢，通过 X 光摄影发现，胃张力降低、蠕动无力。但未发现器质性病变。用 115～125 dB(A)，300～400 Hz 的汽车喇叭声刺激兔子或者狗 90 min，记录胃液分泌曲线，表现为交感神经紧张的类型，其中，30％胃液分泌下降，30％的胃收缩数降低。

（6）噪声影响视觉器官。噪声作用于听觉器官，由于神经传入系统的相互作用，使其他一些感觉器官功能状态发生变化。有人用 800～2 000 Hz 的中高强度噪声进行实验，发现人的视觉功能发生了一定改变，视网膜轴体细胞光受性降低。再如，在 115 dB(A) 的飞机发动机噪声作用下，工人眼睛适应光感度降低了 20％。

噪声还会影响视力。试验表明:当噪声强度达到 90 dB(A)时,人的视觉细胞敏感性下降,识别弱光反应时间延长;当噪声达到 95 dB(A)时,有 40％的人瞳孔放大,视模糊;当噪声达到 115 dB(A)时,多数人的眼球对光亮度的适应都有不同程度的减弱。所以长时间处于噪声环境中的人很容易发生眼疲劳、眼痛、眼花等眼损伤现象。

实验表明噪声对视野也有影响,如对绿色、蓝色的光线视野增大,对橘红色的光线视野缩小。一次在接受稳态噪声的 80 名工人的调查中,出现红、蓝、白三色视物缩小者竟高达 80％。视力清晰度与噪声强度有密切关系,噪声强度越大,视力清晰度越差。同时,噪声强度越大,工后恢复所需时间越长。例如,在 80 dB(A)的噪声下工作后,经过 1 h 视力清晰度才恢复正常,可是在 70 dB(A)的噪声下工作后,经过 20 min 视力清晰度就恢复正常。有人用 70 dB(A),75 dB(A), 80 dB(A)的噪声实验观察研究视觉运动反应潜伏期,发现噪声强度与视觉运动反应潜伏期成正比,噪声强度越大,潜伏期越长。长期在噪声环境下工作的工人,由于视觉器官受损伤,常常出现眼痛、眼花、视力减退等症状。

(7) 噪声影响内分泌系统。调查研究表明,噪声对内分泌系统也有影响,医学界在噪声环境下工作的病人体内物质代谢被破坏,血液中的油脂和胆固醇升高,甲状腺活动增强并有轻度肿大。动物实验表明,在噪声作用下,肾上腺皮质、垂体前叶甲状腺分泌增强,垂体前叶嗜酸细胞增多。临床观察还发现,在噪声作用下,人的尿中 17-酮固醇含量减少,女工出现月经失调的症状。

调查研究表明,长期噪声接触可导致月经周期紊乱、经期异常、经量异常和痛经,并存在剂量—反应关系。噪声也是妊娠恶阻、高血压、浮肿、难产和泌乳不足的危险因素,妊娠、高血压和泌乳不足的危险度与噪声强度亦存在剂量—反应关系。

(8) 噪声引发社会问题。噪声问题不仅会伤害个人的身心健康,控制不当,还会造成社会和经济的负面影响。2007 年北京市生态环境局接到的投诉案件中,有 70％以上与噪声有关。2016 年全国各级环保部门共收到环境投诉 119.0 万件,其中噪声污染投诉 52.2 万件,占环境投诉总量的 43.9％。这些数据表明城市噪声污染问题的普遍性与严重性(图 9-21)。

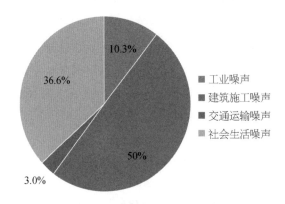

图 9-21　2016 年四类环境噪声投诉比例

　　工矿企业噪声排放不达标可能会被"关停并转",城市交通噪声可能会导致周边地区地产价值的下降,夜间施工噪声扰民需要赔偿"噪声费",机场飞机噪声可能造成居民、学校、医院等的搬迁,酒吧、餐厅、夜总会等噪声超标面临关闭,邻里间因练钢琴、听音响等生活噪声时常引发矛盾纠纷等。解决这些问题,往往超出了纯噪声技术问题,而必须综合考虑相关的社会问题。

　　建立现代化和谐城市、幸福城市必须有高质量的环境,高质量的环境决定了我们城市生活的质量。噪声污染是我们直接感知幸福城市的关键指标之一。城市噪声污染影响人们的生活环境,降低生活质量,损害人体健康,处理不当容易引发投诉、信访、纠纷,不利于社会安定与和谐(图 9-22)。

图 9-22　城市噪声污染抗议事件

　　(9) 事故配合因素。噪声容易造成生理反应倦怠以及对报警信号的遮蔽,它常常是促成工伤死亡事故的重要配合因素。

　　在人们的生产生活中,安全的重要性位居首位,无危则安,无险则全。危险是发生安全事故的直接因素,就安全理论而言,危险包括物的不安全状况和人的不安全行为。身体状况和精神因素都是导致人的不安全行为的重要配合因素。高噪声环境下,人的听觉、视力、机敏性都会降低,身心因噪声刺激而处于疲倦状态,人的不安全因素大大提高。因此,毫不夸张地讲,降低噪声有利于安全。

　　在事故发生前的危险阶段,往往会有一些预警信号,包括声音信号,如机器运转声音改变、监视系统发出警报或其他人的喊叫提醒等,处于噪声环境,若当事者听不到这些声音预警信号而引发事故,噪声就不仅仅是烦恼问题而成为安全隐患。

2. 风险预警

　　噪声污染引起的风险事故正日益增多,城市噪声污染风险防控体系的建立非常必要,重点在防。工作重心应从"以事件为中心"转移到"以风险为中心",从单纯的"事后应急"转向"事前预警,事中防控"。

　　因此,为了减小风险发生概率,减轻风险事故程度,避免发生风险事故后损失更大,噪声污染风险预警就突出地摆在了工作的中心。

　　目前,我国噪声污染风险预警主要工作体现在噪声地图和环境影响评价制度。

1）噪声地图

噪声地图是 21 世纪初才在欧洲迅速发展的一项新型的城市噪声预测方法，是将噪声源的数据、地理数据、建筑的分布状况、道路状况、公路、铁路和机场等信息综合、分析和计算后生成的反映城市噪声水平状况的数据地图，有利于公众深入了解声环境状况，参与监督。

噪声地图将为本市的规划、交通发展、噪声污染控制等提供科学决策依据。"噪声敏感区"是我国噪声防治体系中重点的保护区域，是指容易受噪声影响的区域，如医院、学校、住宅区、养老院等。假设修建一条高架路，那么高架线路的车流量设计、速度设计等将来对周边声环境的影响如何？尤其周边"噪声敏感区"，在噪声地图预测模型的基础上，根据不同的道路场景与交通流特征建立相应的交通噪声预测模型，同时考虑建筑物、绿化带和声屏障等障碍物的影响，并研究交通噪声在传播过程中的反射衍射和吸收现象，最终将数据以直观的形式显示，为交通规划设计提供噪声污染风险预警，更好地规避风险。

2）环境影响评价制度

环境影响评价制度是指在进行建设活动之前，对建设项目的选址、设计和建成投产使用后可能对周围环境产生的不良影响进行调查、预测和评定，提出防治措施，并按照法定程序进行报批的法律制度。

环境影响评价制度，是实现经济建设、城乡建设和环境建设同步发展的主要法律手段。建设项目不但要进行经济评价，而且要进行环境影响评价，科学地分析开发建设活动可能产生的环境问题，并提出防治措施。通过环境影响评价，可以为建设项目合理选址提供依据，防止由于布局不合理给环境带来难以消除的损害；通过环境影响评价，可以调查清楚周围环境的现状，预测建设项目对环境影响的范围、程度和趋势，提出有针对性的环境保护措施；环境影响评价还可以为建设项目的环境管理提供科学依据。

噪声环境影响评价是环境影响评价的重要组成部分。其主要工作内容为：

（1）评价建设项目引起的声环境变化和外界噪声对需要安静建设项目的影响程度。要评价建设项目建设前后声环境变化情况，就需要做好声环境现状调查监测评价工作和声环境影响预测评价工作。声环境变化影响既要说明该建设项目对外界环境的影响，对于噪声敏感的项目（如居住小区开发项目），还应说明周边环境对敏感建筑物的声环境影响，如周边工业噪声、交通噪声等对其的影响。

（2）提出合理可行的防治措施，把噪声污染降低到允许水平。针对声环境评价结果，提出有针对性的具体噪声防治对策是声环境影响评价工作的重要内容。噪声防治措施应进行可行性论证，做到技术可行、经济合理与达标排放。

（3）为建设项目优化选址、选线、合理布局以及城市规划提供科学依据。要结合当地城镇或地区总体规划开展声环境评价工作，为建设项目优化选址、合理布局以及城市规划提供科学依据。在声环境影响评价及环保措施论证分析的基础上，从环境保护角度分析建设项目的可行性。

9.4　案例分析

9.4.1　上海在世博会筹备期的交通噪声污染治理案例

1. 治理背景

自 1989 年上海市建成第一条高速公路嘉浏高速公路(A12)以来,上海市已累计建成高速公路 18 条,共计 600 多 km,设计车速在 80～120 km/h,车道数以双向四车道或双向六车道为主。高速公路网的建成,不仅为上海经济社会的快速健康发展奠定了扎实基础,而且也为社会市民的日常出行和居住条件的改善作出应有贡献。但是,由于上海市道路和土地资源紧缺、人口和建筑密度大以及交通流量日趋饱和等原因,道路交通随着设施量的日益增加,噪声污染的矛盾也日益加剧。

根据调研,上海市高速公路沿线分布有噪声敏感目标 1 300 多处,其中 1 050 多处为乡村居民点,约 200 处城市居住区,学校医院等近 50 处。通过噪声监测可知,这些敏感点中近半数存在不同程度的噪声超标,约 400 处受到明显噪声污染,一般超标在 3 dB(A)以上,近 100 处敏感点受到 10 dB(A)左右的严重噪声污染。

市民要求加强噪声治理、改善生活质量的呼声十分强烈。调研显示,2004—2007 年中有超过 100 处敏感点向各级部门投诉交通噪声污染问题,少数敏感点发生了集访等严重影响社会稳定的事件,A20 外环线(含外环线隧道)、A4 莘奉金、A8 沪杭、A5、A12 等噪声污染严重的高速公路,公众投诉尤为频繁。

上海市委、市政府对解决此类民生问题予以了高度重视,有关管理部门也采取了相应的治理措施并取得一定成效。如针对 A20 外环线等噪声污染最严重的道路开展了大规模的噪声治理工作,建成声屏障约 30 km,受保护居民区 40 多个,近 2 万户居民的生活质量得到明显改善,受到市民的广泛好评。

但是总体而言,上海市高速公路噪声治理现状离市民改善居住环境的迫切需求尚有不小的差距,为此,市委、市政府多次召开专题会议研究讨论治理对策措施,并要求有关部门放上议事日程,切实把这一涉及民生的问题解决好。

2. 治理范围

上海市高速公路噪声治理工作分别由市、区和各高速公路项目公司共同完成,全部噪声治理点按照"先有房后有路"还是"先有路后有房"分为两部分,后者由各区治理,而"先有房后有路"的治理点中"环评提出治理要求的"由各项目公司治理,其余敏感点则由市财政出资治理。

由市财政出资治理的范围覆盖全市已建成的高速公路,但已治理、已验收或单独开展方案研究的 A20 外环线(已治理)、A1(已治理)、A8(单独研究)、A11(已验收)、A30 西环(已验收)、A30 北环(已验收)等高速公路不在市财政出资治理范围内(图 9-23)。

图 9-23　项目治理范围

3. 风险识别

道路交通噪声是一种非稳态的噪声,它的声级一般介于 $60\sim85$ dB(A),声级较高。噪声污染是一种物理性质的污染,噪声具有能量和波动性,所以噪声具有间歇性、局部性和无直接后效性等特点。道路交通噪声的频谱范围分步较广,从低频到高频都有所涉及,一般交通噪声属于中高频噪声,但当车辆重量较大或者路面较软时,交通噪声的低频成分会凸显出来,成为典型的低频噪声。

交通噪声污染主要来源于汽车行驶过程中,但形成原因具有多样化的特性。除了鸣笛声以外,还包括汽车频繁启停导致发动机运作的声音、汽车车身前进过程中与空气的摩擦声,以及汽车车轮与道路的摩擦声等。其中,相对于鸣笛声,汽车前进过程中的发动机的启停以及摩擦声更为密集和常见,并同时通过空气传播到远处。

1) 影响交通噪声污染的主要因素

交通噪声为随机、无序的非稳态噪声,原因如下:

(1) 车辆本身的系统构造、性能,如在行驶过程中的引擎、进气、排气和车体各部件间的振动等产生的噪声;

(2) 道路特征,如路宽、路况、车道数、路段几何特征、道路空间架构;

(3) 道路上车流量、不同车型间的车型比(尤其是重型车的比例)、车速;

(4) 气象条件,如在雨天,由于路面的湿度变大,导致汽车轮胎与路面的摩擦噪声变大;

（5）驾驶者的驾驶习惯,如急刹车、鸣笛等不同情形下产生的道路交通噪声大小也会不同。

城市道路交通噪声污染既有时间上的分布不均,也有空间上的分布不均,以及不规律性。时间上的分布不均取决于人们正常的工作作息习惯,一般在昼间天的噪声绝对值要比夜间高,但参照《城市区域环境噪声标准》,夜间的噪声限值标准往往要比昼间低 $10\sim15$ dB(A),因此夜间往往是噪声扰民投诉的高发期;而空间上的分布不均往往取决于城市道路网线的规划,在人口密集区以及交通流量大的地区,交通噪声污染往往更为严重,交通流量小的地区则比较弱;最后噪声分布不均呈现一种不规律性,比如在堵车或交通意外造成交通拥堵时,以及雨天道路泥泞时,产生的噪声污染会呈现一种爆发态势。

2) 城市道路交通噪声对人体健康的不利影响

城市道路交通噪声对人体的危害分为直接危害和间接危害。

主要直接危害:影响睡眠、学习、活动和交谈;影响听觉,使人听力下降甚至听力丧失;对情绪带来不利影响,使人烦躁、情绪失控。

主要间接危害:增加生理疾病的风险,使人血压升高、荷尔蒙分泌异常;给人体带来严重的身体伤害,导致冠心病、精神疾病等。

3) 城市道路交通噪声对生态环境的不利影响

道路两侧一定范围内形成的噪声污染带可造成道路两侧生物习性发生改变。除了人类的活动习惯外,鸟类的性别比、年龄比、繁殖率等都会发生一定的变化。

4) 城市道路交通噪声对建筑物的不利影响

当建筑物的固有频率和城市道路交通噪声的频率一致时,就会产生共振现象,使建筑物的结构破坏,抗震能力下降,甚至倒塌。

5) 城市道路交通噪声对社会经济的不利影响

（1）道路两侧由于交通噪声的影响,导致住宅价格降低;

（2）消除交通噪声影响所产生的费用。

4. 风险评估

在分析城市道路交通噪声声级达标情况时,采用《声环境质量标准》(GB 3096—2008)。《声环境质量标准》中有对道路交通噪声限值的明确规定。

参照规范标准对受噪声影响的敏感区域进行交通流量以及声环境的监测,以此来判断噪声所带来的风险大小,具体如下。

（1）监测因子:等效连续 A 声级,LAeq。

（2）监测点布置。本次监测针对全线各路段选择敏感点开展噪声监测,对多层建筑按不同楼层分别布点。为了解噪声衰减规律,在沿线布置断面衰减监测;并选取监测点做 24 h 连续监测,以了解噪声的时间分布特征。为了解沿线既有建筑窗户隔声效果,选择监测点作室内、室外噪声同步监测。

（3）监测时间和频率。常规监测点监测 1 天,昼、夜各 1 次,每次连续监测 20 min;24 h 监测点,连续监测,给出每小时等效连续 A 声级。断面衰减监测和建筑窗户隔声量监测仅昼间时段开展,每次测量 10 min。

（4）其他监测要求。监测点距离建筑物反射面 1.0 m 以上,监测期间避免空调外机噪声影响,或给出空调外机的贡献值;注意避免其他道路交通噪声;监测时记录主要噪声源,记录准确的监测时段;其他要求按照《声环境质量标准》(GB 3096—2008)执行。

通过监测结果进行分析,得出敏感点处声环境受到比较严重的交通噪声影响,夜间尤其超标较为严重,亟须采取措施缓解噪声污染状况。

5. 风险预警

CadnaA(Computer Aided Noise Abatement)是由德国 Datakusitc 公司开发的一套用于计算、显示、评估及预测噪声影响的噪声预测软件。软件内置国际通行的预测标准及相关规范,与传统计算方法相比。利用该软件可进行复杂环境下的声学现场模拟,通过上海等声屏障设计经验表明,软件预测精确度较高,2001 年,该软件也已通过了中国国家环境保护总局评估中心组织的专家认证,软件认证号"环声模-001 号"。

通过 CadnaA 软件的模拟,可以通过道路情况、车流量等外界参数的输入,对敏感点声环境进行相应的模拟计算,从而得知哪些区域超标,超标情况如何(图 9-24)。

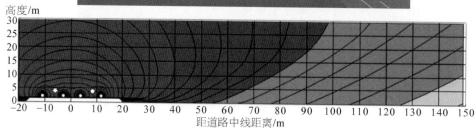

图 9-24　Cadna/A 的建模及计算

6. 风险管理

1) 治理措施的选择

如从根本解决公路交通噪声污染,需采取综合治理,即指从法规标准、环评和设计、措施落实等多个层面,由多部门通过规划与管理措施(城乡建设规划、交通规划、交通管理和环境管理等)、工程技术措施(声源削减、工程降噪、噪声敏感建筑保护等)开展噪声治理工作。

由于本工程治理主体为建设单位,一般从工程技术措施上主要通过阻隔噪声传播途径或者对敏感建筑采取保护措施的方法达到治理目的,目前可用的交通噪声治理措施简析见表 9-13。

表 9-13　　　　　　　　　　　　　　交通噪声治理措施简析

类型	措施名称	降噪效果	优点	缺点	适用对象
针对声源	车辆自身降噪	很好需要具体分析	针对轮胎、发动机、整车振动、进排气系统等车辆主要噪声源进行降噪,推广使用低噪声交通工具,加大对货车、公交车等高噪声交通工具的降噪技术研究。这是交通噪声控制的最终、最理想途径	受技术及经济条件限制,各类车型的车况差异性很大,另受司机本身素质影响也很大,不易控制	为低碳经济可持续发展,建立环境友好型社会的发展方向,适用面广泛
	车辆使用管理	很好需要具体分析	主要措施是限速、禁鸣、限行等。限行、限速主要在敏感地区限制高噪声车辆,即限制车型,也可限制交通量,禁鸣则可加大应用范围和对象。作为管理措施,经济代价较低,在现行经济技术条件下应予考虑	受驾驶人本身素质影响较大	管理降噪均适用
	低噪声路面	3~5 dB(A)	目前国内外均有应用和实例,主要是弹性路面或多孔路面,相比水泥混凝土路面有显著降噪效果	产生灰尘和油污易堵塞孔隙,影响降噪效果,使用寿命较短	道路建设均适用
针对噪声传播途径	各类声屏障	6~10 dB(A)	目前被普遍使用的技术措施,包括各类材料构成的复合型吸(隔)声屏体,形式多样,使用范围广,屏后保护目标受益良好	可能影响景观或采光通风,其使用条件和降噪效果有局限性	敏感点较密集且非高层建筑,有实施声屏障的法规、声学和工程技术条件
	20 m绿化	1~2 dB(A)	一定宽度的绿化带可起到显著效果,既可降噪,又可净化空气、美化路容,改善生态环境	降噪效果有限,季节性变化大,需要大片土地	适用于噪声超标较轻或有大面积绿化条件的区域
	土坡绿化	6~10 dB(A)	既具有绿化的优点,又具有声屏障的优点	占地较大,需要有实施条件	用于有实施场地的区域

（续表）

类型	措施名称	降噪效果	优点	缺点	适用对象
针对环境保护目标自身类	房屋置换	很好	前排房屋置换,使受到噪声影响的住宅改变使用功能,成为对噪声不敏感的场所	费用很高,操作难度很大,社会影响大,实施难度大	声源多,影响特别重,没有其他较理想的降噪措施,已有土地规划变更计划
	搬迁	很好	降噪彻底,且消除其他环境影响	费用很高,操作难度大,社会影响大,实施难度大	声源多,影响特别重,没有其他较理想的降噪措施,已有搬迁计划
	各类隔声窗	可达到住宅室内声环境要求	室内关窗状态下效果好	对室外无效果,不满足我国环境噪声标准,技术上可行,实施上有一定操作难度,会衍生其他问题	适用学校、医院等单位和规模较小的居民敏感点,适合于原窗户隔声效果差的对象
	规划控制	需要具体分析,一般可获得较好效果	包括城乡建设规划和交通规划,包括控制道路和敏感建筑的间距,在道路两侧尽量布置对噪声不敏感的场所,规划低噪声交通方式等。建议开展道路规划和区域土地开发环评,并加强规划控制力度。规划控制是目前交通噪声控制工作中应采用的首要手段	规划与社会经济发展水平较难平衡	规划管理降噪均适用

从表中分析及工程实施效果看,以市政工程管理和建设单位为治理主体,改变房屋功能或房屋搬迁措施能从根本上解决道路噪声对敏感点的影响,但存在投资费用高、操作难度大、社会影响大等限制因素,一般应根据区域功能规划统筹考虑,从阻隔噪声传播措施上看,具有较好可操作性且能起到良好效果的主要是声屏障措施,这也是韩国、日本、德国及国内普遍采用声屏障缓解交通噪声污染的缘故。

声屏障措施可以有效改善沿线敏感点处的声环境质量(尤其是对 6 层以下的建筑物),比较适用于道路用地受限且交通噪声超标 5 dB(A)以上的情况。其降噪效果也已被国家环保总局认可,其社会效益也已在公众参与调查中得到肯定。

根据《地面交通噪声污染防治技术政策》,地面交通设施的环境噪声污染治理,应优先考虑采取间隔必要的距离、噪声源控制、传声途径噪声削减等有效措施,使室外声环境质量达标;如通过技术经济论证,认为不宜对交通噪声实施主动控制的,建设单位、运营单位应对噪声敏感建筑物采取有效的噪声防护措施,保证室内合理的声环境质量。在受项目实际条件限制,无法使室外声环境质量达标的情况下,采取隔声窗的替代措施,保证室内合理的声环境质量。

大面积绿化、交通噪声管理等也是比较有效的降噪措施,但实施主体如为市政工程管理建设单位,存在占地面积大、投资费用高、操作难度大、社会影响大等限制因素。

综上所述,在具备声屏障实施条件的前提下,优先对道路沿线敏感点实施声屏障降噪措施,同时,对于规模小、分散的农村居民点或缺乏声屏障实施条件的敏感点,考虑采用通风隔声窗降噪措施。

2)声屏障措施

声屏障建设方案必须建立在声学设计的基础上,从而确保经济、有效地确定声屏障的实施位置、长度、高度,并作为形式和材料选择的重要依据。利用 CadnaA 噪声计算软件,结合声屏障设置条件,在区域建模、声场模拟的基础上,通过声屏障实施前后的对比分析,确定声屏障的相关设计参数(图 9-25)。

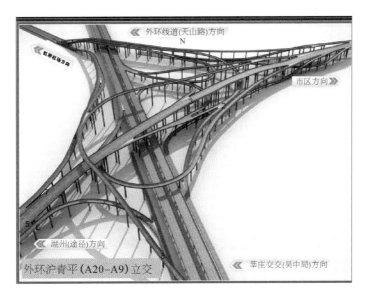

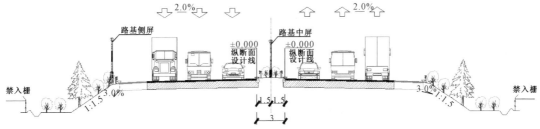

图 9-25 声屏障措施的设计及建模

声屏障高度根据敏感点类型不同而高度不同,一般农村敏感点采用一道侧屏,屏障高度为 3.5～4.85 m,城市敏感点采用两道屏障,路侧屏障高度为 4.85～6 m,路中屏障高度为 3.85～4.85 m,A9 外环立交区域由于考虑与延安路高架屏障统一,屏体高度为 2.8 m(图 9-26)。

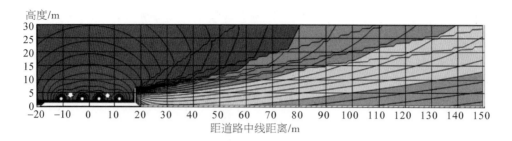

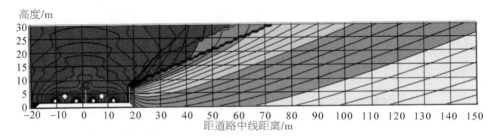

图 9-26 实施声屏障措施后的模拟计算

城市段屏障声屏障结构形式如下：

(1) 路基段侧屏：下部采用连续墙，立柱标准跨度为 2.5 m，上部采用复合通孔铝板—喷塑镀锌板复合屏，上部屏体中增加玻璃窗(材料选用夹层安全玻璃)，顶部安装蘑菇形吸声筒。

(2) 路基段中屏：下部采用连续墙，立柱标准跨度为 2.5 m，上部采用复合通孔铝板—喷塑镀锌板复合屏，顶部安装蘑菇形吸声筒。

(3) 桥梁段侧屏：采用骑马钢板安装在防撞墙上，采用复合通孔铝板—喷塑镀锌板复合屏，顶部安装蘑菇形吸声筒，立柱标准跨度为 2 m；A9 外环段屏障采用与延安路高架统一的穿孔板加玻璃透明体屏。

(4) 桥梁段中屏：采用骑马钢板安装在防撞墙上，采用复合通孔铝板—喷塑镀锌板复合屏，顶部安装蘑菇形吸声筒，立柱标准跨度为 2 m。

农村段屏障屏体采用水泥木屑吸声板，结构外形采用直屏。路基段立柱标准跨度为 2.5 m，桥梁段立柱标准跨度为 2 m(图 9-27)。

图 9-27 城市段及农村段的声屏障措施

　　根据各治理点的现状噪声超标量,设计降噪量尽可能不低于超标量。对于超标量较小的,考虑到车流量的预期增加值,设计降噪量原则上不低于 5 dB(A),对于超标量很大的(一般指超标量大于 10 dB(A)的),适当兼顾工程性价比。最终设计降噪量为 5～14 dB(A),平均设计降噪量 8 dB(A)。

　　声屏障建成后,62 处敏感点中 53 处达标,4 处有轻度超标但显著降噪,5 处位于 A9 外环立交区域,受周边其他道路噪声影响,降噪效果有限。

　　3) 隔声窗措施

　　各类隔声窗能改善室内声环境,但对室外声环境质量则无效果,因此不完全满足我国的环境噪声标准,但作为一种有效的降噪对策已经被广泛接受。本次高速公路噪声治理将隔声窗作为声屏障降噪方案的一个补充方案,主要应用于规模很小的乡村居民点。

　　根据调研,规模很小、推荐采取隔声窗降噪措施的共有 34 处乡村居民点。为便于实施,建议对距离红线 50 m 内的居民房屋实施隔声窗措施,合计 131 户,均为两层为主的农宅,以平均每户加装 30 m² 的隔声窗,合计 3 930 m²。

　　普通隔声窗只能在窗户紧闭的情况下起隔声作用,这样一来就会影响通风换气,容易引起居民排斥。通风隔声窗是在普通隔声窗基础上开发的一种功能窗,一定程度上解决了通风与隔声的矛盾,其成本较高,到目前,在通风状态下隔声量能达到 25 dB(A)(图 9-28)。

图 9-28　通风隔声窗措施

　　推荐采用全采光隔声通风窗,其窗框为 1.5 mm 隔热断桥铝型材和塑钢型材;窗扇均采用中空玻璃;达到隔热节能的功效;消声装置则选用无纤维透明度高、抗氧化性能强的无毒塑料微穿孔薄膜,对人体没有任何危害。外观造型采用超薄型设计方案,上悬(下悬或两侧)窗采用双层窗空腔结构,空腔厚度为 200 mm,隔声、通风装置安装在双层上悬(下悬或两侧)窗的中部空腔内。消声装置采用抗性和"多层薄空腔共振宽频消声技术"结合自然通风、机械辅助通风一体化设计方案,最终现场实测隔声量大于 25 dB(A)。

　　4) 政策措施

　　(1) 从制度层面,做好法律法规和政策规范

　　国家应加强对噪声污染治理力度,加强各项立法和规范的完善,从法律和政策层面加强的城市道路交通噪声污染的规范和管理,并细化管理规范和手段,表明治理城市噪声污染的决心

和立场,建立完善的法律法规体系和问责制度,使城市交通噪声污染治理有法可依、有据可寻,从根本上约束噪声污染行为,并将噪声污染控制的相关标准纳入国家强制性标准,促使各行业和相关职能监督部门严格执行噪声污染治理的一系列规范和举措。

世博会后,国家也相继出台了关于加强环境噪声污染防治工作改善城乡声环境质量的指导意见(环发〔2010〕144 号)、地面交通噪声污染防治技术政策(环发〔2010〕7 号)等一系列针对交通噪声污染防治政策。

(2) 从城市建设角度,做好规划和交通布局。城市道路在城市的建设规划阶段就应该充分考虑噪声污染的指标和防范措施问题,城市的功能区划不宜过分集中,居住区、商业区等应合理布局,城市道路的规划要符合人们的出行需要,道路交通的规划和建设应起到有效分散交通流量的特点。

(3) 从行业和技术角度,做好汽车、道路和建筑绿化方面的技术应用实践。从技术层面治理交通噪声污染虽然一时难以突破,但却是从根本上治理的举措,主要可以从以下三个方面进行尝试:一是汽车制造技术的革新,从汽车制造的技术层面上进一步优化汽车性能,降低噪声发生的程度;二是从道路建设的角度,目前在道路建筑行业中已经出现了低噪声路面的技术,在城市道路建设的过程中,如何应用这些新的技术手段,成为噪声污染治理的一个有力的突破方向;三是从城市建筑和绿化角度,从城市道路的隔离带上入手,采用新型的建筑材料和建筑设计,采用对噪声具有强抑制性的苗木品种,增加噪声的折射,抑制噪声的传播。

(4) 从执行角度,做好监督管理落实。相关部门要加强对城市规划和道路建设的监督指导,确保相关建设按照国家强制性标准的要求进行,不得偷工减料。在日常的交通管理和运行中,交通部门和环保部门都要做好执法宣传,切实负起责任。尤其是交通部门,要加强对道路交通的引导,做好道路交通疏导工作,在重要路段设置禁止鸣笛的警告标示,在交通执法过程中,可以探索新的执法管理方式,与环保部门联合执法,加强对城市道路交通噪声污染问题的管控。

(5) 从宣传角度,提高人们对噪声污染的重视和意识。加强对噪声污染危害和治理活动的宣传,从电视、网络各媒体以及公益的角度,呼吁城市道路交通噪声污染的治理,使人们从根本上意识到噪声污染对人类生活的危害,从而引起对噪声污染的重视,唤醒城市居民自发自觉的减少污染、抵制污染的思想和行动,开展噪声污染专项治理活动。只有人们从心底认识到噪声污染的危害性和严重性,城市道路交通噪声污染的治理才能有效进行。

9.4.2 上海某汽车厂车身车间听力防护研究

1. 项目概况

上海某汽车厂车身车间 TFA3B1 的主要生产工艺为焊接、涂胶、搬运。车间内部常设工作岗位超过 1 000 个,包括焊接工位、打磨工位等,工位噪声值多数位于 80 dB(A)以上。部分典型工位的现场作业照片见图 9-29。车间的面积为 27 555 m²,主要设备见表 9-14。

图 9-29　典型工位现场作业照片

表 9-14　　　　　　　　　　　　　　　主要设备一览表

序号	设备名称	型号	数量	位置
1	二氧化碳保护焊机	南通 999 维德利	28	混置在 TFA3B1 车间内
2	钎焊机	EWA 福尼斯	36	
3	点焊机	梅达 MEDER GF Bosch	296	
4	机器人焊机	Neder Bosch GF	79	

2. 风险识别与分析

本项目的噪声污染源属于工业噪声。根据本项目的生产工艺可知,本项目中存在的主要噪声污染源包括:打磨噪声、焊接噪声、风机噪声以及敲击噪声、上螺丝噪声、螺栓柱控制器噪声等。

1) 打磨噪声

TFA3B1 的打磨工艺,主要以人工使用气动打磨机的方式进行,打磨机利用高速旋转的薄片砂轮以及橡胶砂轮、钢丝轮等对金属构件进行磨削、切削、除锈、磨光加工。磨削是一个复杂的过程,磨削区具有相当高的变形率、摩擦磨损、金属相变、冲击、砂粒的崩碎等现象,这些都是强烈的噪声辐射源。

D. E. Lee 等用声发射信号监测模拟磨削过程,如图 9-30 所示,发现伴随工件表面颗粒物的破碎,声信号呈明显的波峰状态。

另外,打磨机所用的螺旋锥齿轮在啮合过程中所产生的啮合冲击力使齿轮产生振动,齿轮在激振力的作用下,激发起齿轮周边振动从而辐射出噪声。

根据现场实测,打磨噪声的等效声级为 90.5 dB(A),最大声级超过 110 dB(A),噪声强度高,对工人的影响大。

图 9-31 为打磨噪声的频谱图,从图中可以看出:A 声级与 C 声级接近,说明其低频成分不突出,噪声呈高频特性。

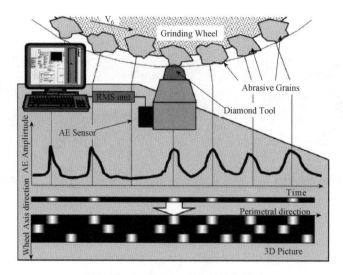

图 9-30　磨削过程中声信号的变化图

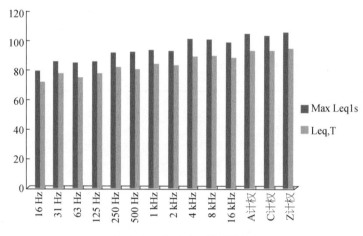

图 9-31　打磨噪声的频谱图

2）焊接噪声

本项目中的焊接种类包括 CO_2 保护焊和钎焊。焊接的过程中会产生噪声,焊接噪声的来源有两种,一种是脉冲噪声,另一种是扰动噪声。短路引弧以及灭弧过程产生脉冲噪声;弧焊过程中弧的振荡引起扰动噪声,这种噪声是电离声源,主要表现为一种高频噪声。脉冲噪声的声压级一般比扰动噪声高,是焊接过程中的主要噪声产生机制,也是引起焊接工人听力损伤的主要原因,其引起的听力损伤恢复时间是同等情况下连续噪声的 5 倍。

据调查,距离焊接噪声的声源越近,焊接工人受到的危害越大。测试参数 $I = 180$ A,$U = 220$ V,进料速度 $V = 11$ m/min 时的特征噪声水平如表 9-15 所示。

根据现场实测,CO_2 保护焊噪声的等效声级为 89.0 dB(A),最大声级超过 104.3 dB(A);钎焊噪声的等效声级为 80.6 dB(A),最大声级超过 94.5 dB(A)。可见,CO_2 保护焊的噪声更大,对工人的影响更大。

表 9-15 焊接特征噪声水平

传声筒距离/m	噪声峰值/dB(A)	等效 A 声级/dB(A)	脉冲噪声/dB(A)
1.3~1.6	127	89	91
1.0	127	93	95
0.3	128	98	100

图 9-32 和图 9-33 为 CO_2 保护焊噪声和钎焊噪声的频谱图,从图中可以看出:A 声级与 C 声级接近,说明其低频成分不突出,噪声呈宽频带特性。

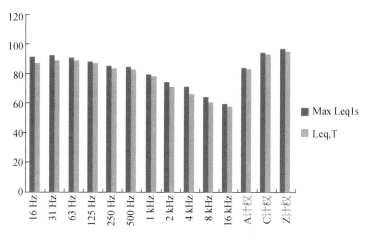

图 9-32 CO_2 保护焊噪声的频谱图

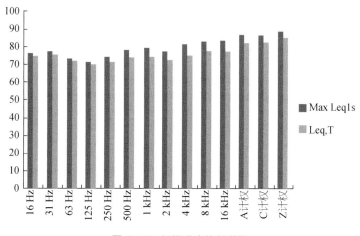

图 9-33 钎焊噪声的频谱图

3) 风机噪声

本项目车间的二层平台上安装有除尘设备,设备配套的风机运行时产生了较高的噪声。

风机的空气动力特性和机械特性决定了其在运转过程中会发出强烈的噪声,包括空气动力性噪声、耦合噪声、机械结构噪声和机壳噪声等,其中空气动力性噪声最强,调查研究发现,一般风机的空气动力性噪声比其他噪声要高出 10～20 dB(A)。

风机的空气动力噪声主要由三部分构成,即旋转噪声、涡流噪声以及排气噪声。旋转噪声是由于工作轮上均匀分布的叶片打击周围的气体介质,引起周围气体压力变化而产生的离散频率噪声,这种噪声与工作轮圆周速度的 10 次方成正比。

另外,当气流流过叶片时在叶片表面形成附面层,特别是吸力边的附面层容易加厚,并产生很多漩涡,即漩涡噪声。在叶片尾缘处,气流的压力与速度大大低于主气流区的数值,因此造成工作轮旋转时,叶片出口区内气流具有很大的不均匀性。这种不均匀性气流周期的作用于周围介质,产生压力脉动形成噪声。气流不均匀性越强,噪声越大。漩涡噪声与工作轮圆周速度的 6 次方成正比。

根据现场实测,风机噪声的等效声级为 84.2 dB(A),最大声级超过 87.3 dB(A)。

图 9-34 为风机噪声的频谱图,从图中可以看出:A 声级为 84.6 dB(A), C 声级为 95.0 dB(A), C 声级高于 A 声级 10 dB,说明其低频成分突出,风机噪声呈明显的低频特性。

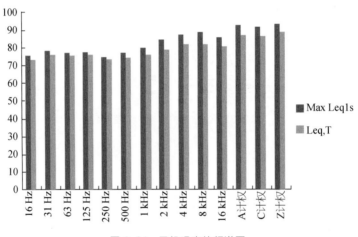

图 9-34　风机噪声的频谱图

4)其他噪声

除了打磨噪声、焊接噪声及风机噪声外,敲击、上螺丝、螺栓柱控制器等作业时也会产生噪声,但其噪声源强相对小一些。敲击、上螺丝所产生的噪声主要来源于机械碰撞;螺栓柱控制器噪声来自机体内部运动件的机械运转。

根据现场实测,车身敲击噪声的等效声级为 86.5 dB(A),最大声级超过 104.1 dB(A);上螺丝噪声的等效声级为 82.1 dB(A),最大声级超过 95.3 dB(A);螺栓柱控制器噪声的等效声级为 80.2 dB(A),最大声级超过 90.0 dB(A)。

图 9-35 为上螺丝噪声的频谱图,从图中可以看出:A 声级与 C 声级接近,说明其低频成分不突出,噪声呈中频特性。

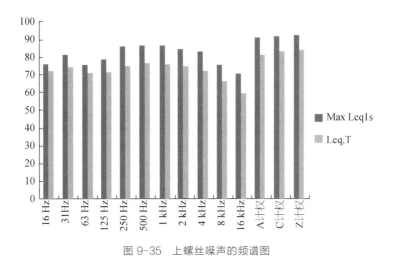

图 9-35 上螺丝噪声的频谱图

3. 风险评估

利用现场监测的噪声数据,采用软件模拟计算整个车间的噪声分布,计算结果见图 9-37,计算点高度为离地 1.6 m。由图可知:TFA3B1 车间约 25％区域的噪声水平超 85 dB(A),属于超标区域,主要集中在 CO_2 焊接、打磨及部分敲击比较明显的区域;此外,25％区域位于 80～85 dB(A),属于改进区域,主要集中在上螺丝、钎焊、风机等工位附近;其他约 50％区域的噪声水平基本位于 80 dB(A)以内,属安全区域,如机器人焊接区域、走廊等区域(图 9-36)。

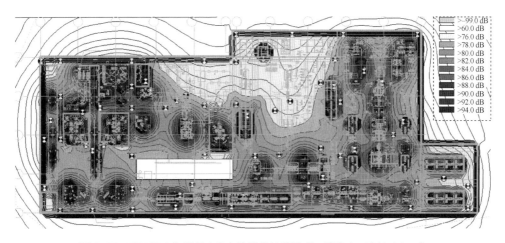

图 9-36 TFA3B1 车间噪声分布的模拟计算图 计 算高度:离地 1.6 m)

根据国家标准《工作场所有害因素职业接触限值第 2 部分:物理因素》,噪声职业接触限值为 85 dB(A),可见车间内 25％的区域噪声超标。

根据国家标准《工作场所职业病危害作业分级第 4 部分:噪声》,存在有损听力、有害健康或有其他危害的声音,且每天 8 h 或每周 40 h 噪声暴露 A 等效声级≥80 dB(A)的作业称之为噪声作业,可见,车间内 50％(25％区域≥80 dB(A) + 25％区域 80～85 dB(A))的区域内的岗位属于噪声岗位,应进行健康监护。

车间内的工人长时间接触高噪声,会造成听力损伤。该车间员工的体检结果揭露,相当数量员工的听力出现了不同程度的损伤,为缓解噪声对职工的影响,工厂制定了岗位轮动计划,噪声岗位和非噪声岗位定期轮换。

职业性接触噪声除了会造成听力损伤外,还会对人的神经系统、心血管系统、消化系统、内分泌系统、视觉奇器官等产生影响,引发噪声职业病。

4. 风险防控措施

1) 工程技术措施

(1) 声源控制措施

打磨噪声控制:使用低噪声的打磨机(图 9-37)。

对现有打磨机进行保养;改善打磨工艺,降低噪声辐射。

焊接噪声控制:尽量选用机械化、自动化程度高的焊接设备,降低噪声对工人的影响;使用低噪声焊机。改善焊接工艺,降低噪声辐射。

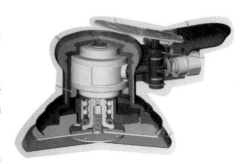

图 9-37 打磨机

风机噪声控制:使用低噪声风机;合理设计风管系统;加强保养,降低异常噪声。

其他噪声源噪声控制:敲击、上螺丝等过程中发生的刚性碰撞及摩擦为引起噪声的主要来源,可在碰撞部位加装柔性、耐冲击的材料,将刚性碰撞变为柔性碰撞,可降低噪声辐射水平。

对于螺栓柱控制器,通过增强工艺精度,加强螺栓柱控制器整体隔声性能可有效降低其噪声辐射。同时,必须确保螺栓柱控制器处于正常工况条件,避免因非正常工况导致噪声水平的显著上升。

(2) 传播途径控制措施

打磨噪声的传播途径降噪:在打磨工位建造隔声罩,阻断打磨噪声向车间其他区域传播,降低打磨噪声影响的范围;隔声罩在设备及人员进出位置设置隔声门;在需要观测及操作位置设置隔声窗,确保设备操作及人员进出方便;隔声罩上设置通风消声百叶,保证设备正常通风散热。隔声罩的降噪量在 15～30 dB(A)(图 9-38—图 9-40)。

图 9-38 隔声罩

焊接噪声的传播途径降噪:将现有 CO_2 焊、钎焊塑料围挡改造为隔声屏障,阻断焊接噪声向车间其他区域传播,降低焊接噪声的影响范围。隔声屏障在声影区的降噪量在 5～10 dB(A)。

(a) 隔声罩

(b) 通风消声百叶

(c) 隔声窗

(d) 隔声门

图 9-39 隔声屏障

风机噪声的传播途径降噪:风机加装隔声罩;风机进、出口加装消声器;风管进行隔声包扎。

整体降噪治理:车间整体吸声处理;设置供工人休息的隔声室。

2) 管理措施

车间降噪是一项比较复杂的、涉及因素较多的工程,降噪措施往往受到生产工艺、设备维护与检修、安装空间等因素的制约,因此理想的降噪措施有时很难实施,致使噪声无法降到完全达标,所以除了工程技术措施外,相应的管理措施也必不可少。

图 9-40 风机隔声罩

(1) 个人防护:积极做好个人防护措施,正确佩戴符合卫生要求的防护耳塞或耳罩,建立良好的宣传教育及监督管理体制。个人防护用品包括防护耳塞、耳罩、头盔。其中,耳塞对中高频噪声有较高的隔声效果,而对低频噪声的隔声效果较差,耳塞降噪量在 14~27 dB(A)。耳罩是将整个耳部封闭起来的护耳装置,降噪量在 20~40 dB(A)。防声头盔的优点是隔声量大,不但能隔绝噪声还能减轻噪声对内耳的危害,降噪效果在 30~50 dB(A)。

(2) 轮岗。建立合理的工作制度,在保证工作效率的前提下尽量减少工人每天接触噪声的时间。按照工厂的实际情况,尽量保证工人在噪声中暴露的时间不超过规定时间,以此为依据建立合理的轮岗制度。

(3) 体检:定期对噪声岗位的工人进行健康检查,如发现高频段听力持久性下降并超过了正常波动范围 15～20 dB(A),应及早调离噪声岗位。工人上岗前体检,凡有感音性耳聋及明显心血管、神经系统疾病者,不宜从事噪声作业。

(4) 培训:做好岗前培训,培训内容为工业噪声的危害以及如何正确使用护耳工具。研究表明,提升工人的防噪意识能在很大程度上减少噪声的危害。

3) 规划设计时的降噪思路

对于新建厂房、车间,应合理规划布局,将高噪声工艺、设备与低噪声工艺、设备分开布局,避免高噪声区域对低噪声区域的影响,减小噪声影响的范围;同时,分开布局又方便对高噪声区域针对性地采取降噪措施,可大幅节省投资。

9.4.3 上海某商业综合体噪声治理案例

1. 项目概况

上海某城市广场是一处大体量商业综合体,集购物、休闲、娱乐、餐饮于一体,拥有数百家知名品牌。在这样一个业态组合丰富的大型商业综合体中,由于各种营业性文化娱乐场所和商业经营活动中使用的设备、设施(如风冷热泵、油烟风机、冷却塔、VRV 室外机等)产生较严重的噪声污染,对周边居民正常生活及工作产生影响,进而引发多起噪声投诉事件。基于此,针对上海某城市广场噪声污染问题进行了详细的分析与评估,并提出了切实可行的防控措施。

2. 风险识别

本次治理项目敏感建筑物为图 9-41 中的写字楼、公寓楼 1 及公寓楼 2,影响敏感建筑物的主要噪声源均来自商业综合体五楼屋面各种机电设备。五楼屋面机电设备较多,其中包括 2 组冷却塔、1 组风冷热泵、3 组 VRV 室外机和多组油烟风机;为进一步识别各种机电设备运行噪声对敏感建筑物的影响,用爱华 AWA6291 型多功能噪声分析仪对每台设备进行单独检测并记录,各设备噪声测量数据如表 9-16 所示。

表 9-16   各机电设备噪声测量记录表

序号	设备名称	噪声值/dB(A)	备注
1	风冷热泵	87	
2	冷却塔 1	79.3	
3	冷却塔 2	83.4	
4	VRV 空调外机 1	71	
5	VRV 空调外机 2	73.4	
6	VRV 空调外机 3	76	
7	油烟风机	80～93	

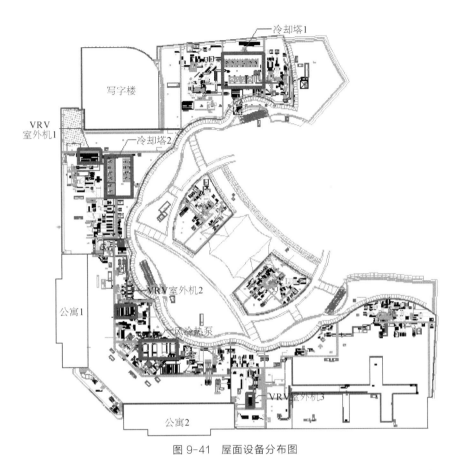

图 9-41　屋面设备分布图

　　通过 CadnaA 声学模拟软件单独模拟各机电设备对敏感建筑物的影响,模拟结果显示商业综合体五楼屋面的风冷热泵、冷却塔 2 及部分油烟风机是影响敏感建筑物噪声超标的主要噪声源设备。

3. 风险分析

1）冷却塔噪声源分析

　　冷却塔噪声是指冷却塔运行时风机的进排气噪声、减速噪声、淋水噪声以及电机在运行时水泵、配管、阀门、塔体向外辐射的噪声。冷却塔主要的噪声是风机运转时产生的噪声,其次是水流噪声。风机的噪声主要分为两个部分,一部分是风机本身电机的中低频噪声,另一部分是出风口产生的风压型气动噪声。风机的噪声主要是通过风机出风口直接传播出来,其次是通过两侧淋水蜂窝板传播出来。冷却塔出风口噪声频谱特性是以中低频为主的连续频谱,属于中低频噪声。冷却塔内循环热水从淋水装置下落时,与塔底接水盘中的积水撞击产生的淋水声属于高频噪声(图 9-42)。

2）风冷热泵噪声源分析

　　风冷热泵主要噪声由底部压缩机噪声和顶部出风口噪声两个部分组成。压缩机噪声来源机组唯一的运动部件,即制冷压缩机。压缩机产生的噪声主要有气流噪声、耦合噪声和电机噪声。其噪声性质主要表现为低频噪声,对人体伤害大。风机噪声主要由气动性噪声和风机的机械噪声组成,其噪声性质主要变现为中高频(图 9-43)。

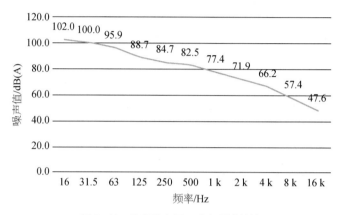

图 9-42　冷却塔出风口噪声频谱特性

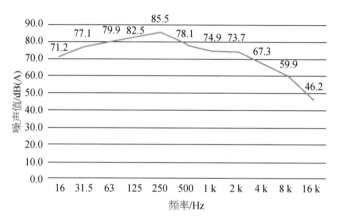

图 9-43　风冷热泵噪声频谱特性

3) 油烟风机噪声源分析

油烟风机噪声的构成主要有电机的电磁噪声、电动机转子及风轮等运动部件的机械振动噪声、风机的空气动力噪声。其中风机的空气动力噪声对吸油烟机噪声影响最大,所以我们主要讨论对风机的空气动力噪声的控制(图 9-44)。

风机的空气动力噪声是气体流动过程中所产生的噪声。它主要是由于气体的非稳定流动,也就是气流的扰动、气体与气体及气体与固体相互作用所产生的噪声。风机的空气动力噪声主要由两部分组成:旋转噪声和涡流噪声。旋转噪声是由于风轮上均匀分布的叶片打击周围的气体介质,引起周围气体压力脉动面产生的噪声。另外,当气流流过叶片时,在叶片表面上形成附面层,特别是吸力面的附面层容易加厚,并产生许多涡流,在叶片尾缘处,吸力边与压力边的附面层汇合形成所谓尾迹区,在尾迹区内,气流的压力与速度都大大低于主气流区的数值,因面,

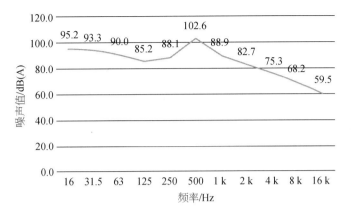

图 9-44　油烟风机噪声频谱特性

在风轮旋转时,叶片出口区内的气流具有很大的不均匀性,这种不均匀性的气流周期性的作用于周围介质,将产生压力脉动而形成噪声。

4. 风险评估

该城市广场属于二类声功能区,根据《社会生活环境噪声排放标准》(GB 22337—2008)要求,在周边可能受影响的三栋敏感建筑物内选定了 15 个监测点,并用爱华 AWA6291 型多功能噪声分析仪进行监测记录;由于屋面各种机电设备夜间 10 点至第 2 天上午 6 点均处于关闭状态,因此本次治理目标仅考虑昼间噪声排放情况(表 9-17)。

表 9-17　　　　　　　　　　　　　　　　敏感建筑物噪声测量记录表

序号	检测区域	测点位置	治理前噪声值/dB(A)	限值/dB(A)	超标量/dB(A)	治理后噪声值/dB(A)
1		6 层窗外 1 m	69.8	60	9.8	57.5
2		8 层窗外 1 m	69.7	60	9.7	57.9
3	公寓楼 1 东侧	10 层窗外 1 m	72	60	12	58.7
4		12 层窗外 1 m	69.1	60	9.1	58.1
5		14 层窗外 1 m	68.5	60	8.5	57.3
6		6 层窗外 1 m	67.8	60	7.8	57.8
7		8 层窗外 1 m	69.8	60	9.8	58.2
8	公寓楼 2 北侧	10 层窗外 1 m	71.3	60	11.3	59.0
9		12 层窗外 1 m	71.1	60	11.1	58.6
10		14 层窗外 1 m	71	60	11	57.9
11		6 层窗外 1 m	70.3	60	10.3	57.0
12		8 层窗外 1 m	72	60	12	58.7
13	写字楼南侧	10 层窗外 1 m	72.5	60	12.5	59.4
14		12 层窗外 1 m	71.3	60	11.3	58.3
15		14 层窗外 1 m	70.6	60	10.6	57.1

根据检测结果显示公寓楼 1 最大超标量为 12 dB(A),公寓楼 2 最大超标量为 11.3 dB(A),写字楼最大超标量为 12.5 dB(A),根据屋面设备布置图与声学模拟计算可知:

(1)影响公寓楼 1 的主要噪声源设备有风冷热泵、冷却塔 2、部分油烟风机,其中风冷热泵与冷却塔 2 对公寓楼 1 影响最大,油烟风机次之。

(2)影响公寓楼 2 的主要噪声源设备有风冷热泵、部分油烟风机,其中风冷热泵对公寓楼 2 影响最大,油烟风机次之。

(3)影响写字楼的主要噪声源设备有冷却塔 2、部分油烟风机;其中冷却塔 2 对写字楼影响最大,油烟风机次之。

图 9-45 冷却塔 2 现场实拍图

5. 控制措施

1)冷却塔 2 噪声控制措施

(1)冷却塔主要噪声源为出风口噪声,设计安装出风消声器,消声叶片深度为 1 000 mm,缓流区高度 1 500 mm,在不影响顶部风机正常排风要求下达到隔声降噪效果(图 9-45)。

(2)冷却塔荷载量及腐蚀性强,出风消声器采用铝合金材质,且整体设计钢结构框架支撑,出风消声器不与冷却塔直接连接。

(3)冷却塔离商住楼及居民区较近,部分风机噪声通过两侧淋水蜂窝板向外传播,在冷却塔西侧及靠近住宅一侧两台冷却塔东侧 1 200 mm 外位置设计安装 4 000 mm 高金属吸隔声屏障,底部 1 500 mm 镂空(考虑到冷却塔进风位置较高)。

(4)两组冷却塔之间用金属吸隔声挡板进行隔挡,考虑到冷却塔进风要求,设计下沉式进风百叶。

(5)部分冷却塔西侧加装金属吸隔声挡板;削弱淋水噪声及部分从下部进风区域向外传播的风机噪声(图 9-46)。

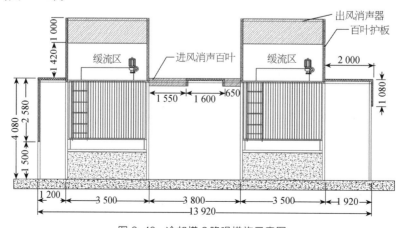

图 9-46 冷却塔 2 降噪措施示意图

2）风冷热泵噪声控制措施

（1）两组风冷热泵及配套水泵为屋面主要噪声源之一，对两栋公寓楼影响较大；根据其设备特性，设计通风散热型隔声罩，整体阻断噪声传播路径，达到隔声降噪的目的(图 9-47)。

（2）通风散热型隔声罩顶部设计出风消声器，其缓流区高度 1 000 mm，消声叶片深度 1 100 mm；在满足两组风冷热泵出风要求的基础上，削弱出风口的空气动力性噪声。

（3）根据其进风要求，并结合现场施工条件，设计

图 9-47 风冷热泵现场实拍图

"M"型进风消声百叶，深度为 600 mm；在满足风冷热泵进风要求的基础上，削弱噪声值。

（4）考虑到风冷热泵下部压缩机低频噪声突出，设计专用低频吸隔声模块对其噪声进行隔挡(图 9-48)。

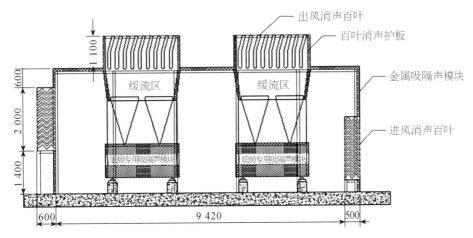

图 9-48 风冷热泵降噪措施示意图

3）油烟风机噪声控制措施

为达目标的同时性价比能够最大化，根据油烟风机噪声值大小、位置关系等因素选择性采用隔声罩、吸隔声屏障及消声器的方式。

（1）距离敏感建筑物较近或噪声值过大的油烟风机，采用隔声罩加出风消声器的解决措施。

（2）为避免多个风机同时开启时，产生噪声叠加，距离敏感建筑物较远但噪声值偏大的风机设备，采用设计出风消声器的解决措施。

（3）针对距离敏感建筑物较远且噪声较小的风机，使用设置吸隔声屏障的解决措施。阻断噪声传播途径，从而减小噪声对敏感建筑物的影响。

6. 治理效果

上海某城市广场噪声治理结束后,采用与治理前相同的仪器与检测方法在原来三栋敏感建筑物的 15 个监测点进行复测,监测结果统计情况见表 9-17。

从表 9-17 可以看出,治理后三栋敏感建筑物噪声监测值明显变小,且满足《社会生活环境噪声排放标准》(GB 22337—2008)二类昼间要求。

7. 风险预警

利用 CadnaA 声学模拟软件、建筑设计图纸及各类机电设备声压级参数模拟敏感建筑物周边的声场分布图,从而对噪声污染风险起到很好预警作用。从声场分布图可以直观感受到各类机电设备的噪声对敏感建筑物的影响,从而提前采取以下措施:

1) 合理规划建设布局

合理规划机电设备安装位置,部分噪声设备可放置在室内,或放置在远离敏感建筑物的地方;从前期筹划阶段着手,避免后期的噪声污染问题。

2) 机电设备的合理选型

选用低噪声机电设备,从源头上减轻噪声的产生是治理噪声污染的有效途径,低噪声设备可以降低治理的难度,降低治理的成本,节约资源达到绿色环保的要求。

3) 强敏感建筑物隔声性能

对无法避免受影响的敏感建筑物,可对其屋顶、墙体、地面、门窗、各种管道等不同部位,集体进行隔声性能加强的措施做好隔声降振、消声吸声处理,以减少噪声振动对敏感建筑物的影响(图 9-49)。

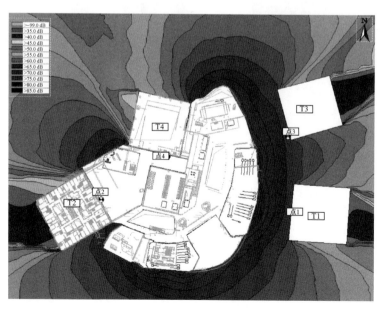

图 9-49 某商业综合体声场分布图

8. 建议

（1）加强噪声防治技术的研发和推广。噪声防治技术与人民的生活息息相关,经济有效的治理技术即能取得可喜的成绩,又容易推广;在提高居民生活水平的同时,可以减轻噪声对居民的影响。

（2）各政府部门加强监督管理。工商加强对准备开展经营活动的经营者在办理营业执照前进行环境影响审批的督促工作,环保加强对经营者采取减轻环境影响的措施的可行性、可靠性、经济性进行审核,对施工过程进行监督,加强"三同时"工作。从源头上杜绝扰民事件的发生。

9.4.4 建筑施工噪声的污染防治

建筑施工噪声,是指建设项目施工过程中产生的干扰周边社区生活环境的声音或者振动,包括施工机械噪声、运输车辆噪声、敲击噪声等。随着我国经济社会的快速发展和城市化水平的逐步提高,建筑施工噪声污染日益普遍,成为影响我国城市生态与居住环境的重要污染源之一。

与一般工业噪声污染、城市道路噪声污染相比较,建筑施工噪声污染因其施工场地固定,具有一次性、临时性及流动性等特征,显现出以下特点。第一,暴露剂量大。建筑施工噪声暴露剂量一般会超出对人类健康无害的限度,必须予以控制。有研究表明,建筑施工场界噪声通常在80 dB(A)以上。第二,对从业人员及周边居民影响大。建筑施工噪声能够导致作业工人与周边居民听力下降、注意力不集中、心烦意乱等问题,并进而导致其身体健康受到损害,工作效率下降,增加其在作业过程中发生安全事故的概率。有研究表明,在70 dB(A)以上噪声环境中作业的人,工作效率会下降10%;同时,建筑施工噪声还可引起明显的抑郁、焦虑、烦躁、对立等情绪。第三,建筑施工噪声污染在时间上呈现不规律性,难以彻底消除或者控制。一方面,由于与一般工业噪声或者交通噪声污染相比,建筑施工有流动性、临时性、一次性等特点,施工单位的侥幸心理导致对其的控制异常困难;另一方面,项目施工工艺具有连续要求,往往导致夜间施工、连续施工发生,这也从心理上加大了其对从业人员与周边居民的危害程度。

1. 建筑施工噪声的风险识别

建筑施工中的噪声源主要有:施工机械有推土机、挖掘机、混凝土搅拌机、打桩机等;电动工具有电锯、切割机、混凝土振捣棒等;模板的支拆、修复与清理(表 9-18、表 9-19)。

表 9-18　　　　　　　　　　　　　　施工机械设备噪声表　　　　　　　　　　单位:dB(A)

声源	范围	平均值
打桩机	94.0～110.0	102.0
吊车	70.0～76.0	73.0
电钻	89.5～102.0	95.8
电锯	91.0～108.0	99.5

（续表）

声源	范围	平均值
切割机	93.0～96.0	94.5
混凝土搅拌机	85.0～93.0	89.0
装运渣土	92.4～97.6	95.0
挖掘机	79.3～84.5	81.9

表 9-19　　　　施工噪声源 1/1 OCT 倍频程频谱监测数据代表值

施工活动	16.0	31.5	63.0	125.0	250.0	500.0	1 k	2 k	4 k	8 k	16 k	W_A
柴油发电机	62.4	73.1	75.6	76.2	71.3	67.5	63.3	59.3	54.8	51.5	42.2	70.0
挖土机	70.3	76.4	78.6	80.2	80.0	76.5	74.6	70.8	67.0	61.6	53.3	79.8
混凝土泵	68.4	80.8	82.7	79.8	83.4	77.9	80.8	76.4	69.7	64.2	54.0	83.8
锚杆钻机	54.2	68.1	80.9	68.0	78.9	70.8	72.4	71.5	65.6	63.4	57.4	77.9
空压机	63.0	70.5	75.6	79.7	77.6	76.8	75.1	72.2	69.9	69.0	64.1	80.3
喷锚作业	65.7	66.3	65.6	65.5	64.4	63.9	66.9	68.8	70.8	70.7	70.7	76.5
鼓风机	79.8	74.2	76.0	80.4	79.4	81.0	82.9	83.2	84.7	88.1	88.4	92.0
钢筋切断机	71.3	72.6	77.4	81.4	81.6	82.7	78.7	78.5	79.4	73.5	65.0	86.8
施工活动	16.0	31.5	63.0	125.0	250.0	500.0	1 k	2 k	4 k	8 k	16 k	W_A
钢筋切割机	63.0	67.8	67.9	70.6	73.4	79.7	79.8	79.4	79.2	76.7	69.8	86.4
型材切割机	62.5	63.7	67.7	71.3	74.9	85.3	85.3	88.8	91.2	87.8	78.8	95.8
钢筋弯折机	56.5	66.1	63.1	67.7	71.4	72.7	73.5	72.9	74.3	71.9	62.3	80.5
风镐	64.3	61.6	71.5	74.9	77.4	79.4	81.9	82.2	83.1	82.4	77.9	89.4
手持电圆锯	65.2	74.9	70.7	71.1	72.3	72.5	74.0	77.0	83.4	84.2	82.2	88.1
泥子搅拌器	67.4	72.5	71.6	73.4	71.8	71.8	76.3	86.3	77.9	77.5	67.4	89.1
风管加工准备	74.8	76.0	75.5	79.3	84.7	84.9	80.2	78.5	80.0	83.0	78.7	88.4
风管加工安装	71.7	72.3	79.5	86.1	90.3	90.1	89.8	86.4	82.8	79.2	73.7	94.0

　　通过研究这些施工噪声源的噪声频谱后发现,这些频谱基本可归为三种类型:第一类多为大型施工机械产生的噪声,主要为发动机噪声,其特点是低频噪声声级高,高频噪声声级低;第二类特点为中频噪声声级高,高频和低频噪声声级低;第三类多为小型施工机械和手持工具噪声,主要为切割、碰撞噪声,其特点是低频噪声声级低,高频噪声声级高。

　　一般而言,高频噪声相对于低频噪声,在传播过程中衰减得更快一些,且不易穿越障碍物,而低频噪声由于波长较长而更易穿越障碍物;另外,高频噪声对人体生理的影响也较低频噪声要强烈一些。因此,结合频谱图,可以发现,在地基开挖阶段,施工噪声主要为低频谱噪声,其传播相对较远,对场界外环境影响较大;而在装饰装修阶段,施工噪声大多由工人手持工具产生,主要为高频谱噪声,其传播衰减较快,加之受室内外墙阻隔,对场界外环境影响相对较小,而对施工工人的影响较大。

2. 建筑施工噪声的风险评估

建筑施工噪声对周边居民的生活、学习和日常休息造成了很大影响,严重的甚至会导致心理阴影,危害主要体现在四个方面:第一,建筑施工噪声的加大,可以对城市居民的听力造成损害。经调查数据的研究表明,人们长期在强噪声环境下生活与工作,就会使人类的内耳听觉组织受到损害,长期在这种环境下,就会使人类造成慢性耳聋,噪声越大,对听力影响越大。如听力损失在 25~40 dB(A)容易造成轻度耳聋,噪声在 40~65 dB(A)时容易造成中度耳聋,噪声在 65 dB(A)以上,容易造成重度耳聋。第二,建筑施工噪声的加大,可以影响城市居民的睡眠,睡眠使人类获得精力,通过睡眠能使人们新陈代谢得到调节,通过睡眠人的大脑得到充分休息,消除体力和脑力疲劳,因此,睡眠对人体的健康是非常重要的。一般来说,连续噪声达 40 dB(A),可以使受到干扰的人群会有 10% 的人睡眠受到影响,如果噪声达到 70 dB(A),就可使受到干扰的人群会有 50% 的人睡眠受到影响,如果发生突发性噪声,就能在 40 dB(A)时可使 10% 的人惊醒,到 60 dB(A)时,可使 70% 的人惊醒。第三,建筑施工可以对人体的生理带来影响。由于人类长期暴露在强噪声环境中,就会由于噪声的影响,使人体的健康水平下降,尤其是噪声会使一些人诱发各种慢性疾病,降低人的寿命,同时噪声还会引起消化系统、神经系统等方面的疾病。第四,建筑施工噪声,可以对人的语言交流带来干扰,噪声越强,干扰越大。当噪声级与语言声级相当时,就会使人们之间的正常谈话无法进行,当噪声级高于语言声级 10 dB(A)时,人类的正常谈话声就会被噪声完全掩蔽,在这样的环境下,人们就无法正常交谈,而且容易给人的听力带来严重影响。

3. 建筑施工噪声的风险预警

近年来,随着国内房地产市场的兴起,各地建筑施工场地不断增多,如何降低施工噪声对周边环境的影响是当前管理者的一个难题。可通过以下几个措施进行有效预防:

(1) 建筑施工之前应结合现场实地情况进行环境评估,编写详细的施工方案,其中应包含施工噪声的防控处理。

(2) 合理布局施工场地的机械设备和车辆运输路线。

(3) 施工过程中选择噪声值较小的机械设备,从源头上降低噪声影响。

4. 建筑施工噪声的风险管理

建筑施工噪声对周边环境与居民的生活造成了极大的影响,建筑施工噪声的风险管理可从以下几方面考虑。

1) 减少人为噪声

施工单位应严格执行《建筑工程施工现场管理规定》,进行文明施工,建立健全现场噪声管理责任制,加强对施工人员的素质培养,尽量减少人为的大声喧哗,减少施工机械的磕碰与材料的坠落,增强全体施工人员防噪声扰民的意识。

2)加强对施工现场的噪声监测

为及时了解施工现场的噪声情况,掌握噪声值,施工单位应加强对施工现场环境噪声的长期监测。采用专人监测、专人管理的原则,凡超过《建筑施工场界噪声限值》的,要及时对施工现场噪声超标的有关因素进行调整,力争达到施工噪声不扰民的目的。

3)积极改进施工技术和方法

生产作业尽量向现场外部发展,减少现场施工作业量或作业内容。对于产生强噪声的成品、半成品的机械加工及制作,可以在工厂、车间内完成,减少因施工现场加工制作产生的噪声。

积极改进作业技术,采用先进设备与材料,降低作业噪声的产生量。如改变垂直振打式为螺旋、静压、喷注式打桩机新技术等,如以液压打桩机取代空气锤打桩机,在距离15 m处实测噪声级仅为50 dB(A);另外以焊接代替铆接,用螺栓代替铆钉等;混凝土振捣时,做到快插慢拔,并配备相应人员控制电源线及电源开关,防止振捣棒空转;支拆模板、脚手架时,必须轻拿轻放,上下、左右有人传递,严禁抛掷;模板在拆除和修理时,禁止使用大锤敲打模板,以降低噪声;设置木工加工棚,并对木工棚进行一定围挡封闭处理,以降低噪声;现场加工应在室内进行,严禁用铁锤等敲打的方式进行各种管道或加工件的调直工作;混凝土搅拌机、砂浆机棚四周用木工板进行封闭,并且封闭严密,以便减少噪声。

4)吸声降噪

利用吸声材料(如玻璃棉、矿渣面、毛毡、泡沫塑料、吸声砖、木丝板、甘蔗板等)和吸声结构(如穿孔共振吸声结构、微穿孔板吸声结构、薄板共振吸声结构等)吸收通过的声音,减少室内噪声的反射来降低噪声,吸声材料(如纤维材料、颗粒材料、泡沫材料等)其吸收噪声频率宽,可降噪5~20 dB(A)。也可在打桩机、搅拌机,锯木机等高噪声施工机械附近设置吸隔声屏障,能降低噪声15 dB(A)(图9-50)。

图9-50 吸隔声屏障实例图

图 9-51 隔声罩实例图

图 9-52 消声百叶实例图

5) 隔声降噪

把发声的物体、场所用隔声性能好的隔声构件(如砖、钢筋混凝土、钢板、厚木板、矿棉被等)封闭起来,将施工机械噪声源与周围环境隔离,使施工噪声控制在隔声构件内,以减小环境噪声污染范围与污染程度。常用的隔声结构有隔声间、隔声机罩、隔声屏等,有单层隔声和复合隔声两种结构。通常,隔声间由 $12 \sim 24$ cm 的砖墙构成,其隔声量 $30 \sim 50$ dB(A);隔声罩由 $1 \sim 3$ mm 钢板构成,在钢板外表用阻尼层、内表用吸声层处理,隔声量会再提高达到 $20 \sim 30$ dB(A)(图 9-51)。

6) 消声降噪

产生空气动力性噪声源的施工机械如通风机、鼓风机等中高频噪声源,采用抗性消声器、扩散消声器、缓冲消声器等消声方法,能降低噪声 $10 \sim 30$ dB(A)(图 9-52)。

7) 隔声降噪

为防止振动能量从振源传递出去。在施工机械设备与基础或联接部之间采用弹簧减振、橡胶减振、管道减振、阻尼减振技术,可减振至原动量 $1/10 \sim 1/100$,降噪 $20 \sim 40$ dB(A)。隔振装置主要包括金属弹簧、隔振器、隔振垫(如剪切橡皮、气垫)等(图 9-53)。

图 9-53 设备减振基础实例图

在城市建设的过程中,将给居民生活带来的影响降至最低,尽可能为居民提供安静、舒适的生活环境。建筑施工噪声的污染防治工作,设计、建设、施工单位必须重视,应把该项工作作为"工程招标""文明施工""优质工程"的考核内容,环保部门要加强管理监督。随着环保法律法规不断健全,科学技术不断进步,公众参与和环保意识逐步加强,建筑施工噪声污染将会得到有效控制。

第 3 篇

城市生态环境风险防控研究与实践前沿

10 专论一：城市生物多样性风险防控体系研究与实践

10.1 生物多样性与城市生物多样性的研究边界界定

10.1.1 生物多样性的概念

生物多样性从它的英文词根来看，包含了生命"bio"和多样性"diversity"两层含义，是指地球上多种多样的变化适应着环境变化的生命共同体，包括生命为适应不同生态系统和生态过程的多样性、植物和动物物种多样性以及同一物种内品种的多样性等[7]。它具有支撑生态系统保持一定恢复能力的弹性，它为生态系统在不断变化的环境下运行和关键服务提供支撑。不论在海洋、陆地，是热带、温带、寒带，还是高山、平原、河谷，所有的有机体、物种、种群、基因组成，随着时间和空间的演变，在不同的环境压力下形成的多种多样的适应性生态过程，都属于生物多样性的研究范畴。

联合国环境规划署(United Nations Environment Programme, UNEP)指出，生物多样性一般可以从基因、物种和生态系统三个层面来测度[132]。生物多样性是生态系统整体状况的一个宏观评估，为生态系统的整体状况提供一个简明有效、定性定量、富有同理性的判断性指示系统。同时，生物多样性作为生态系统的一部分，又从各种方面支撑着至关重要的生态系统服务功能，比如病虫害防治、授粉、食物链调节、生态景观的生物改造、休闲游憩、精神文化服务等[7, 133]。

10.1.2 城市生物多样性的概念和时空范畴

在地球45亿年浩瀚的历史长河中，城市生物多样性仅仅是地球生命共同体演变发展大时空中的一个瞬间、一个片断。但因当今城市人口的高度聚集、城市土地的迅速扩张、城市吞吐物质和能量的巨大外部性，使得地球已不再是自然地块为主的"空的世界"，而成为塞满人类活动的"满的世界"[134]。人类不得不对城市化带来自然地丧失、生态系统和生物多样性下降而带来的风险严加防范，以确保生物多样性支撑的生态系统及其众多服务不至于达到临界点而出现降级和崩溃。

城市生物多样性(生命共同体)，主要为城市人口提供文化娱乐服务，一方面在精神、审美、历史、情感、宗教和地方感的层面，为人们提供鸟语花香、诗情画意、故土怀旧等感受和艺术创作的启迪；另一方面在绿色空间中步行和进行体育活动，不仅是一种有益的体育锻炼，还能帮助人们放松心情。虽然绿色空间对维持精神和身体健康的作用很难测量，但已越来越受到重视。

城市生物多样性（生命共同体）是绿地生态系统的基础，为绿地生态系统提供调节服务起到重要的支撑作用，其中重要的调节作用有气候调节、空气净化、城市地表径流保持、生物防治和授粉等。城市生物多样性不仅是生态系统服务的参与者，也是生态系统保持弹性和恢复能力的重要支撑，同时又在一定程度上反映出城市生态系统的健康程度和整体水平。[7, 133, 135]

城市生物多样性（生命共同体）包括所有在城市中长期生存、定期迁徙或短期逗留的物种，包括所有植物、动物（鸟、鱼、哺乳动物、两栖爬行动物、昆虫等）和微生物，它们由不同的生态系统提供生存所需的生境，包括食物、水和庇护所，与生态系统的健康是一体两面、互为体用。当生物多样性下降时，反映出生态系统的衰退；生态系统衰退时，则导致和呈现出生物多样性的下降。因此，保护生态系统是在提高生物多样性；提高生物多样性水平，也是在保护生态系统。

生物多样性研究可以分为同一时期不同地点的生物多样性横向比较和同一地点生物多样性长期变化的纵向比较研究。城市区域的生物多样性由于其地理区位和城市化强度不等，一般分为城市中心区、城郊接合部（城市化前沿区）和飞地（远离城市中心的新城开发区）三种类型。这三种类型的城市生物多样性所提供的生态系统服务的类型、数量、质量和受益人皆不相同，由此带来的生物多样性风险也需区别对待。

城市中心区的生物多样性保护通常集中在如何在钢铁森林中增加一点有生命的绿色，让城市居民在每日繁忙与喧嚣中能有一块与大自然亲密接触的场所层面，直接价值在于提供文化服务功能，间接价值体现在支撑生态系统的空气和水体净化等调节功能。

城郊接合部是正在和即将进入城市化阶段的地区，原本是湿地、山体、农田或森林，具有支撑林业、农业等产业部门的生态系统服务功能，在城市化的驱动下，可能被填平、伐没，取而代之的是建筑、道路、厂房和商业区。这一地区原本为人类提供食物、涵养水源，提供各种生态系统服务功能，同时为野生动植物提供栖息地。虽然这些野生动植物不一定是濒危或临危的保护物种，但城市化巨大的体量，造成栖息地快速且大面积破碎化和丧失，使地球生命共同体中所有物种的生存空间缩小、丧失，给区域乃至全球生物多样性带来渐进的损失。因此，城郊接合部对于城市生物多样性保护而言是一个模糊的边界，或者说就是因为没有边界，而导致忽略和破坏。我们需要专门建立城市生物多样性保护平台来明确这个边界，通过在城市化前期划定生态廊道、隔离带等措施，保障城市生物多样性安全。

城市发展中的飞地指离开城市中心区以外跳跃式建设的新城区。这些地方往往是生态环境较为原始、具有一定保护价值的地区，如海岸带、高产农田、山地森林、湿地、矿区等，上海郊区的几个新城即属此类地块。上海是中国东部海岸带东亚候鸟迁徙途中（西伯利亚—澳大利亚）重要的中转站。鸟类迁徙是其整个生命周期中风险最高的阶段，而这些中转站为迁徙行为提供重要的能量和食物补给。人们在这一地区的城市化活动常常有意无意地破坏鸟类迁徙途中的补给地,给它们的迁徙造成更大困难,有时甚至对某些物种在全球范围的续存产生严重影响。因此,城市生物多样性保护需要考虑野生动物迁徙、迁飞、迁移途中经过的城市飞地,城市扩张与人类行为需要自我约束(图 10-1)。

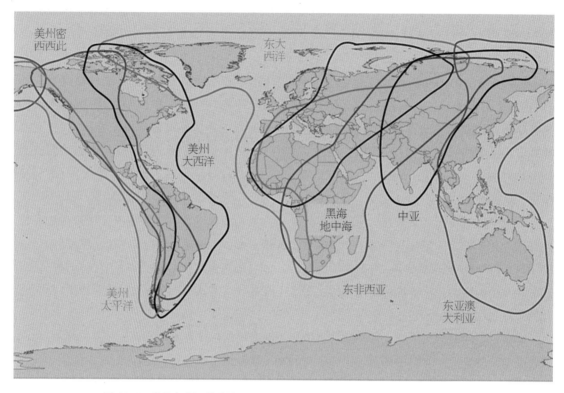

图 10-1　世界鸟类迁徙路线图(资料来源:联合国粮食与农业组织网站)[136]

10.1.3　城市生物多样性风险的识别与评估

　　生态系统和生物多样性受损会产生直接的经济后果,而我们通常会低估这种后果。因此,使城市生物多样性对经济和社会的利益能够被测量和可看见,建立证据基础,是更有目标性地进行风险管理、提出解决方案的基础[133]。生物多样性衡量指标一般提供三个层面的依据:①生态系统层面,反映生态系统整体的优劣水平;②群落和生境层面,通过指示物种和指示生境的识别、选取和监测,反映野生动植物及其生境的多样性水平;③物种层面,通过某特定指示物种经济价值的研究,估算某特定生态系统所带来的最小生态价值,从而得到保护和维持的依据。例如,越来越多的人认识到野生动物的存在和保护不仅有利于人们生活质量的提高,还具有伦理、道德、娱乐、经济以及旅游价值[134]。然而,由于生态系统具有一定的承受能力,在达到临界点之前,生物多样性丧失和生态系统劣化并不能立刻或直接转化为服务的损失;但一旦到达临界点,就很快崩溃,因此,监测生态系统和生物多样性与临界点的距离对经济分析、风险管理极为重要。其次，生物多样性和生态系统的价值与它们承受干扰和外界变化以后的恢复能力和维持服务的能力有关。生物多样性是支撑生态系统受损后恢复弹性的重要因素，但当持续干扰时间过长、剂量过大，将导致生物多样性的拐点性损失，使得生态系统的恢复弹性越来越小、提供服务的能力也逐渐减弱。这种保持弹性的价值通常很难加以衡量，因此，必须采取提前预防风险发生的方案来保护生物多样性和生态系统[137]。

不同空间位置和不同发展阶段的城市，它的物种组成是不一样的。城市生物多样性的物种范畴必须根据城市的特点，选定自身的指示物种和典型生境，才具有现实意义和可比性[138, 139]。举个极端的例子，在我国绝大多数城市中心区都没有猕猴的野生种群，但在我国贵阳市市中心的黔灵山中，却拥有一支数量超载的野生猕猴群。因此，大多数城市中心区无须考虑猕猴作为特征物种，因为不具有可比性；而在贵阳市的中心城区，这支特有的野生猕猴群的数量就需要重点监测与管理。

通常，全世界生态学家都把鸟类作为最好的指示物种来研究城市生物多样性[139-141]。因为鸟类作为移动性较强的物种，对城市景观变化具有最合适的敏感性和弹性；同时，鸟类作为公众喜闻乐见的物种，更易于被观察和关注。每年的固定月份，分别会有不同的候鸟相继到达与飞离鸟类迁徙路线。在郊外、城乡接合部或者市中心的湿地附近，都会出现集群的候鸟，从而引得观鸟爱好者不间断地观察和记录。通过持久记录鸟类变化的动态，放在大的时空背景下，不仅可以横向对比鸟类的分布差异，更可以纵向了解鸟类在城市化和人类活动过程中的变迁，从而为管理决策提供有力的支持。

当然，也有处于生态恢复阶段的后现代城市，如斯德哥尔摩等北欧城市，其生态系统相对稳定，受城市发展的影响不大，采用两栖动物（蛙类）作为长期监测指标[138]。蛙类比较敏感且移动性有限，因此更能反映城市生态系统状况变化中不容易被察觉的细节。通过长期的城市蛙类监测，能够反映出城市在全球气候变化过程中自然生态的衰弱与更新。

拥有自然山体和湿地的城市，往往可以通过独具特色的地带性乔灌木植被群落或湿地植物群落的组成和数量来反映其植被生物多样性水平，例如杭州、南京、贵阳等城市的山地城市森林。而开发/绿化过度的城市，由于自然山体和自然湿地的破坏，其乔灌木群落常常是人工种植的经济植物和园林植物，不能反映城市植被生物多样性的真实水平。极端实例如南方各省的桉树林、橡胶林种植，取代原本的热带雨林、亚热带季雨林，造成城市生物多样性的严重损失。野草的种类和数量，在一定程度上也能反映城市绿地（森林）的生物多样性水平。野草，维系着本土昆虫、蛙类、鸟类、小型哺乳动物等生物的多样性。因此，在人工绿地中减少农药化肥的使用，使野草自然生长，是目前城市生物多样性保护的重要议题之一。

10.1.4 城市生物多样性风险评价的主观性

从基因到物种再到生态系统，生物多样性的测度层面可谓多样；而研究对象更是多种多样，鸟类、两栖类、爬行类、昆虫类、哺乳类、鱼类、底栖类、土壤动物、微生物、维管束植物(蕨类、裸子植物、被子植物)、苔藓、菌类等,每一类生物都有众多的多样性和适应性特征。究竟选择哪一种作为指示物种,除研究课题中的客观需求外,不同科学家和普通大众爱好者,都会有自己主观的标准:有的喜欢研究居于食物链顶端动物的生物多样性,如猛禽、流浪猫对生物多样性的影响;有的偏重于研究昆虫,如蝴蝶(蛾子)、鸣虫、萤火虫、蜻蜓等,这些动物往往给人诗意田园的联想,同时对寄主和环境有很好的敏感性;有的侧重研究某些植物对特定环境因子的指示性,如蕨类植物、苔藓等对空气和水有较强的指示性;也有科学家认识到授粉昆虫对农业、林业和生态系统的安全极为重要,并意识到目前大量使用农药化肥的农林生产方式,造成极大的生态危机(野生土蜂和其他传粉动物的大量死亡),从而造成一系列连锁的经济后果。因此,城市生物多样性保护强调选定特定指示物种(明星物种)和典型生境加以研究和保护,是全世界科学家和保护工作者一致的工作方法,同时,还能够附带保护到一种或多种类型的物种和生态系统(伞护效应)。

10.2 城市生物多样性保护工作的关键——公众参与

10.2.1 市民观鸟对城市生物多样性保护的意义

现代观鸟活动开始于英国,1889 年英国皇家鸟类保护协会(Royal Society for the Protection of Birds, RSPB)成立,大大推进了鸟类保护和鸟类多样性研究。目前,RSPB 已经拥有百万以上的会员,占全国人口的 1.7%。该协会在 2006 年组织的一场大规模庭院观鸟活动中参加者达到了 47 万人以上。

美国的观鸟爱好者人数众多。根据 2001 年美国的一份全国性调查数据显示,16 岁以上的观鸟者达到 4 600 万人,超过总人口的五分之一,其中以居家观鸟或周围观鸟者居多,达4 000 万人。观鸟者的平均年龄为 49 岁,收入水平和受教育程度较高。多数观鸟者只能辨认1~20 种鸟类,能辨认 40 种以上的只占 8%。这份统计资料还显示,美国和西方其他发达国家一样,观鸟已经形成了一项较大的产业。2001 年,年产出达 8 500 万美元,其中零售业产出为3 200 万美元,创造了超过 86 万人的就业岗位[142]。

从 20 世纪 80 年代起,陆续有外国观鸟者开始进入我国内地,把观鸟活动的理念引入。90 年代开始出现本土观鸟者。在过去的 20 年间,观鸟活动在中国内地迅速发展,各个省市相继出现了观鸟组织(观鸟会或野鸟会),这些组织的创建进一步推动了中国观鸟活动的发展。观鸟组织通过举办观鸟和环保宣教活动,普及了鸟类和栖息地保护的相关知识,提升了公众的环境保护意识;观鸟组织还积极开展鸟类调查,协助科学研究,一些已经发表的研究成果,其主要参考资料和数据均来源于观鸟者的观鸟记录。近年来,全国各地的鸟类新纪录也大部分由观鸟者发现,如丹东观鸟会发现了黑嘴鸥、中白鹭和小青脚鹬的大型繁殖群,上海野鸟会发现了大长嘴地鸫等。这些发现均为科学研究提供了重要帮助[143]。

10.2.2 公众参与城市生物多样性保护工作的其他方式

对于城市生物多样性保护工作而言，"食育"是另一个很好的题材。粮食、蔬菜生长过程中都有丰富多样的生物参与其中；农药和化肥的使用，大大地抑制了本土杂草与某些野生动植物的生存；原生多样性丰富的种子留种的重要性也逐渐丧失，等等。因此，推动公众亲身体验从准备土壤到播种收获的全过程，通过"食育"了解到各种生物在农业生产过程中的作用，松土、授粉、提高土壤肥力、处理垃圾等；通过共同购买、社区支持农业等方式来推动生物多样性友好的农业生产。能促进理解生物多样性对于人类的意义和价值。中国人口众多，农业用地占国土面积比例大，因此在农业生产中降低对周边野生动植物和自然栖息地的影响，对生态多样性来讲具有非常重要的意义。

另外，以不同生物和生态文明为主题的环境教育、自然教育活动以及各种形式的科普、科考活动等，也能提高人们的生物多样性保护意识。特别是对指示物种形成稳定的观察记录以后，该信息将成为生物多样性保护的依据和风险评估的证据来源。

10.2.3 公众参与生物多样性保护带来的社会——经济收益

1. 观鸟案例

2017年10月，在德宏边境小镇那邦，拍摄到了一只国家二级重点保护野生动物鹳嘴翡翠，在被追踪拍摄、被观测记录的197天里，它吸引了近3 000名中外鸟友专程到那邦观测、拍摄，给当地带来了极好的(至少50万元)经济效益和社会影响力，并极大地促进了盈江生态观鸟业的发展和德宏对外宣传工作[144]。

无独有偶，2018年3月10日，上海世纪公园飞来一只黑喉潜鸟，引来众多的观鸟者前往世纪公园观察、守拍，甚至有许多观鸟者特地从外地赶来。黑喉潜鸟在上海比较罕见，它们生活在大海上，在迁徙途中仅会有个别来到上海郊区或市区的水域里短暂停留，所以在上海属于"旅鸟"，而非"候鸟"。

2. 珊瑚礁案例[145]

沿海水域的健康直接影响着各种礁石的健康，如牡蛎礁、海草床、珊瑚礁等，这些礁石给大自然的生物多样性带来多重裨益。它们盛产鱼类，带来娱乐和商业收益，过滤海水，减少污染，对沿海地区面临的海平面上升、风暴潮来袭、海水入侵等问题，起到一定的缓冲作用。但这一生态系统中的很大一部分都已经消失不了了。

南太平洋波纳佩岛曾经由于捕鱼和踩踏，造成珊瑚礁的严重损坏。自1995年开始，有一位名叫戴基奥的渔民开始自发持枪巡逻守护这片珊瑚礁。经过3年，当地渔民逐渐发现，不仅在戴基奥守卫的那片珊瑚礁里，就连附近延伸的珊瑚礁中都出现了更多更大的鱼。当地的渔业资源再次丰富起来，随着鱼类种群的恢复，鱼群已经蔓延到邻近的海域。后来在政府的支持和推动下，波纳佩逐渐拥有了20个海洋保护区。而戴基奥因其开拓性的努力，建立起一个国家级公园系统，后被评为环保英雄。

10.3 生物多样性保护的收益案例

10.3.1 香港米埔湿地公园

米埔国家级自然保护区是位于香港元朗区北部的一片湿地,1995 年被拉姆萨尔国际公约划为"国际重要湿地",占地 1 500 公顷,每年冬天,都有超过 60 000 只候鸟来此越冬。米埔有过记录的鸟类有 416 种,是黑脸琵鹭、小青脚鹬、勺嘴鹬、遗鸥等多种世界顶级濒危物种的栖息地,是东亚—澳大利亚迁徙线上的重要一环(图 10-2)。

米埔原为一片废弃的鱼虾塘,香港回归后由"渔农护理署"管理。认识到米埔湿地在亚洲候鸟的重要性后,香港渔农护理署找来国际自然基金会(WWF)管理米埔,并由香港观鸟会加以监督,确保 WWF 的工作有效。从 1983 年 WWF 接管米埔以来,米埔与后海湾的鸟大概有 1 万多只,现在平均数量达到 5 万~6 万只,最高时达到 9 万只(图 10-3)。

图 10-2　香港米埔湿地及内后海湾所在拉姆萨尔国际重要湿地范围示意图[146]

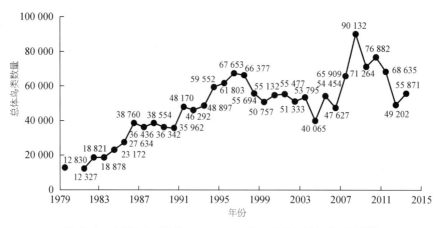

图 10-3　米埔及内后海湾 1979—2015 年 1 月水鸟数量统计图[146]

米埔湿地管理的多样性目标之一是增加本地物种的多样性。他们选择黑脸琵鹭为明星物种，为其提供合适的栖息和觅食生境；为后海湾众多的鸻鹬类提供栖息地点；为越冬雁鸭类提供栖息和觅食地点；维持和管理红树林生境等。

WWF 利用米埔湿地推广可持续发展教育和环境保育，使学生能从孩童时代开始接受可持续发展教育直至学成毕业，为实现可持续发展的未来起到巨大作用。米埔自然保护区为不同的教学对象设置不同形式的参观项目，如为中学生拟定了 7 个参观主题：湿地解构之旅、湿地保育全接触、红树林生态、后海湾规划师、湿地生态学家、米埔多面观、国际法庭等；对小学生设置了三个主题：湿地小侦探、小鸟的故事、米埔点虫虫等。保护区每年共接待 300 所中学和 100 所小学参观，参观学生人数约 1.5 万人[147]。

10.3.2   伦敦湿地中心

伦敦湿地中心占地 42.5 km²，是世界上第一个建立在大都市市中心的湿地公园。这里曾经是 4 个废弃的混凝土水库，经填埋 40 万土石方后，形成了湖泊、池塘以及沼泽等湿地，是现今欧洲最大的城市人工湿地系统。这个项目由泰晤士水务公司与野禽及湿地基金会共同合作建设，包括湿地自然保护中心和环境教育中心。该项目工程庞大，共种植水生植物约 30 万棵、树木 27 000 棵，铺设步行道 3.4 km，动用土方 500 000 m³，建设浮桥 600 m 等。并且建设过程中不得有新的建筑垃圾产生[148]。

自 2000 年建成开放以来，累计吸引全世界参观者近千万人次，每年有超过 170 种鸟类、300 种飞蛾及蝴蝶前来聚会。它带来的不仅仅是生态效益，泰晤士水务公司、水禽和湿地信托基金因此获得同业的尊敬，甚至连参与此项目的伯克利房地产公司也因此获利不菲，周边房产价格达到每栋 200 万英镑以上，成为伦敦房产的标杆[148]。

10.3.3   北京大学申请成为自然"保护小区"

北京大学所在地原本为湿地，后成为皇家园林，继承了天人合一的中国园林风格。虽然周围地块不断被开发利用，燕园始终保留了自然的植被和环境。这里记录到鸟类 206 种，植物超过 180 种，兽类 11 种，鱼类 26 种，两栖爬行类 11 种，蝴蝶 27 种，蜻蜓 26 种。其中，有 1 种国家一级保护动物，金雕；27 种国家二级保护动物；2 种濒危动物，细纹苇莺和黄胸鹀；2 种易危动物，乌雕和鸿雁。因此，北京大学现已成为中国东部平原原生生物多样性的庇护所，也是城市绿地多样性保护和管理的典范(图 10-4)。

北京大学建设了一个整体的自然保护区，并使其成为保护生物学课程案例。这是我国高校第一个自然保护小区，也是北京市第一个自然保护小区，并将成为全国保护小区精细化管理的样本。面对 2020 联合国生物多样性爱知目标收官之年、面对世界、城市和居住区的生物多样性保护，北京大学在相关方面取得的成就具有非常好的示范作用。把校园作为生物多样性保护与教育的"保护地"，有极大的教育意义和品牌价值[150]。

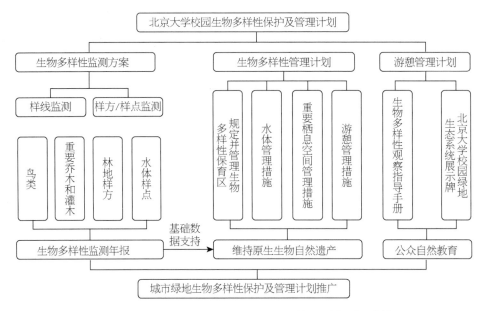

图 10-4　北京大学校园生物多样性保护及管理计划示意图[49]

10.4　城市生物多样性风险防控技术与机制创新的案例

10.4.1　上海新江湾城开发的生物多样性影响

新江湾城位于上海东北古老的江湾湿地,距离黄浦江 1 km、长江口 5 km,是重要的黄浦江入江湿地之一;距离共青森林公园 5 km,滨江森林公园 6 km,是候鸟迁徙重要的补给站。在建

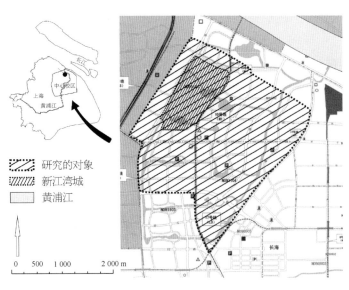

研究的对象
新江湾城
黄浦江

0　500　1 000　　　　2 000 m

图 10-5　上海新江湾城区域位置示意图[51]

设前(2002—2005 年)有鸟类记录种数 97 种,超过当时的市区公园用地,能与郊野公园相媲美;但在2005—2007 年大幅下降,仅相当于市区公园的一般水平(资料整理自:中国观鸟记录中心数据库)(图 10-5)。

2000—2003 年间,这一区域的湿地面积有所扩大,在人为干扰微弱的情况下,自然状态保持得很好;随着江湾地块的开发建设,湿地状态从自然—半自然的景观生态系统转化为人工的城市生态系统;2009—2011 年,整个新江湾城地区成为连续的城市化地区，自然生境只有零星被完好保存；2012 年以来，人工林地和城市绿化的生长带来整体景观生态开始在城市建成区的水平上恢复。这时鸟类种类和数量也有相应恢复，但其物种组成已与建设之前相去甚远(图 10-6)。

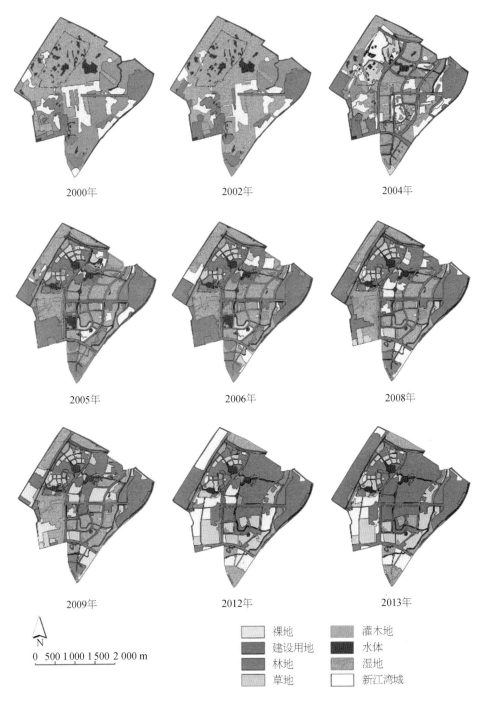

2000年 2002年 2004年

2005年 2006年 2008年

2009年 2012年 2013年

N

0 500 1 000 1 500 2 000 m

☐	裸地	☐	灌木地
☐	建设用地	■	水体
☐	林地	☐	湿地
☐	草地	☐	新江湾城

图 10-6 上海新江湾城城市化过程土地覆盖变化图 [511]

伴随着城市建设的完成,景观树种的成熟,一些伴人鸟种逐渐替代原先消失的本土鸟种而占据一定的生态位。在城市化过程中,不断有本土物种的消失和外部物种的进入。因此,考察一个地区的生物多样性水平,不能简单以鸟类的种数和数量作为判断,选定 1 个基准线(可以是某历史年份的状况,也可以是面向未来某规划需要恢复的状况)[137]来比较不同年份鸟类种群与基准线之间的差距(图 10-7)。

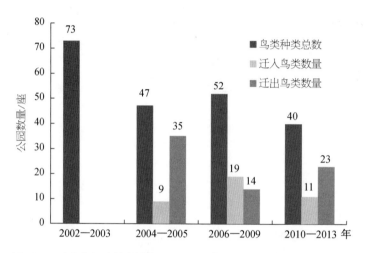

图 10-7　上海新江湾城在城市开发不同阶段鸟类物种的迁出与迁入[151]

生物多样性不仅在物种层面能反映群落结构的变化,更在生态系统整体层面反映生物多样性整体水平,这一宏观概念的测度需要根据现场调研数据精心设计指标,使之能准确表达宏观水平。联合国环境经济核算中心框架体系的生态系统试验性框架(System of Environmental-Economic Accounting 2012,Experimental Ecosystem Accounting,SEEA-EEA)提出采用平均物种丰度指数(Mean Species Abundance,MSA)来测量生物多样性水平[137]。在这里我们选择 2002—2003 年出现的物种的种类和数量作为基准线,分别测度每个城市化阶段这些原始物种的平均丰度,从而排除后来物种的影响,得出反映生物多样性水平的指数(图 10-8)。

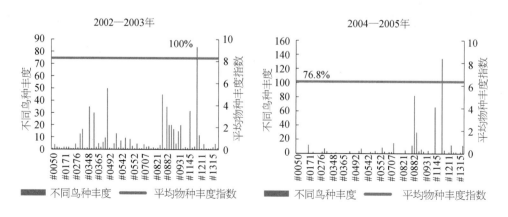

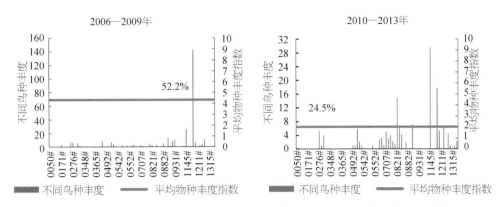

图 10-8　鸟类的平均物种丰度指数在新江湾城城市开发不同阶段的变化情况[151]

　　MSA 指数明确反映出城市化不同阶段鸟类多样性的整体变化水平,从 100％下降为 76.8％,52.2％,24.5％。这一指数的应用极大简化了生态学数据和原理的繁杂和细致,为城市管理、经济核算和金融政策提供了精准明确的依据和基础。

10.4.2　美国湿地银行的经验与机制要点

　　美国湿地银行是生态经济学的重要实践。美国陆军工程兵部的水源保护法案(404 法案)规定,所有涉及水源地的开发要遵循"零净损失原则"。美国环保局随后开发了评估方法,通过对修复后的湿地进行评估量化,核算成点数为单位出售。开发商兴建项目若影响了湿地生态系统的功能及自然价值,则需从湿地银行购买相应的补偿点数;一般来说,一英亩受损湿地对应一个补偿点数。湿地银行是自然资源资产进行交易的重要探索,并能够为投资方带来现实的收益。

　　以美国佛罗里达州的小松岛湿地银行为例,小松岛位于佛罗里达半岛外海上,面积约 4 600 英亩(1 英亩 = 4 046.856 米²),曾是一个堆放了建筑废弃物的小岛。岛上入侵物种丛生,佛罗里达州政府在 20 世纪 90 年代初决定对岛上 1 600 英亩的中心区域进行生态修复,做成湿地银行。在修复初期只有五六种鸟类。修复工程从 1997 年开始,耗时 10 年,创造了约 1 600 个湿地点数。项目结束后,根据美国大自然保护协会(TNC)的评估,淡水系统和生物多样性得到了有效恢复,修复后小松岛的湿地点数价格,从 1996 年的每点 28 000 美元上升至 2002 年的 53 000 美元,短短 6 年间为投资方佛罗里达州政府创造了 6 500 万美元的净利润,远远高过投资房地产的收益。销售点数所得的 10％捐给小松岛信托基金,目前已累计超过100 万美元,信托基金的年利润能够保证小松岛湿地银行的永久长期监测费用,是湿地保护和经济发展的一个积极案例。湿地银行的积极意义在于,通过立法和科学评估,将湿地资产化,以资产管理的方式代替行政管理方式,一方面增加了城市的固定资产,提高了资金使用效率,另一方面,使生态系统在市场规则下得到了有效保护[152]。

10.4.3　新的保险方式:保护珊瑚礁、经济和地球

　　在 2018 世界海洋高峰会上,瑞士再保险公司推出了一个精心设计的新保险产品。这一保

险产品不仅帮助保护和快速修复被飓风毁坏的珊瑚礁,并且还为当地经济恢复提供支持。这种新型的保险产品为保险业提供了新的机会,创造了一个可扩展市场的新机会。

中美洲大堡礁是西半球最长的堤礁,为世界上最重要且独特的珊瑚礁、红树林、鱼类和海洋哺乳动物提供栖息地。它保护着墨西哥最重要的旅游资源——里维埃拉玛雅(the Riviera Maya)。当地每年接待超过 1 000 万游客,带来 100 多亿美元的经济收益。大自然保护协会(The Nature Conservancy, TNC)与墨西哥当地州政府宣布成立"海岸带管理信托基金",以促进加勒比沿海地区的环境保护,这一信托基金首次参加了瑞士再保险公司的抵御飓风的珊瑚礁保险项目。健康的珊瑚礁能够减少飓风和风暴潮造成的 26% 的经济损失。而自 1980 年以来,墨西哥加勒比海地区有 80% 的珊瑚礁因疾病、白化、食草动物减少、藻类过度生长等而退化和死亡。

瑞士再保险公司主席马丁·帕克表示:将私人资本与公共资源结合到信托基金中,为保险费提供资金支持,我们就可以帮助生态脆弱地区的政府提前制定保护计划,保护那些像珊瑚礁一样对全球生态系统和经济都十分重要的自然资产。这样,就有助于加快自然灾害后的生态修复,减少对当地经济的冲击。这是一种新的参数型保险产品,它能实现资本的快速支付,可以在市场上实现更广泛的应用。我们相信,它能够成为一种帮助国家更好地保护海洋、更快地提高气候复原力的有效工具[153]。

11 专论二:城市生态环境保险机制及应用现状

城市生态环境风险具有复杂性、不确定性、隐藏性、连锁和动态性。而保险,作为最早形成系统理论并在实践中广泛应用的风险转移管理手段,是风险管理的基础。通过缴纳一定的费用,将一个实体潜在损失的风险向一个实体集合平均转嫁。生态环境保险作为环境风险转移的有效手段,是城市生态环境风险防控体系中可操作性最高的方法之一。

生态环境保险属于责任保险类,即以被保险人所要承担的经济赔偿责任为保险标的,其功能在于分散被保主体的风险,利用费率杠杆机制提升环境风险防控水平,使受害人及时获得经济补偿,稳定社会经济秩序。按照承保内容,生态环境保险可分为环境侵权责任与生态破坏责任保险两种。环境侵权责任险承保的是环境污染与破坏行为对第三人的人身与财产权益造成的损害,生态破坏责任险承保的是环境污染与破坏行为对纯生态环境所造成的损害[154]。

按照承保风险的特性,生态环境保险可分为突发性和渐进性两大类。突发性通常是由于事故导致的环境污染及生态破坏,具有突发性及纯粹性,责任认定相对明确。但渐进性环境污染及生态破坏,来源通常是如"三废"排放、园区建设、区域开发等,本身是创造社会财富、增加公众福利的"副产物",具有间接性、复杂性和潜伏性的特点。环境侵权和生态破坏往往经历长时间的积累,后果才得以显现,导致侵权责任和损害责任认定、侵权损害程度或数量确定等都极为困难。

11.1 生态环境保险基础理论

1. 保险

"保险"由英文"Insurance"和"Assurance"合并翻译而来。起初保险在英语中含义为"safeguard against loss in return for regular payment",即通过缴纳保费防止损失。但这一表述已经无法完整涵盖保险的所有领域,因此,迄今为止尚无公认的"保险"的完整定义,但主要有"损失说""非损失说"及"二元说"等学说。"损失说"认为:保险是一方通过等价支付或商定,来获得损失发生时的补充,即强调多数人互助合作共同分担损失,保险是一种风险转移机制。"非损失说"认为:保险除了转移风险,还是一种满足人们经济需求和金钱欲望的手段,或是以发生偶然事件为条件的相互金融机构。"二元说"认为:以人寿险为例的保险不完全符合"损失说"。因此,保险的统一定义既不能单纯从"损失说"角度出发,也不能用保险人的给付等概念来确定[155, 156]。

尽管争论存在,但作为风险管理的手段,保险的危险转移及风险分担的社会属性是肯定的。保险是具有经济属性及法律属性。保险的经济属性体现在保险活动的性质、保障对象、保障手段和保障目的等方面,其根本目的是有利于经济发展的;保险的法律属性主要体现在以合同的形式存在,而对于责任保险,其法律属性还表现在对"侵权"责任的承保。

因此,在研究城市生态环境保险时,需要对标的特性进行分析,从而找到根本性的制约因素和解决方法。

2. 生态环境保险的特性

环境污染和生态破坏的责任认定困难。环境污染和生态破坏的诱因可能是符合社会行为标准,如污染物的排放、围湖造田、工业用地开发等行为,但都可能经过长期的积累,成为环境污染和生态破坏的主要贡献。这些本身创造社会财富和公众福利的行为,的确带来社会发展进程中无法避免的"副产品"——环境污染与生态损害。由于大部分生态资源不具备市场价值和归属性,因此,生态环境风险不具备明确的"侵权"特征。环境污染和生态破坏的发生往往是经过长时间积累逐渐形成的,其后果也是在较长的时间和空间累计后逐渐显现,这些无疑对责任的认定造成了阻碍。

生态环境保护责任的承担对政策依赖性非常强。环境污染和生态破坏的实施者,对于排污治理设施的投入及管理多数依赖于完善的法律体系和严苛的管理要求。在法律体系不完善,执行效率不足时,实施者或因环境治理费用高而逃避责任,或因在生产、开发等过程中"无意识",造成了环境污染及生态破坏,均不利于环境污染及生态破坏的实施者主动购买保险,以分担自身的责任风险。

生态环境风险造成的损失巨大。生态环境风险可能造成受侵害的地域广泛,涉及受侵害对象众多,有时甚至危害几代人;一旦出现对人体和生态环境的损害,损害结果难以估量,赔偿责任和款额异常巨大,并非单个企业甚至政府能够承担。

3. 可保性

保险可通过经济手段进行风险分担。因此,从经济的角度,需要考量风险的可保性。传统理论认为,可保性风险需满足的条件包括[157]:

(1) 纯粹风险,即仅有损失机会而无获利可能性的风险。

(2) 意外损失,即风险发生的时间、地点、对象和损失程度均不确定。

(3) 损失可定量化,即损失须是可以度量的和确定的。

(4) 大量同质风险单元存在,即风险符合大数法则和概率论的分布要求,以保证合理的保险费率计算。

(5) 不具备群体风险,即保险对象发生损失不能在同一时段出现大量案例,符合大数法则,损失的程度不会过大或过小;承保的保险公司实力可以覆盖风险或具有管理风险、赔付损失的足够能力。

从上述"可保条件"对生态环境风险进行衡量。不难发现，渐进性环境污染及生态破坏不符合"可保"对于风险纯粹性和突发性的要求；由于生态破坏的评估体系复杂，生态修复技术尚未成熟等原因，目前包含生态破坏的生态环境保险损失定量化难度高。另外，由于环境污染和生态破坏具有广泛性、复杂性、不确定性，导致巨额的治理费用及修复赔偿费用超出投保企业甚至承保保险公司的赔偿能力，这些都可能为保险公司带来不可承受的承保风险，以上都是主流生态环境保险产品剔除渐进性风险、对事故造成的生态破坏不予承保、市场积极性不高的主要原因。上述的可保性问题，也是制约各国生态环境保险的主要因素。

4. 责任认定及归属

针对环境污染和生态破坏的责任认定及归属，已有理论包括"无过错责任理论"及"社会化救济理论"。

1）无过错责任理论

无过错责任原则是当侵权损害发生时，无论侵权人主观上是否故意无须认定，都必须承担侵权责任的强制性规定。由于环境侵权往往涉及复杂的专业知识，时间空间跨度大，导致受害人难以举证；对于渐进性风险，如长期的排污或者环境影响行为在法律允许的范围内是否过错难以判断，但侵权人对环境造成的影响是无法躲避的。无过错原则能够保护被侵权人的利益，迅速处理环境污染和生态破坏事故，并保证受其害人在举证方面的弱势和无能力等情况下得到赔偿。相较传统的责任认定和过错推定原则，无过错原则更适应于生态保险。

2）社会化救济理论

责任社会化，是将某特定侵权行为造成的损害视为社会损害，通过一定的机制，将损失风险分散到全社会或属于该特定范围内的某社会群体的侵权赔偿责任。一方面，环境污染和生态破坏的赔偿高昂，受侵害者可能无法从单一侵权人处获得足够的赔偿。另一方面，严格的无过错责任使侵权方（通常为企业）承担了比过去更高的环境风险，企业主体由于巨额的环境损失赔偿数额可能导致破产和重组。因此，生态环境保险需要体现社会化的功能并发挥政府的主导作用[158, 159]。

5. 环境保险带来的次生风险

关于环境污染责任保险的模式，学术界目前依旧存在争论[160-162]。我国目前试行的强制保险也可称法定保险，是根据国家法律法规强制执行的保险。在强制保险执行的过程中，可能出现道德风险和逆向选择风险，需要给予足够的关注。

1）道德风险

当污染及破坏的潜在实施者被要求参保，其风险由保险公司承担。此时存在这样的情景：该受保对象不再注重生产技术的改良，尽可能地减少污染，反而任由污染环境的情况发展甚至恶化，最后导致环境污染事故发生概率提高，使保险公司承受不必要的损失。这种现象构成企业参保的道德风险。产生道德风险的原因主要是很多被强制保险的受保者本身受保动力不足，不愿付出成本及精力。而投保后，由于风险转嫁给了保险公司，受保者就可能有恃无恐，一切以眼前利益为主，从而间接地导致保险公司所承保的风险超出了可控的范围。

2）逆向选择风险

生态环境保险的主要目的,是将投保对象的生态环境风险分散到整个行业或者资金市场上。保险公司需要不断地扩大生态环境保险的投保者数量才能将风险进行分散。但是在强制保险的情况下,具有严重污染性质的大企业在政府强制要求下投保,而众多小型的污染型企业为了避免投保交纳高额的保险费用,不会自主参与到生态环境保险中,有的甚至通过掩盖污染事实以免除购买强制险。在这种只有重污染企业投保的情况下,风险不但没有被分散反而高度集中,使得保险公司的压力增大,这种现象构成保险的逆向选择风险。目前,保险公司通过再保险公司分担风险,但强制保险中逆向选择问题的存在会引发保险公司因为无法承担风险而退出生态环保市场。因此,生态环境保险并不能够单纯地作为金融产品满足市场的要求,生态环境保险的社会属性较其他类别保险更重要。生态环境的价值是对于整个人类的生存与发展的,而大多数生态资源尚不具备市场价值,更不涉及个人归属。因此,政府在生态环境保险中扮演着至关重要的角色。

生态环境损害的概念、责任构成、责任范围、责任主体的明确是承保基础,而生态环境损害评估技术、环境污染治理及生态修复技术是生态环境保险的费率厘定及理赔设计的关键。缺少法律和专业技术的保障,保险公司的产品开发面临巨大的理赔风险,而应对这种风险的结果便是产品中承保范围单一,有大量除外条款,实际适用性差,无法作为合格的"保险"产品发挥功能。

11.2　国外生态环境保险的发展

按照保险的方式不同,可将生态环境险分为强制保险、自愿保险及混合保险三大类。强制保险也称法定保险,是根据国家法律法规强制执行的保险,代表国家有美国、德国、瑞典等。自愿保险是投保人自愿与保险公司签订保险合同,建立保险关系,代表国家有日本、荷兰等。混合保险的代表国家有英国、法国等。

1. 美国

20世纪60年代,美国对有毒物质和废弃物的处理可能造成的环境破坏推行责任保险。1966年以前,美国的环境责任损害赔偿直接纳入公众责任保险单进行承保。1966—1973年间,除了突发、意外事故外,美国将持续或渐进性的污染所引发的环境责任纳入责任保险的承保范围。但由于对企业环境风险认识不充分,承保经验不足,加之美国政府环保力度加强,环保诉讼迅猛增加,保险公司的赔偿费用高昂,甚至导致亏损严重。1973年起,保险人的公众责任保单相继将故意造成的环境破坏以及渐进性破坏所引起的环境责任排除在保险责任范围外。1980年,《环境应对、赔偿和责任综合法》(CERCLA)设定了严格的环境污染责任和追溯制度。1988年,专门从事环责险业务的环境保护保险公司在美国成立,承保渐进、突发、意外的污染事故及第三者责任事故。1989年,美国保险服务业在其综合普通责任保险单中附加"有限污染责任扩展批单",将污染责任扩展到被保险人的工作场所或操作过程中,同时允许公众对于附加内容单独保险。20 世纪 90 年代,美国环境污染责任保险开始恢复发展。

美国的生态环境责任险制度建立早,体系完整,具有以下特点:

(1) 自愿与强制相结合的保险制度。美国规定工程的承包商、分包商和咨询设计者都需要投保相应的环境污染责任保险,才能取得工程合同。美国法规还要求土地填埋设施的管理者、地面贮存和土地处理单位的管理者为非突发或非事故性事件(如渗漏和对地下水的渐进性污染)购买保险,已经有 45 个州出台了相应的危险废物责任保险制度[163]。

(2) 环境污染的连带责任"深口袋(Deep Pocket)"原则。当环境污染责任不能在多个致害主体之间分摊时,或一些污染主体倒闭破产时,受害方可以向任何一个致害方要求其承担全部责任,确保由最有支付能力的一方负担最后的责任。

(3) 成立专业的环境责任保险公司。美国于 1982 年成立了环责险联合体—污染责任保险协会,对于突发、意外的环境损害,由现有财产保险公司直接承保,或由政府出面引导保险公司建立共保联合体来承保。在美国,污染法律责任保险(Pollution Legal Liability Insurance)是以被保险人因污染水、土地或空气,依法应承担的环境赔偿或治理责任为标的的责任保险,目前主要包含两大类产品,即环境损害责任保险(Environmental Impairment Liability Insurance)和自有场地治理责任保险(Own Site Clean-up Insurance)[163]。前者以约定的限额承担被保险人因其污染环境造成邻近土地上的任何第三人的人身损害或财产损失而发生的赔偿责任;后者以约定的限额为基础,承担被保险人因其污染自有或者使用的场地而依法支出的治理费。美国对于有毒物质和废弃物的处理、处置可能引发的损坏赔偿责任采取强制保险制度,由专门承保机构承保环境责任保险。由于环境污染损害赔偿责任的价值没有客观依据,赔偿金额大小无法预计等原因,保险金额难以确定,通常,企业因污染环境造成的侵权赔偿及清污支出费用巨大。例如,1989 年 3 月,美国埃克森公司载有约 18 万吨石油的超级油轮"埃克森一瓦尔迪兹"号在阿拉斯加州的威廉王子湾触礁,造成 2.35×10^4 m³ 的油泄漏。清理费约 20 亿美元,法院判令处罚 45 亿美元,15 年的利息 20.5 亿美元,全部损失约 115 亿美元。2010 年 4 月 20 日,英国石油公司在美国墨西哥湾租用的钻井平台"深水地平线"发生爆炸,导致大量石油泄漏,酿成一场生态环境惨剧。美国地质调查局的两支地质调查队伍使用不同方法进行的调查表明,墨西哥湾漏油事件是美国历史上最为严重的,漏油总量约 2.1 加仑,远较"埃克森·瓦尔迪兹"号油轮漏油事故严重得多(1 100 万加仑原油泄漏)。墨西哥湾沿岸生态环境遭遇"灭顶之灾",污染导致墨西哥湾沿岸 1 000 英里长的湿地和海滩被毁,渔业受损,脆弱的物种濒临灭绝。因此,保险公司需对环境责任保险的赔偿限额给予严格的限定。

2. 荷兰

在 1998 年以前,荷兰的环境保险市场主要通过 AVB 保单和 MAS 保单为受保人提供环境责任保险。AVB 保单属于传统的责任险保单,是为因突发事故而造成的环境损害和因环境损害而导致的职业性人身健康风险提供保障;MAS 保单属于专门性环境责任保单,为渐进性的环

境责任风险导致的环境损害提供保障,但该保单不包含对人身损害的赔偿。在实践中,上述环境保险模式存在以下问题:

(1) 保障内容不全面,两种保单均不对受保人自身拥有的财产遭受的环境损害提供保障;

(2) 两种保单无法解决环境风险的不可保问题。由于环境风险的损失规模可预测性差,环境法律法规体系的不完善造成法律责任不确定性高。

荷兰保险协会在 1998 年 1 月推出了 MSV 环境损害保单,与传统环境责任险保单的第三方保险不同,这一保单主体采用第一方保险的方式。区别在于,第一方责任保险是由存在遭受损害可能性的潜在受害人自己购买保险保障,当损害发生时,保险人直接对其损失进行保险赔偿的保险制度;而第三方责任保险是由潜在致害人为其可能承担的民事赔偿责任购买责任保险的制度,发生损害后,由致害人的保险人向受害第三者提供补偿。因此,MSV 的索赔补偿触发机制不再是侵权法对责任的认定,而是基于保险公司与被保人之间订立的保险合同。MSV 的保障范围一般包括受保场所内发生损害产生的清除费用、损害修复费用和土壤污染的清除费用。同时,MSV 保单也可以在双方约定的情况下扩展出对第三方损害提供保障。

荷兰推行的第一方保险方式与第三方保险相比,优势包括:

(1) 有利于风险识别和评估;

(2) 避免了由于侵权法律制度的不稳定性以及法官裁决时的变动性带来的不确定性风险。但从荷兰的实践分析,第一方保险提供的环境损害保障是非常有限的,且实行单一的第一方保险无法使潜在污染者通过责任保险获得保障,受害人可能会面临污染者因赔偿能力不足而无法受偿的问题[164]。

3. 法国

法国以自愿保险为主,强制保险为辅。根据《国际油污损害赔偿民事责任公约》和《设立国际油污损害赔偿基金国际公约》,法国要求对油污损害赔偿强制执行保险。同时,法国港口注册、运输 2 000 吨以上散装货物船舶的船主,如果无法证明其具备足额的保险或经济担保,不得从事商贸活动[165]。

4. 日本

日本的环境污染赔偿责任险开始于 1992 年,经过二十多年的发展,主要包含两种生态保险产品:一是面向工业废弃物处理设施、化工厂、一般制造厂及电路板印制设施的所有人员;二是向进行土壤污染净化工事、油罐和机械设备的安装保养维护以及电路板印刷等有害物质处理的承保经营者[166]。

11.3 我国生态环境保险的发展

国外的生态环境保险的发展经历了艰难的历程,日趋完善。而我国,生态环境保险机制的发展从 20 世纪 90 年代开始,目前仍处于初级阶段。

《中华人民共和国保险法》第 65 条规定："责任保险是指以被保险人对第三者依法应负的赔偿责任为保险标的的保险。"根据中华人民共和国环境保护部及中国保险监督管理委员会 2013 年发布的《关于开展环境污染强制责任保险试点工作的指导意见》，环境污染责任保险(简称环责险)是以企业发生污染事故对第三者造成的损害依法应承担的赔偿责任为标的的保险[167]。根据 2017 年的《环境污染强制责任保险管理办法(征求意见稿)》，我国环境污染强制责任保险的保险责任包含：第三者人身损害、第三者财产损害、生态环境损害、应急处理与清污费用。从定义上看，我国目前推行的环境污染责任险范围涵盖了环境侵权责任与生态破坏责任保险的内容，即本书所指的生态环境保险。

1. 我国环境污染责任保险的制度建设

我国环境污染责任险制度的建设至今大致可分为三个阶段。

第一阶段是 20 世纪 90 年代初。大连市于 1991 年率先开展环境污染责任险探索，随后相继开展的城市包括沈阳、长春等地。这一阶段，我国生态环境保险的实践主要集中在东北的几个城市。我国当时对环境保护的重视程度不足，环保法律法规不健全，执法不严，对污染及破坏的实施者未构成压力。在产品设计方面，由于技术不成熟，保险产品设计开发的合理性差，导致赔付率低、保费过高、保险人单一、保险范围窄等。如大连市，1991—1995 年的保险赔付率仅 5.7%，沈阳市 1993—1995 年的保险赔付率为零，远低于其他险种 50% 左右的赔付率，最终环责险处于停滞状态[168]。

第二阶段是 2006—2011 年。2005 年，松花江水污染事件引发全社会的关注。该次事件污染面积巨大，造成近 400 万民众用水危机，直接经济损失 150 亿人民币，间接损失更是无法估计。这次突发的生态环境灾害事件推动了我国生态环境保险的发展。2007 年，保监会联合环保部发布的《关于环境污染责任保险工作的指导意见》(环发〔2007〕189 号)提出，"在'十一五'期间，初步建立符合我国国情的环境污染责任保险制度。在重点行业和区域开展环境污染责任保险的试点示范工作。"

第三阶段是 2012 年至今。我国初步建立强制性环境污染责任保险。2013 年，两部又联合发布《关于开展环境污染强制责任保险试点工作的指导意见》，明确环境污染强制责任保险试点范围，在全国范围内提出了强制环责险。2015 年，中央办公厅、国务院办公厅印发《生态环境损害赔偿制度改革试点方案》(中办发〔2015〕57 号)，在吉林等 7 个省市部署开展改革试点。2017 年 12 月，中共中央办公厅国务院办公厅印发《生态环境损害赔偿制度改革方案》(以下简称《方案》)。方案所称生态环境损害，是指因污染环境、破坏生态造成大气、地表水、地下水、土壤、森林等环境要素和植物、动物、微生物等生物要素的不利改变，以及上述要素构成的生态系统功能退化。明确生态环境损害赔偿范围包括清除污染的费用、生态环境修复费用、生态环境修复期间服务功能的损失、生态环境功能永久性损害造成的损失以及生态环境损害赔偿调查、鉴定评估等合理费用。企业发生严重影响生态环境事件，造成生态环境损害的，将依法承担生态环境修复或者货币赔偿的责任。2017 年，《环境污染强制责任保险管理办法(征求意见稿)》发布。

该征求意见稿中的环境污染强制责任保险的保险责任包含:第三者人身损害、第三者财产损害、生态环境损害、应急处理与清污费用。

2018年5月7日,生态环境部部务会议审议并原则通过《环境污染强制责任保险管理办法(草案)》(以下简称《办法(草案)》)。在环境高风险领域建立"环境污染强制责任保险制度",成为健全生态环境防控体系和绿色金融体系的必然要求和重要内容。《办法(草案)》的出台是在前期试点实践经验基础上的总结提升,进一步规范了环境污染强制责任保险制度,丰富了生态环境保护市场手段,对打好打胜污染防治攻坚战,补齐生态环境防控体系,全面建成小康社会生态环境短板具有积极意义。

2. 我国环境污染责任保险的实施

从保费收入来看,从2007—2015年第三季度,投保环责险的企业已经超过4.5万家,保险公司提供的风险保障金累计超过1 000亿元。然而,环污险在我国的发展仍处于初级阶段。据统计,截至2014年,全国范围内22个省份有超过5 000家企业投保,投保行业涉及重金属、石化、危险化学品、危险废物处置、电力、医疗及印染等领域。投保企业数量最多的为江苏省,共1 932家企业投保环责险。到2015年12月,全国投保企业仅剩下4 000多家,并且其中大量企业没有续保意愿。2016年,全国投保企业约1.44万家,保费2.84亿元,相对于我国3.10万亿元的保费规模[169],环污险的规模几乎可以忽略不计;与美国环责险保费每年多达40亿美元相比,我国环责险保费收入更显得微不足道。

在环责险的理赔方面,我国的首例赔付案例发生在2008年9月28日。2008年全国共有3起赔付案例,赔付金额约50万元。2009年,赔付案例20起,赔付金额约200万元。2011年赔付案例数上升至57起。2012年12月,山西省某化工企业发生苯胺泄漏,泄漏总量近320吨,8.76吨苯胺流入浊漳河造成污染,最终该企业共获得405万元的赔付。

3. 我国环境污染责任保险存在的问题

目前市场的环责险产品比较单一,覆盖面小,成熟度低,对突发性及渐进性风险的定义不明确,多数产品将渐进性风险排除在保险范围外。生态环境损害承担赔偿责任的环责险产品生态环境治理、修复的费用核算及费率确定依旧缺少科学的依据和有效的数据支持。

(1)政府风险巨大。在现有的以环责险为主体的生态环境保险机制下,我国政府承担的巨大的风险未得到分担。我国的土地所有权属于国家,导致政府在土壤地下水污染相关的生态环境损害中承担了主要的风险。从法律的角度出发,环境污染的潜在责任认定原则包括:谁污染谁治理;谁占有谁治理。由于生态环境风险的广泛性、复杂性和不确定性,渐进性的环境污染侵权者认定极为困难,或当环境污染事故的引发是自然灾害时,目前的环责险制度中政府风险无法得到分担,最终损失和修复费用需要政府买单。而土壤地下水污染修复的费用高昂(千万元至亿元),会对政府造成巨大的财政压力。

(2)企业缺乏投保积极性。以前我国的环保法律法规体系并不健全,执法力度不严,从而无法对污染企业形成足够的外部压力。具体表现包括企业环保违法的成本低、环责险业务发展所依据的政策文件缺乏法律强制性、民事诉讼程序过程复杂而容易被政府部门的行政罚款替代。这一状况由于新环保法的实施和中央环保督查的执行正在得到改善。

(3) 法规支撑弱。随着《环境污染强制责任保险管理办法(草案)》的出台，我国污染强制责任保险的强制效力增加，但责任保险的侵权责任和损害责任认定、侵权损害程度或数量的确定仍然缺少有力的技术支撑，可能导致强制责任保险执行效力的缺失。

(4) 产品开发技术较弱。我国目前大多数的环责险产品只承保突发意外的污染事故导致的第三者直接财产损失和人身伤亡，以及清污费用和法律费用。对于间接损失、生态损失的风险评估和定损能力不足，导致保险公司对该类风险不予承保；保单除外责任较多，特别是赔付条款设计上较为严苛，产品吸引力较弱。

(5) 大数据缺乏。相关基础数据信息不足，增加了保险公司在产品定价和损害赔付方面的难度。一方面，生态环境损害的风险评估及定损需要大量环境信息数据，但我国包括土壤地下水污染信息、高危风险企业危险源信息等未得到充分披露；另一方面，由于信息披露不充分、经营时间较短等原因，保险公司缺乏充分积累的基础数据，包括污染事故发生频率、损失强度、事故处理费用等。基础数据不足不仅增加了产品定价的难度，而且很难保证厘定的费率与环境风险状况相匹配。

11.4　国外环污险发展实例

1. 墨西哥湾漏油事件

谈到环境污染责任险，不得不提 2010 年 4 月 20 日发生在墨西哥湾的钻井平台爆炸溢油事故。与过去常见的浅水区域溢油或船只溢油事故不同，墨西哥湾事故的起因是"深水地平线"(Deepwater Horizon)号石油钻井平台发生爆炸燃烧并于 2 天后沉没，导致了 11 名工作人员死亡 17 人受伤，同时大量海上溢油，成为迄今为止全球最为严重的海上溢油事故[170]。

在爆炸发生后第 87 天，救援队伍才成功防堵泄漏油井。据估计，最终溢油量约 490 万桶(约 2.1 亿加仑)，污染海域面积超过 2 500 km²，最终受污染的海岸线长达 4 376 英里。这一溢油事故使附近大范围水质受到污染，大量鸟类、鱼类和其他海洋生物都受到严重影响，出现患病及死亡现象，成为影响多种生物的一场环境灾难。同时，事故使美国路易斯安那州、密西西比州和亚拉巴马州的渔业进入灾难状态，严重影响了墨西哥湾沿岸的渔业和旅游业。此外，由于"深水地平线"所开采的石油含沥青质成分较高，密度较大，油质较为黏稠，易于乳化，而溢油一旦乳化，则不易蒸发、清洗、生物降解或燃烧，非常难以清理。

作为这场灾难性事故的最大责任方，英国石油公司在没有相关环境污染责任险的情况下，各项赔付清污行动最终经济损失高达 620 亿美元。这次事故，在突发型环境污染事故的环境污染责任险发展上，保险人留下了思考：环境污染及生态损害事故的责任如何分配？如何界定对罚款、罚金和惩罚性赔偿的保险责任？海洋和绿地损失的承保范围和除外条款如何设定？漏油事故的漏油量,应对污染的罚款应如何计算? 等等。

2. 瑞士垃圾填埋场的渐进性环境污染事件

对于突发型环境污染事件,尽管责任厘定存在一定的难度,但事故何时发生,如何发生,造成多大范围的污染相对清晰。然而大多数环境污染事故均属于渐进性污染,发生的始点无法确认,由谁引发,如何发展也难以追寻。如瑞士 Kölliken 垃圾填埋场,20 世纪 70 年代就已经作为"毒垃圾"堆放所。化学物质渗透到相邻土壤,散发出令人窒息的臭气。1985 年,当地政府意识到这一危险,关闭了垃圾堆放场,并对 457 000 吨垃圾进行了处理。开办这个填埋场只花了60 万瑞郎,但关闭后的清洁、修复工作就花了 6 亿瑞郎,超出了 1 000 倍。在这场渐进型环境污染事故中,保险人面临着比以往更加复杂难定的问题:如何合理地控制污染,降低损失? 事故的发生界定,是倾倒垃圾开始之时,还是可检测到的第一次污染液泄漏之时,或是污染被检出扩散之时? 在这次事故中,第一方和第三方的损失如何区分界定(当时,责任险包含第三方损失而不包含第一方损失)? 污染者到底是垃圾填埋场的拥有者,还是使用者,而不同的污染者责任如何分配? 诉讼时效,是否适用新的环境法律法规? 等等。

3. 美国甲基叔丁基醚(MTBE)环境污染事件

从 20 世纪 90 年代至 21 世纪初,为增加汽油含氧量,促进清洁燃烧,甲基叔丁基醚(MTBE)被广泛地应用于美国中部及西部地区。当汽油发生泄漏时,MTBE 会随着泄漏的汽油下渗,污染土壤地下水。2006 年 5 月起,美国已有 25 个州禁止使用 MTBE。根据统计,易造成污染的清理费已经达到 50 亿~200 亿美元。

由于 MTBE 引起的环污责任诉讼不断,大型汽油公司们与各州、众多社区达成赔偿协议,包括:新泽西州,1.965 亿美元(Sunoco, BP, Shell);自来水供应公司,4.23 亿美元,以及未来30 年需要再支付实际发生的清理费用的 70%(BP, Shell, ConocoPhilip 等);新罕布什尔州,22 家石油公司的总计 2.36 亿美元的赔偿;纽约市,1.047 亿美元的赔偿(ExxonMobil)。截至目前,MTBE 的污染赔偿金额和抗辩损失总额高达 30 亿美元。

MTBE 环境污染事件的特征介于突发事故与渐进型污染之间。同时,它的特殊性还在于,行为发生时(即 MTBE 的使用)是合法的,并得到各州的许可,因此在当时,大多数的赔偿案都是以产品责任保险赔付的,并非公众责任保险。保险人面临的问题还包括:不同污染者(石油公司)之间如何进行责任分配;不同年度的保单如何进行分配;以及原告对于赔偿金的使用,是否需要全部作为污染清理等。

11.5 国内应用实例

1. 首个赔付案例

我国的首例赔付案例发生在 2008 年 9 月 28 日。湖南省株洲市某化工厂在清洗停产设备时，由于工作人员操作失当，使设备内的氯化氢(盐酸)气体过量外冒，导致周边村民的大量农作物受到污染。近 120 户村民要求企业进行赔偿。事故发生后，保险公司经过实地查勘，查证了氯化氢气体泄漏引起的污染损害事实，确定了企业对污染事件负有责任以及保险公司应当承担的相应保险责任。依据《环境污染责任险》条款，平安产险与村民们达成赔偿协议，赔付受损村民 1.1 万元。2008 年全国共有 3 起赔付案例，赔付金额约 50 万元。

2. 已公开最大的赔付案例

2012 年 12 月，山西省潞安集团天脊煤化工集团有限公司由于金属软管破裂造成苯胺泄漏，因成品罐区与围堰外相通的雨水阀未完全关闭，导致部分苯胺通过雨水阀流入排洪渠，并进入浊漳河，致使浊漳河水及下游污染。泄漏总量近 320 吨，8.76 吨苯胺流入浊漳河造成污染。最终该企业共获得 405 万元的赔付。保险公司第一时间支付了 100 万元的预付赔款。根据保单规定，这家企业共获得 405 万元的赔款。这是我国目前已公布的赔付数额最大的环污险案例。

3. 近期赔付案例

2017 年 7 月 6 日唐山三友化工股份有限公司输送浓海水的直径 800 mm 管道突然泄漏，导致漏点附近约 1 km 长的高速公路绿化带、土壤和池塘受到浓海水污染。经保险公司确认，该事故属于环责险保险责任范围。最终确认的定赔总额 284 690.09 元，包括损失金丝柳 583 株，金额 72 830 元；鱼池损失金额 1 000 元；更换绿化土 490 m³，金额 34 300 元；施救及清污费用 176 560.09 元。按合同约定免赔 20% 后，实际赔付 227 752.07 元。本案例中的污染物为浓海水，在风险评估时并不属于当时环境保护部突发环境事件评估指南附录 B 表中的环境风险物质，也无法归类计算，但是符合河北省环责险统一条款污染物的约定，并且造成了污染损害。

11.6　我国生态保险发展构想

根据生态环境保险的国际发展经验，结合我国实际情况及试点经验，我国生态保险机制初步的总体构想如下。

1. 建立城市巨灾险覆盖生态保险

目前我国的环污险对象仅包含企业。在我国，由于责任体制尚未健全，保险配套的技术及系统尚在建设中，以及土地国有制等原因，多数情况下，政府成为生态环境风险最终的承担方。另一方面，我国是世界上自然灾害最为严重的国家之一，由于巨灾(台风、洪水等)导致的生态环境损失缺少有效的风险分担机制，根据民政事业发展统计报告，我国每年因各类灾难导致的经济损失达 2 000 亿元左右。2008 年 5 月 12 日，四川汶川地震，仅四川省工业企业的直接损失就高达 670 亿元，由于巨灾导致的生态破坏更是无法估量。因此，加强政府生态保险体制的建设，通过城市巨灾综合险覆盖区域性生态环境保险，建立风险社会化分散体系。通过再保险市场来分散风险,或者建立环境污染责任保险公司与政府的再保险关系,使生态环境损害的巨大风险损失通过再保险机制在全球保险市场内进行分散。

2. 完善侵权追责制度及生态保险相关的法律法规

科学高效的侵权追责是生态保险落地的基础,加快完善生态环境损害相关的追责方法建设,有利于正向推动环责险的落地,减少通过行政处罚逃避冗长低效的诉讼。环责险作为保险产品,具有它的市场特性,其发展很大程度取决于法律的健全与执行的力度。我国现有法律法规中部分体现了环责险的相关规定为环境责任保险制度的发展提供了初步的法律依据。同时,随着《环境污染强制责任保险管理办法(草案)》的出台,我国的环责险进一步深入,走到了实操层面,但仍然缺乏环责险完整的法律体系及具体的操作规程。因此,需对现有的相关法律、法规体系进行全面评估,完善环责险立法,落实污染者付费原则和严格责任制度。

3. 构建科学的风险评估方法

环境风险评估和损害认定是生态环境保险的基础。保险对象、保险额度、保险费率与保险期限等均依赖科学的环境污染风险评估结果,事故后的理赔更要依据高效准确的损害认定。现阶段,我国在这两个关键领域的研究非常有限,无法准确地掌握受保企业的环境风险水平,导致保险公司在依据相关要求进行产品销售时面临巨大的承保风险,或致使保险产品责任范围及条款过于苛刻且没有实用性。因此,需要构建科学的污染风险评估指标体系,通过相应的技术手段对行业分布、地域特征和企业特点进行综合性的评价,为保险公司提供承保的关键依据,提高企业对环境风险的认识,提升管理水平,降低环境风险发生的可能性,从技术层面解决环境风险给经济、社会和民众健康带来的潜在隐患。

同时,国家需要搭建更加透明的环境信息平台,为环境风险评估提供确实有效的基础数据。

4. 建立生态保护基金

通过金融手段形成生态风险社会共担机制,是发生特大环境事故甚至是巨灾时保障各方利益的有效途径。成立生态保护基金,由社会帮助受害主体承担部分损失。基金来源可以包含:将部分环保税收等投入基金;对生态风险较高的企业征收特别生态保护基金;通过社会组织、公民捐赠;政府财政支持一定比例的保险损失等。

5. 创新生态保险产品

对于渐进性生态环境风险,由于侵权责任认定,侵权损害评估等众多问题,第三方责任保险(我国的环责险)适应性不强。我国仍处在生态保险机制建设初期,第一方保险产品可作为环责险的可靠替代方案。可以综合参考荷兰的 MSV 环境损害保单及美国的自有场地治理责任保险,在我国企业生态保险的体系中采用第一方责任保险与第三方责任保险结合,强制保险与自愿保险相结合的方式,完善企业生态风险管理。立足"大环保"格局,创新生态环境保险这项制度是完善我国城市生态环境防控体系的关键一环。引进市场化保险专业力量,通过"评估定价"生态环境风险,可有效地提高环境风险监管、损害赔偿等工作效率,以推动建立"事前"预防、"事中"管控、"事后"处置的综合风险管理体系。

　　国际生态保险还有非常多实操性问题悬而未决，需要完善的法律体系，清晰的保险机制，成熟的环境风险和生态损害评估技术。我国在生态文明的建设过程中，应吸取国外生态环境保险的经验，在实践中探索、创新、建立我国特色的生态保险体系。

12 专论三：以平安智慧公园降低城市生态环境风险

12.1 智慧公园的概念

"智"指的是技术，是通信技术、信息技术与数据体系；"慧"指的是人，是专家体系与知识体系。根据《上海市智慧公园建设导则(试行)》，智慧公园就是利用新一代信息技术与通信技术，通过精细动态的感知监测，分析、控制、整合公园各个关键环节的资源，将公园的管理与公园的智慧基础设施、安全保障、对游客的智慧服务集中建设，创造一个安全、绿色、和谐的公园环境，实现公园精细量化的高效运行管理，实现公园智慧化运营管理，为游客提供便捷互动的公共服务和安全保障。

建设智慧公园采用的先进和实用技术包括：地理信息系统(Geographic Information System，GIS)、遥感(Remote sensing，RS)、全球定位系统(Global Positioning System，GPS)、无线射频识别(Radio Frequency IDentification，RFID)。电子商务(Electronic Business，EB)、虚拟现实(Virtual Reality，VR)、智能物联网(The Internet of Things，IoT)、云计算(Cloud Computing)、大数据(Mega Data)等现代科学技术的方法，将这些技术进行集成，整合各类公园、旅游智能化和信息化资源，搭建信息基础设施、数据基础设施、信息管理平台和决策支持平台。

智慧公园包括全部的城市公园和城市公共绿地，智慧公园是智慧城市的重要组成部分。

12.2 城市公园及环城林带现状

12.2.1 公园——以上海市为例

公园是与群众日常生活息息相关的公共服务基础设施，是供民众公平享受的绿色福利，是公共游览、游憩、娱乐、健身、交友、学习以及举办相关文化教育活动的公共场所。公园是城市绿地系统的核心组成部分，承载着改善生态、美化环境、休闲游憩、健身娱乐、传承文化、保护资源、科普教育、防灾避险等重要功能[171]。

1. 上海市公园的分类标准

以《上海市公园管理条例》《城市绿地分类标准》(CJJ/T 85—2002)为依据，结合上海城市公园的特点、公园事业发展需求以及国际性大都市的发展目标，按公园绿地主要功能将本市城市公园分为综合公园、社区公园、专类公园、历史名园四类(表 12-1)。

综合公园：主要为市级公园，占地面积较大，内容丰富，设施全面，是适合于公众开展各类户外活动的规模较大的绿地。综合公园的内容应包括多种文化娱乐设施、儿童游戏场和安静休闲区。

专类公园：分为动植物公园、森林公园以及其他公园。至今为止上海有两座动物园，分别是上海动物园和上海野生动物园。上海动物园现归属上海市绿化和市容管理局管理；野生动物园原来由国家林业和草原局、上海市城市建设和投资开发总公司、上海园林集团公司合作共建，现归属上海迪士尼度假区管理。上海市有两座植物园，分别是上海植物园和上海辰山植物园。

历史名园：是保存较为完好的，具有历史价值的公园，体现传统造园艺术，在历史、科学、艺术等方面具有独特的价值，且在本地区或全国拥有较高美誉的园林。上海市的历史名园主要有黄浦区的豫园、复兴公园，长宁区的中山公园，徐汇区的桂林公园，虹口区的鲁迅公园，嘉定区的上海古猗园、汇龙潭公园和秋霞圃，松江区的醉白池公园和方塔园，青浦区的曲水园。

社区公园：是区域级公园，主要为附近居民服务，具有一定活动内容和设施的集中绿地。社区公园面积较小，所占比例最大，也是将来重点发展的公园类型（表12-1）。

表12-1　　　　　　　　　　　　　　　　上海市公园分类表

类别		定义
综合公园		内容丰富、有相应设施，适合于公众开展各类户外活动的规模较大的绿地，包括多种文化娱乐设施、儿童游乐场和安静休憩区
社区公园		为一定居住用地范围内的居民服务，具有一定活动内容和设施的集中绿地
专类公园	动物园	在人工饲养条件下，异地保护野生动物，供观赏、普及科学知识，进行科学研究和动物繁育，并具有良好设施的绿地
	植物园	进行植物科学研究和引种驯化，并提供驯化成果展示、休憩及开展科普活动的绿地
	森林公园	具有一定规模和质量的森林风景资源与环境条件，可以开展森林旅游与休闲，并按照法定程序申报批准的森林区域
	其他	除以上各种专类公园外具有特定主题内容的公园绿地，包括雕塑公园、儿童公园、体育公园、纪念性公园、主题公园等
历史名园		保存较为完好、具有历史价值的公园；体现传统造园艺术，在历史、科学、艺术等方面具有独特的价值；在本地区或全国拥有较高美誉度的园林

在城市公园分类的基础上，实行按类分级。按照星级公园的分级办法，由低到高分为五级，依次为基本级、二星级、三星级、四星级、五星级。其中综合公园分五级，从基本级到五星级。社区公园分三级，从基本级到三星级。专类公园分四级，从二星级到五星级。历史名园分三级，从三星级到五星级（表12-2）。

表12-2　　　　　　　　　　　　　　　　公园分级表

分级	综合公园	社区公园	专类公园	历史名园
基本级	√	√		
二星级	√	√	√	
三星级	√	√	√	√
四星级	√		√	√
五星级	√		√	√

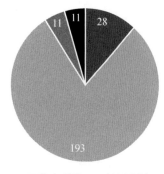

综合公园 **社区公园**
专类公园 **历史名园**

图 12-1 上海市各类公园
的数量

2. 上海市公园的统计

根据 2017 年的统计,上海市共有 243 座公园,总面积超过了 30 km²。其中社区公园数量最多,有 193 座,占 79.4%;综合公园 28 座,占 11.5%;专类公园和历史名园各 11 座(图12-1)。中山公园、鲁迅公园、复兴公园、汇龙潭公园、方塔园和桂林公园既是综合公园,也属历史名园。

在各类公园中,上海市属公园有 6 座,包括上海动物园、上海植物园、上海辰山植物园、上海滨江森林公园、上海古猗园、上海共青森林公园,其余公园分属各区县。其中浦东新区 37 座最多,其后依次为闵行区、宝山区、嘉定区、普陀区、杨浦区、静安区、黄浦区、松江区、长宁区、徐汇区、虹口区、青浦区、金山区、奉贤区、崇明区(图 12-2)。

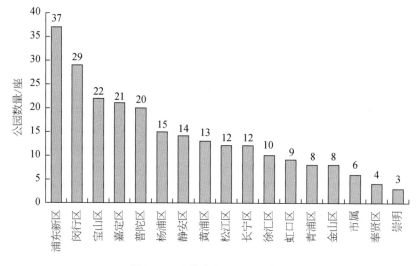

图 12-2 上海市各区县公园数量

公园数量最多的浦东新区有上海野生动物园、世纪公园、陆家嘴中心绿地、滨江大道、世博公园、后滩公园、长风公园等共 37 座。宝山区有公园 22 座,包括宝山烈士陵园、淞沪抗战纪念公园、炮台湾湿地森林公园、顾村公园、月浦公园等。

明清时期的古典园林,秋霞圃、古猗园、醉白石、曲水园和豫园属于国家级文保单位,其他属于市级文保单位。

1840—1949 年上海租界建设的公园,其历史性具有一定的借鉴性。复兴公园位于原法租界,具有法式园林的特点,后来在重建时加入了中国元素。中山公园位于原英租界内,英式公园,后来扩建过程中加入了日式庭院和中国的元素,成为一座融合了多种文化元素的公园。鲁迅公园、黄浦公园、霍山公园、昆山公园位于原来的犹太人聚居区。

　　上海市的公园名录中不包括一些游乐型公园，如上海迪士尼乐园、东方绿舟、上海欢乐谷、锦江乐园等。上海海湾国家森林公园、东平国家森林公园、佘山森林公园属于林业部门管理，也未列入表中。

　　上海的公园建设在近些年来取得了飞速的发展。但是相比于东京、新加坡等国际知名大都市，上海的公园数量明显不足，与一些城市相比，也有一定的差距。如北京拥有公园 500 多座；深圳有 1 000 多座公园，被称为千园之城。香港利用当地的山、水、林、湿地等自然环境建设的郊野公园也值得上海学习和借鉴。

表 12-3　　　　　　　　　　　　　　　　上海市各区公园名录

所属	综合公园	专类公园	历史名园	社区公园
市属	—	上海动物园、上海植物园、上海辰山植物园、上海共青森林公园、上海动物园	上海古猗园	—
浦东新区	世纪公园、陆家嘴中心绿地、滨江大道世博公园、后滩公园、白莲泾公园、友城绿地	上海野生动物园	—	古钟园、川沙公园、长青公园、梅园公园、蔓趣公园、泾东公园、高桥公园、临沂公园、暨阳公园、上南公园、南浦广场公园、金桥公园、塘桥公园、泾南公园、名人苑、豆香园、市民广场公园、高东公园、华夏公园、滨河文化公园、花木公园、张衡公园、紫薇公园、金峰公园、合园、合庆园、周浦公园、德州休闲绿地、曙光绿地
闵行区	闵行公园、闵行体育公园	—	—	红园、莘庄公园、吴泾公园、古藤园、华漕公园、航华公园、闵联生态公园、黎安公园、华翔绿地、莘庄梅园、莘城中央公园、纪王公园、诸翟公园、田园、陈行公园、马桥公园、梅陇休闲园、双拥公园、西洋公园、梅陇公园、梅馨陇韵、锦博苑、景谷公园、新华园、江玮绿地、金塔公园、颛桥剪纸公园
宝山区	炮台湿地森林公园、顾村公园	宝山烈士陵园、淞沪抗战纪念公园	—	月浦公园、罗溪公园、友谊公园、泗塘公园、永清苑、淞南公园、大华行知公园、共和公园、罗泾公园、滨江公园、智力公园、颐景园、庙行公园、美兰湖公园、诺贝尔公园、盛桥公园、祁连公园、菊盛公园
嘉定区	汇龙潭公园	上海汽车博览公园	汇龙潭公园、秋霞圃	嘉定区青少年活动中心、安亭公园、嘉定紫藤园、陈家山荷花公园、复华公园、南城墙公园、金鹤公园、小河口银杏园、南苑公园、上海千年古银杏园、新城公园、金沙公园、马陆公园、黄渡公园、紫藤专类园、南水关公园、盘陀子公园、紫气东来(一期)

（续表）

所属	综合公园	专类公园	历史名园	社区公园
普陀区	长风公园	—	—	普陀公园、曹杨公园、兰溪青年公园、宜川公园、沪太公园、管弄公园、甘泉公园、海棠公园、真光公园、梅川公园、未来岛公园、长寿公园、梦清园、清涧公园、祥和公园、武宁公园、桃浦公园、真如公园、巴丹公园
杨浦区	杨浦公园、黄兴公园	—	—	复兴岛公园、波阳公园、平凉公园、惠民公园、内江公园、松鹤公园、延春公园、工农公园、明星公园、四平科技公园、江浦公园、新江湾城公园、大连路绿地
静安区	静安公园、闸北公园、大宁灵石公园	静安雕塑公园	—	西康公园、蝴蝶湾公园、广场公园（静安段）、中兴绿地、东茭泾公园、交通公园、彭浦公园、岭南公园、三泉公园、不夜城绿地
黄浦区	人民公园、广场公园、复兴公园、南园公园		豫园、复兴公园	黄埔公园、蓬莱公园、古城公园、九子公园、绍兴公园、淮海公园、丽园公园、延福公园
松江区	方塔园	—	醉白池公园、方塔园	泗泾公园、思贤公园、新桥公园、石湖荡绿化广场、泖巷镇街心花园、其昌公园、松江市民广场、丝鲈园、中央绿地（三期）、中央绿地（四期）
长宁区	中山公园、天山公园	—	中山公园	华山儿童公园、天山公园、虹桥公园、水霞公园、新虹桥中心花园、华山绿地、凯桥绿地、新泾公园、延虹绿地、虹桥河滨绿地
徐汇区	桂林公园、徐家汇公园	龙华烈士陵园	桂林公园	衡山公园、襄阳公园、康健公园、漕溪公园、光启公园、东安公园、漕河泾开发区公园
虹口区	鲁迅公园、和平公园	爱思儿童公园	鲁迅公园	昆山公园、霍山公园、凉城公园、丰镇公园、曲阳公园、四川北路公园
青浦区	上海大观园	—	曲水园	珠溪园、北菁园、华新人民公园、南菁园、徐泾广场公园
金山区	滨海公园	—	—	张堰公园、金山公园、古松园、荟萃园、亭林公园、松溪公园、车镜公园
奉贤区	古华公园	—	—	四季生态园、望春园、西渡公园
崇明区	瀛洲公园、新城公园	—	—	堡镇公园

3. 上海市公园的发展

随着城镇化进程的不断加快,人民生活水平的不断提高,以及社会老龄化速度的加快,市民群众的休闲需求激增。公园的游客数量急速增加,节假日更是人流剧增,对公园的安全、服务、维护等方面造成了巨大的压力。为适应市民的这些需求,上海公园建设速度不断加快,近两年每年新增公园 20～30 座。

2017 年,上海一些重点绿化项目取得重大进展。其中,上海黄浦江两岸 45 km 绿色公共空间全面贯通;世博文化公园启动区正式开工建设;外环生态专项全面竣工,完成腾地 2.84 km²,建绿 2.20 km²;桃浦、三林、张家浜、康家村等一批楔形绿地建设推进有力;植物园北区改扩建工程具备开工条件;浦江郊野公园、嘉北郊野公园、广富林郊野公园先后开放,全市共有 6 个郊野公园建成运行;崇明生态岛建设,东滩生态修复项目主体工程全面完成,东平森林公园改扩建完成项目选址及建设方案编制,并形成崇明三岛公共绿地发展规划、绿道规划和鸟类保护专项工作方案;上海大熊猫基地建设有序推进。

上海加快推进老公园改造,延长开放时间的公园达 133 座,占全市城市公园总数的 60% 以上;加强分类分级管理,新纳入城市公园 26 座,全市城市公园总数达到 243 座;建设街心花园 47 个;完成 8 家智慧公园示范园建设导则编写和方案设计;完成松江区新浜镇、嘉定安亭等 10 个开放型休闲林地项目验收,启动奉贤区开放型休闲林地示范点项目。

在"十三五"过后 3～5 年内,新增公园还将以每年 50～100 座的速度增加。未来上海市公园体系建设的思路从区域上打破原来的城区界限,由原来的城市公园体系转为城乡公园体系。由城市聚居区向比较开阔的郊区拓展。目前,上海在大力建设郊野公园,上海规划了 21 座郊野公园,总面积约 400 km²。首批试点的 7 个郊野公园已陆续开放,分别是青浦区的青西郊野公园、崇明区的长兴岛郊野公园、金山区的廊下郊野公园、闵行区的浦江郊野公园、嘉定区的嘉北郊野公园、松江区的广富林郊野公园和松南郊野公园。

12.2.2 环城绿带——以上海市为例

按照上海市绿地系统规划,规划集中城市化地区以各级公共绿地为核心,郊区以大型生态林地为主体,以沿"江、河、湖、海、路、岛、城"地区的绿化为网络和连接,形成"主体"通过"网络"与"核心"相互作用的市域绿化大循环,市域绿化总体布局为"环、楔、廊、园、林"。使城在林中,人在绿中,为林中上海、绿色上海奠定基础。

上海环城绿带分为 7 段:滨江森林到川杨河,约 34 km;川杨河段到徐浦大桥,约 26.2 km;徐浦大桥到莘庄立交,约 13.8 km;莘庄立交到吴淞江,约 11.7 km;吴淞江到沪宁铁路,约 4.3 km;沪宁铁路到蕴藻浜,约 6.9 km;蕴藻浜到同济路,约 15.7 km。其中,浦东段体量最大,约占总长度的一半以上,其余 6 段,分别贯穿徐汇、闵行、长宁、普陀、嘉定、宝山等 6 个区(图 12-3)。

1. 环郊区环线

环郊区环线长 180 km,规划两侧各约 500 m 的森林带,面积约 180 km²。

(1) 以生态林和经济林为主,采用"长藤结瓜"的方式,局部林地适当扩大。

(2) 结合沿线的人文景观、历史文化、旅游资源、观光农业、别墅区开发等,考虑旅游功能。

(3) 如沿线经过城镇,可根据具体规划适当减小林带宽度。

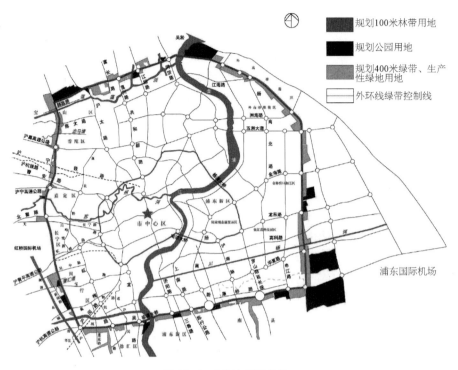

图 12-3　上海市环城绿带

2. 外环林带

外环线线全长 98.9 km。沿外环线外侧建设 500 m 环城林带,外环线内侧建设 25 m 宽绿带。环城林带总规划面积 62.08 km²,沿途穿越浦东、徐汇、闵行、长宁、嘉定、普陀、宝山等 7 个区,并串联了闵行体育公园、闵行文化公园、宝山顾村公园、上海滨江森林公园、浦东高东公园等 18 个大型公园和休憩绿地,形成了长藤结瓜式的完整结构。一期超过 40 km²,是由绿化局环城林带建设处负责资金投入、项目的协调推进和工程实施,二期是由各区负责实施。

环城林带以 500 m 为基本宽度,局部地区可以扩大规模,建设大型公园、苗圃、观光农业、休疗养院等及各具特色的主题公园。

环城林带的主要功能是限制中心城向外无序扩展蔓延。规划大量绿地、林地可以改善城市生态环境质量,并为市民提供节假日休闲游憩场所。

随着上海城市化的进一步发展,外环林带两侧均有居民区的分布。为满足居民的休闲游憩需求,原来封闭的外环林带要转变为可进入、可游憩的开放绿地,向城市公园的方向发展。由单一的生态隔离的功能,增加其休闲游憩的功能。根据《上海外环林带绿道建设实施规划》,至 2020 年,上海将建设总长 112 km 的外环林带绿道,串联起郊野公园、森林公园等绿色空间,以及一些历史景点、传统村落等,由原来的传统的城市公园体系向城乡公园体系发展。

3. 楔—楔形绿化

楔—楔形绿化指中心城外围向市中心楔形布置的绿地,能将市郊清新自然的空气引入中心城,对缓解中心城热岛效应具有重要作用。

规划中心城楔形绿地为 8 块,分别为桃浦、吴中路、三岔港、东沟、张家浜、北蔡、三林塘地区等,控制用地约为 69.22 km²。

规划建议在严格控制用地的前提下,采取多种方式,尽快实施楔形绿地。为沿城市道路、河道、高压线、铁路线、轨道线以及重要市政管线等纵横布置的防护绿廊,宽度满足专业系统要求。总面积约 320 km²。

4. 河道绿化

市管河道两侧林带每侧宽约 200 m,其他河道两侧林带每侧宽度 25～250 m 不等,合计总面积 185 km² 左右。

5. 道路绿化

高速公路两侧林带宽各 100 m,主要公路两侧各 50 m,次要公路两侧各 25 m,总面积约 120 km²。

中心城区道路绿化应与郊区高速公路、主要公路、次要公路绿带连接。结合城市快速干道和主要干道,构筑景观道路绿色廊道。中心城区的主要道路绿色廊道有:世纪大道、沪闵路—漕溪路—衡山路、虹桥路—肇嘉浜路、曹安路—武宁路、张杨路、杨高路等。

建设连接城市中心、副中心以及区级中心的林荫步道系统,单侧种植 2～3 排行道树。

12.3　建设平安智慧公园的必要性和重要性

为满足市民群众的日益增长的休闲需求,上海市增加了免费公园的数量,延长公园的开放时间,修建了更多的公园,尤其是郊野公园数量不断增加。随着公园的开放程度越来越高,公园内游客活动更加多元,治安环境也变得更加复杂。公园门口乱设摊现象屡禁不止,公园内流动摊贩、残疾车载客、噪声扰民、活禽交易、偷捕鸟类、私自养鱼、盗窃、赌博、吸毒、卖淫嫖娼等行为时有发生,扰乱了游园环境,造成游客财产损失,影响周边居民生活,市民群众意见反映强烈。

如 2012 年 9 月,松江警方获得线索,松江区浦南一带,有一伙人聚众进行"二八杠"赌博。警方深入调查发现,这个团伙组织架构严密,分工明确,有专人负责物色并设置聚赌场所、开车接送赌徒、放哨望风、讨债等不同"业务"。为逃避打击,这个开赌团伙在金山、松江等区流窜作案,而且首选树林、鱼塘附近的空旷地带,给警方调查、围捕带来困难。松江警方不断在露天赌场附近开展巡逻,迫使赌场转入室内。2012 年 10 月 24 日深夜,民警破门而入,在泖港镇的一个仓库将 80 余名涉赌人员全部抓获。类似的案件在宝山区、青浦区、闵行区、嘉定区等时有发生。

公园内的各种犯罪案件在国外也有报道。如 2012 年 10 月,上海警方破获了一起利用公共绿地进行聚众赌博的案件,将 80 余名涉赌人员全部抓获。类似的案件在宝山区、青浦区、闵行区、嘉定区等均有发生。在国外,发生在公共绿地内的治安及刑事案件也时见报道。如芝加哥的华盛顿公园,由于公园开发不均衡,成为南部犯罪活动最频繁的区域之一,白天也少有游人前来华盛顿公园散步和跑步。2016 年 7 月在纽约的中央公园曾发生一起爆炸事件,导致一名青年男子腿部严重受伤。

12.4 对于降低城市生态环境风险的展望

城市智慧园林生态环境质量自动监管平台是通过生态监测设备、物联网与云计算技术,实现对城市重要生态功能区、生态敏感区、自然保护区、城市绿地、郊野公园等生态环境全区域、全尺度、全天候监测;对相关资料和数据进行信息化、科学化管理,构建专业的分析评价模型,对海量的生态环境数据进行评估分析,从而获得城市生态环境质量的实时监测、动态管理、发展趋势、生态效益、预警及预防等科学指导意义,实现智慧城市经济、社会、生态可持续发展的目标。

1. 智慧园林生态系统数据库

统一管理园林资源、环境、生态、植被等多方面的数据,实现海量数据的管理(包括空间数据和非空间数据)、离线编辑、长事物处理和版本控制、面向对象的数据模型等。

2. 生态绿地环境质量监测

通过先进的在线监测手段,实时自动监测智慧城市内主要公园、生态绿地等城市绿地环境指标,如年空气污染指数(AQI)小于或等于 200 的天数、地表水 IV 类及以上水体比率、区域环境噪声平均值及城市热岛效应强度等,并对实时获取的数据进行后续的处理和分析,对生态环境风险管理提供依据。

3. 公共活动场所局部环境质量监测

市民喜欢在户外活动,良好的活动环境就变得非常重要,通过在线监测城市绿地周边的活动场所(包括小区、园区、学校、广场绿化带、屋顶花园等)的实时环境质量,并对实时获取的数据进行的处理和分析,为管理部门提供环境质量管理及相应的预警和预防依据。

4. 智慧园林生态效益综合评价

在不同尺度和层次上进行生态环境质量监测,分别为:

(1) 景观尺度(风景名胜区、自然保护区)

(2) 景观间尺度(城市公园、郊野公园、城市绿化带)

(3) 景观内尺度(学校绿化、小区绿化、园区绿化、道路绿化带)

(4) 单体景观尺度(屋顶花园、庭院)

通过平台搭建前后评价指标的对比分析及不同监测点位不同指标间的类比分析,构建智慧园林生态效益综合评价模型与体系。

5. 宣传教育与展示平台

通过网站、手机 APP、现场大屏幕等终端形式,对智慧园林的各类数据信息资源进行展示,建立平台的信息发布权限和反馈机制，向广大公众宣传智慧园林对智慧城市中生态环境效益的积极作用，同时通过APP实现和市民的生态环境监管、建议和反馈互动，提高市民爱护环境的意识。

6. 公园综合险

公园综合险的开发和推广将对公园风险管理起到分担分责的作用，并通过引入市场机制形成对公园风险管理的落地和提升。

参考文献

［1］吴贤国,王峰.R＝P×C法评价水下盾构隧道施工风险[J].华中科技大学学报(城市科学版),2005,22(4)：44-57.

［2］卢风.论科技转向与生态文化[M]//李建华.伦理学与公共事务:第2卷.北京:北京大学出版社,2008:55-70.

［3］李振基,陈小麟,郑海雷.生态学[M].4版.北京:科学出版社,2014.

［4］柳劲松,王丽华,宋秀娟.环境生态学基础[M].北京:化学工业出版,2003.

［5］蔡拓.试论生态要素对社会发展的影响[J].理论与现代化,2001(2):34-38.

［6］宋永昌.城市生态学[M].上海:华东师范大学,2000.

［7］TEEB. TEEB for local and regional policy makers[R]. TEEB-The Economics of Ecosystems and Biodiversity,2010.

［8］Bishop J. Economics of Ecosystems and Biodiversity in Business and Enterprise[J]. Austral Ecology, 2012, 36(6)：34-35.

［9］苏特尔.生态风险评价[M].尹大强,林志芬,刘树深,等,译.北京:高等教育出版社,2011.

［10］吕永龙,王尘辰,曹祥会.城市化的生态风险及其管理[J].生态学报,2018,38(2):359-370.

［11］中国环境与发展国际合作委员会.中国环境与发展:世纪挑战与战略抉择[M].北京:中国环境科学出版社,2007.

［12］USEPA. Risk assessment[EB/OL]. [2018-08-23]https://www.epa.gov/risk.

［13］卢静,孙宁,夏建新,等.中国环境风险现状及发展趋势分析[J].环境科学与管理,2012,37(1):10-16.

［14］许振成.基于环境风险理论的国家环境管理体系建设构想[J].环境保护,2017,45(5):20-22.

［15］徐琳瑜,江峰琴,尹皓,等.城市生态风险评价与管理[M].北京:科学出版社,2017.

［16］惕藤伯格.环境经济学与政策[M].朱启贵,译.上海:上海财经大学出版社,2003.

［17］周平,蒙吉军.区域生态风险管理研究进展[J].生态学报,2009,29(4):2097-2106.

［18］中华人民共和国国家质量监督检验检疫总局,中国国家标准化管理委员会.风险管理 风险评估技术:GB/T 27921—2011[S].北京:中国标准出版社,2011.

［19］杨文举,孙海宁.浅析城市化进程中的生态环境问题[J].生态经济(中文版),2002(3):31-34.

［20］陈卫平.城市生态风险管理关键问题与研究进展[J].生态学报,2017,38(14):1-10.

［21］上海市绿化和市容管理局,中国城市发展研究院.《全国城市生态保护与建设规划》专题分报告四—城市生态系统管理体制与机制研究[R].北京:[出版社不详],2015.

［22］韩德培.环境保护法教程[M].北京:北京法律出版社,2005.

［23］王金南,刘年磊,蒋洪强.新《环境保护法》下的环境规划制度创新[J].环境保护,2014,42(13):10-13.

［24］章维超,林晓东.完善我国环境影响评价制度的研究[J].低碳世界,2018,5:24-25.

［25］付贵荣.浅论生态环境监测的现状及发展趋势[J].低碳世界,2018,4:21-22.

[26] 施志源.环境标准的现实困境及其制度完善[J].中国特色社会主义研究,2016(1):95-99.

[27] 贾利佳,钟卫红.政府环境信息公开的现状、问题及展望[J].汕头大学学报(人文社会科学版),2018,34(2):74-80.

[28] 张锋.国外城市应急机制建设对我国的启示[J].经济论坛,2008(9):57-61.

[29] Jose Salazar. Environmental finance: liking two word: presented at a workshop on Financial Innovations for Biodiversity Bratislava[R]. Slovakia, Financial Innovations for Biodiversity,1998.

[30] 李树.金融业的"绿色革命"及其实施的策略选择[J].商业研究,2002(6):80-82.

[31] 李素英.环境生物修复技术与案例[M].武汉:中国电力出版社,2015.

[32] 郭廷忠.环境影响评价学[M].北京:科学出版社,2007.

[33] 潘懋,李铁锋.环境地质学[M].北京:高等教育出版社,2003.

[34] 左剑恶,杨洋,蒙爱红.高氨氮浓度下的亚硝化过程及其影响因素研究[J].环境污染与防治,2003,25(6):332-335.

[35] 王永桂,张万顺,夏晶晶,等.基于大数据的水环境风险业务化评估与预警研究[J].中国环境管理,2017,(2):43-50.

[36] 郑丙辉.流域水环境风险管理技术与实践[M].北京:科学出版社,2016.

[37] 张丞,祝慧娜.城市供水安全与河流污染风险预警[J].城市问题,2012(10):40-45.

[38] 何焰,由文辉.水环境生态安全预警评价与分析——以上海市为例[J].安全与环境工程,2004,11(4):1-4.

[39] 李桂秋,窦明,胡彩虹.郑州市水环境预警系统研究[J].气象与环境科学,2008,31(3):86-89.

[40] 庄巍,李维新,周静,等.长江下游水源地突发性水污染事故预警应急系统研究[J].生态与农村环境学报,2010,26(s1):34-40.

[41] 李珍明,蒋国强,朱锡培.上海地区黑臭河道治理技术分析[J].净水技术,2010,29(5):1-3.

[42] 吕佳佳,杨娇艳,廖卫芳,等.黑臭水形成的水质和环境条件研究[J].华中师范大学学报(自然科学版),2014,48(5):711-716.

[43] 钱嫦萍,陈振楼.城市河流黑臭的原因分析及生态危害[J].城市环境,2002(3):21-23.

[44] 李勇,王超.城市浅水型湖泊底泥磷释放特性实验研究[J].环境科学与技术,2003,26(1):26-28.

[45] 曹承进,陈振楼,黄民生.城市黑臭河道富营养化次生灾害形成机制及其控制对策思考[J].华东师范大学学报(自然科学版),2015(2):9-20.

[46] 河海大学《水利大辞典》修订委员会.水利大辞典[M].上海:上海辞书出版社,2015.

[47] 邓绶林.地学辞典[M].河北:河北教育出版社,1992.

[48] 白咸勇.城市河湖水华防治研究[J].北京水利,2003(5):8-9.

[49] 于瑞东.城市河道滨岸带改建与重构技术及应用分析[D].上海:华东师范大学,2010.

[50] Nilsson C, Berggren K. Alteration of riparian ecosystems caused by river regulation[J]. Bioscience, 2000,50(9): 783-792.

[51] 郝永平,冯鹏志.地球告急[M].北京:当代世界出版社,1998.

[52] 胡冠九,陈素兰,王光.中国土壤环境监测方法现状、问题及建议[J].中国环境监测,2018,34(2)10-19.

[53] 柳叶刀报告:环境污染和健康[EB/OL].(2017-10-22)[2018-9-23]http://www.sohu.com/a/199435073_778757.

[54] 王琪.城市环境问题[M].贵州:贵州科技出版社,2001.

[55] ZHANG R, WANG G, SONG G, et al. Formation of Urban Fine Particulate Matter[J]. Chemical Reviews, 2015,115(10)：3803-3855.

[56] 中国科学技术信息研究所. 英国伦敦雾霾治理措施与启示[EB/OL]. (2014-03-03)[2018-9-23]http://scitech. people. com. cn/n/2014/0303/c376843-24514293. html.

[57] 环境保护部,国家质量监督检验检疫总局. 环境空气质量标准:GB 3095—1996[S]. 北京:中国标准出版社,1996.

[58] 环境保护部,国家质量监督检验检疫总局. 环境空气质量标准:GB 3095—2012[S]. 北京:中国环境出版社,2012.

[59] 国务院办公厅.国务院关于印发大气污染防治行动计划的通知:国发〔2013〕37号[A/OL]. (2013-09-10)[2018-9-23]http://www. gov. cn/zwgk/2013-09/12/content_2486773. htm.

[60] 绿色和平发布 2017 年中国 365 个城市 PM$_{2.5}$ 浓度排名:"大气十条"目标完成,全国臭氧污染及非京津冀地区空气治理需加强[EB/OL]. (2018-01-10)[2018-9-23]https://www. greenpeace. org. cn/air-pollution-2017-city-ranking/.

[61] 上海市人民政府办公厅. 市政府办公厅印发《上海市空气重污染专项应急预案》:沪府办〔2014〕3号[A/OL]. (2014-01-11)[2018-9-23]http://www. shanghai. gov. cn/shanghai/node2314/node2319/n31973/n31979/u26ai37917. shtml.

[62] 上海市人民政府办公厅. 上海市空气重污染专项应急预案(2016版)[A/OL]. (2016-12-12)[2018-9-23]http://www. shanghai. gov. cn/shanghai/node2314/node2319/n31973/n32019/n32022/n32023/u21ai950184. shtml.

[63] 上海市人民政府办公厅. 上海市空气重污染专项应急预案(2018版)[A/OL]. (2018-06-04)[2018-9-23]http://www. shanghai. gov. cn/shanghai/node2314/node2319/n31973/n31991/u21ai1316153. shtml.

[64] 伏晴艳,张懿华,崔虎雄,等. 上海市 PM$_{2.5}$ 来源解析和防治对策研究[J]. 中国科技成果,2016,17(18):20-22.

[65] 上海市环境保护局. 上海市清洁空气行动计划(2013-2017)[Z/OL]. (2013-10-18)[2018-9-23]http://www. sepb. gov. cn/fa/cms/xxgk/AC45/AC4502000/AC4502001/2013/10/78420. htm.

[66] 农业废物利用:变废为宝[J]. 中国新技术新产品,2008(13):75.

[67] 衡容. 城市生活固体废弃物物流源头减量与企业责任问题研究[D]. 重庆:重庆理工大学. 2010.

[68] 王宁宁,陈武. 工业固体废弃物资源综合利用技术现状研究[J]. 农业与技术,2014(2):251-252.

[69] 董雪云,张金流,郭鹏飞. 农业固体废弃物资源化利用技术研究进展及展望[J]. 安徽农学通报,2014(18):86-89.

[70] 钱雨果. 城市精细景观格局对热环境的影响[D]. 北京:中国科学院生态环境研究中心,2015.

[71] Oke T R. The Heat Island of the Urban Boundary Layer：characteristics, causes and effects[M]//Wind Climate in Cities. Germany:Springer Netherlands, 1995:81-107.

[72] 姚远,陈曦,钱静. 城市地表热环境研究进展[J]. 生态学报,2018,38(3):1134-1147.

[73] Fan H, Sailor D J. Modeling the impacts of anthropogenic heating on the urban climate of Philadelphia：a comparison of implementations in two PBL schemes[J]. Atmospheric Environment, 2005, 39(1)：73-84.

[74] ZHOU X, WANG Y C. Spatial-temporal dynamics of urban green space in response to rapid urbanization and greening policies[J]. Landscape & Urban Planning,2011,100(3)：268-277.

[75] Memon R A, Leung D Y C, LIU C. A review on the generation, determination and mitigation of Urban Heat

Island[J]. Acta Scientiae Circumstantiae,2008,20(1)：120-128.

[76] Kovats R S, Hajat S. Heat Stress and Public Health：a critical review[J]. Annu Rev Public Health, 2008, 29(1)：41-55.

[77] White M A, Nemani R R, Thornton P E, et al. Satellite evidence of phenological differences between urbanized and rural areas of the Eastern United States Deciduous Broadleaf Forest[J]. Ecosystems,2002,5(3)：260-273.

[78] Grimm N B, Faeth S H, Golubiewski N E, et al. Global change and the ecology of cities[J]. Science, 2008, 319(5864)：756-760.

[79] Akbari H, Pomerantz M, Taha H. Cool surfaces and shade trees to reduce energy use and improve air quality in urban areas[J]. Solar Energy, 2001, 70(3)：295-310.

[80] Mohan M, Kandya A. Impact of urbanization and land-use/land-cover change on diurnal temperature range：A case study of tropical urban airshed of India using remote sensing data[J]. Science of the Total Environment, 2015,506-507：453-465.

[81] ZHENG B, Myint S W, FAN C. Spatial configuration of anthropogenic land cover impacts on urban warming [J]. Landscape & Urban Planning, 2014, 130(1)：104-111.

[82] ZHAO L, Lee X, Smith R B, et al. Strong contributions of local background climate to urban heat islands[J]. Nature, 2014, 511(7508)：216.

[83] 李海峰.多源遥感数据支持的中等城市热环境研究[D].成都:成都理工大学,2012.

[84] Peng S, Piao S, Ciais P, et al. Surface urban heat island across 419 global big cities[J]. Environmental Science & Technology,2012, 46(2)：696-703.

[85] US Environmental Protection Agency[EB/OL]. [2018-04-29]http：//www. epa. gov /heatisland /about / index. htm.

[86] 彭保发,石忆邵,王贺封,等.城市热岛效应的影响机理及其作用规律——以上海市为例[J].地理学报,2013, 68(11):1461-1471.

[87] 顾莹,束炯.上海近30年人为热变化及与气温的关系研究[J].长江流域资源与环境,2014,23(8):1105-1110.

[88] 谢志清,杜银,曾燕,等.长江三角洲城市集群化发展对极端高温事件空间格局的影响[J].科学通报,2017, (2):233-244.

[89] Robinson P J. On the definition of a Heat Wave[J]. Journal of Applied Meteorology, 2001, 40(4)：762-775.

[90] Koppe C, Kovats S, J endritzky G, et al. Heat-Waves：risks and responses[J]. Clima,2004,227(4)：458.

[91] Henschel A, Burton L L, Margolies L, et al. An analysis of the heat deaths in St. Louis during July, 1966[J]. American Journal of Public Health & the Nations Health, 1969,59(12)：2232-2242.

[92] Clarke J F. Some effects of the urban structure on heat mortality[J]. Environmental Research, 1972, 5(1)：93-104.

[93] Buechley R W, Bruggen J V, Truppi L E. Heat island = death island? [J]. Environmental Research, 1972, 5(1)：85-92.

[94] Jones T S, Liang A P, Kilbourne E M, et al. Morbidity and mortality associated with the July 1980 Heat Wave in St Louis and Kansas City, Mo[J]. Jama, 1982, 247(24)：3327-3331.

[95] Changnon S A, Kunkel K E, Reinke B C. Impacts and responses to the 1995 Heat Wave：a call to action[J].

Bulletin of the American Meteorological Society,1996,77(7):1497-1506.

[96] Kovats S. Heatwave of August 2003 in Europe: provisional estimates of the impact on mortality[J]. Eurosurveillance Weekly,2004,8(11).

[97] Fouillet A, Rey G, Laurent F, et al. Excess mortality related to the August 2003 heat wave in France[J]. International Archives of Occupational & Environmental Health, 2006,80(1):16-24.

[98] Rey G, Fouillet A, Bessemoulin P, et al. Heat Exposure and Socio-Economic Vulnerability as synergistic factors in Heat-Wave-Related Mortality[J]. European Journal of Epidemiology, 2009, 24(9):495-502.

[99] Dousset B, Gourmelon F, Laaidi K, et al. Satellite monitoring of summer heat waves in the Paris metropolitan area[J]. International Journal of Climatology,2011,31(2):313-323.

[100] Laaidi K, Zeghnoun A, Dousset B, et al. The impact of Heat Islands on mortality in Paris during the August 2003 Heat Wave[J]. Environmental Health Perspectives,2012,120(2):254-259.

[101] Conti S, Meli P, Minelli G, et al. Epidemiologic study of mortality during the Summer 2003 heat wave in Italy [J]. Environmental Research,2005,98(3):390-399.

[102] Smargiassi A, Goldberg M S, Plante C, et al. Variation of daily warm season mortality as a function of micro-urban heat islands[J]. J Epidemiol Community Health,2009,63(8):659-664.

[103] Gabriel K M A, Endlicher W R. Urban and rural mortality rates during heat waves in Berlin and Brandenburg, Germany[J]. Environmental Pollution,2011,159(8):2044-2050.

[104] TAN J, ZHENG Y, TANG X, et al. The urban heat island and its impact on heat waves and human health in Shanghai[J]. International Journal of Biometeorology,2010,54(1):75-84.

[105] Goggins W B, Chan E Y Y, Ng E, et al. Effect modification of the association between short-term meteorological factors and mortality by Urban Heat Islands in Hong Kong[J]. Plos One,2012,7(6):38551.

[106] Hamdi R, Degrauwe D, Termonia P. Coupling the Town Energy Balance (TEB) Scheme to an Operational Limited-Area NWP Model: evaluation for a highly urbanized area in Belgium[J]. Weather & Forecasting, 2012,27(2):323-344.

[107] Tomlinson C J, Chapman L, Thornes J E, et al. Including the urban heat island in spatial heat health risk assessment strategies: a case study for Birmingham, UK[J]. International Journal of Health Geographics, 2011,10(1):42.

[108] 中华人民共和国国务院.国家中长期科学和技术发展规划纲要(2006—2020)[R/OL].(2002-09-02)[2018-9-23]http://www.gov.cn/jrzg/2006-02/09/content_183787.htm.

[109] 中华人民共和国住房和城乡建设部.城市居住区热环境设计标准:JGJ 286—2013[S].北京:中国建筑工业出版社,2014.

[110] 中华人民共和国住房和城乡建设部.城市生态建设环境绩效评估导则(试行)[J].建设科技,2015,(22):6.

[111] 谢盼,王仰麟,彭建,等.基于居民健康的城市高温热浪灾害脆弱性评价——研究进展与框架[J].地理科学进展,2015,34(2):165-174.

[112] Luber G, Mcgeehin M. Climate change and extreme heat events[J]. American Journal of Preventive Medicine, 2008, 35(5):429-435.

[113] Kalkstein L S, Jamason P F, Greene J S, et al. The Philadelphia Hot Weather-Health Watch/Warning System: Development and Application, Summer 1995[J]. Bulletin of the American Meteorological Society,

1996, 77(7): 1519-1528.

[114] Palecki M A, Changnon S A, Kunkel K E. The nature and impacts of the July 1999 Heat Wave in the Midwestern United States: learning from the lessons of 1995[J]. Bulletin of the American Meteorological Society, 2001, 82(7): 1353-1368.

[115] Lowe, Dianne, Kristie L, et al. Heatwave Early Warning Systems and Adaptation Advice to reduce human health consequences of heatwaves[J]. Int J Environ Res Public Health, 2011, 8(12): 4623-4648.

[116] 谈建国,林松伯.上海热浪与健康监测预警系统[J].应用气象学报,2002,13(3):356-363.

[117] 汪庆庆,李永红,丁震,等.南京市高温热浪与健康风险早期预警系统试运行效果评估[J].环境与健康杂志,2014,31(5):382-384.

[118] Ching J, Brown M, Burian S, et al. National Urban Database and Access Portal Tool[J]. Bulletin of the American Meteorological Society, 2009, 90(8): 1157-1168.

[119] 孟春雷.城市地表特征数值模拟研究进展[J].地球科学进展,2014,29(4):464-474.

[120] Hondula D M, Georgescu M, Balling J R. Challenges associated with projecting urbanization-induced heat-related mortality[J]. Science of the Total Environment, 2014, 490(490C): 538-544.

[121] Adler M, Harris S. Krey M. Preparing for heat waves in Boston[R]. City of Boston Environment Department and Tufts University Department of Urban and Environmental Policy and Planning, 2010.

[122] Norton B A, Coutts A M, Livesley S J, et al. Planning for cooler cities: A framework to prioritise green infrastructure to mitigate high temperatures in urban landscapes[J]. Landscape & Urban Planning, 2015, 134: 127-138.

[123] 兰莉,林琳,杨超,等.哈尔滨市高温热浪健康风险早期预警系统运行效果评估[J].中国公共卫生管理,2016(4):441-443.

[124] 马大猷.噪声与振动控制工程手册[M].北京:机械工业出版社,2002.

[125] 方丹群.噪声控制工程学[M].北京:科学出版社,2013.

[126] 吕玉恒.噪声控制与建筑声学设备和材料选用手册[M].北京:化学工业出版社,2011.

[127] 中华人民共和国环境保护部.2017年中国环境噪声污染防治报告[EB/OL].(2017-06-01)[2018-9-23] http://dqhj.mee.gov.cn/dqmyyzshjgl/zshjgl/201706/t20170601_415153.shtml.

[128] 钟祥璋.建筑吸声材料与隔声材料[M].北京:化学工业出版社,2012.

[129] 上海其高电子科技有限公司.车辆违章鸣笛抓拍系统技术方案[Z/OL].[2018-9-23] http://www.keygotech.com/mingdisolution.html.

[130] 张乃琦.浅谈城市环境噪声污染成因及控制措施[J].现代农村科技,2016,(5):66.

[131] 上海市环境保护局,上海市公安局,上海市绿化和市容管理局.公共场所噪声控制规约编制工作手册(征求意见稿)[Z].上海:[出版者不详],2015.

[132] UNEP. What is biodiversity? [Z/OL]. [2018-09-23] http://www.unesco.pl/fileadmin/user_upload/pdf/BIODIVERSITY_FACTSHEET.pdf.

[133] Sukhdev P, Wittmer H, Schröterschlaack C, et al. A economia dos ecossistemas e da biodiversidade: integrando a economia da natureza: Uma síntese da abordagem, conclusões e recomendações do TEEB[R]. A economia dos ecossistemas e da biodiverdidade, 2010.

[134] Daly H E, Farley J, Daly H E, et al. Ecological economics: principles and applications[M]. Germany: Island

Press, 2004.

[135] Assessment M E. Ecosystems and Human Well-being: a framework for assessment[J]. Physics Teacher, 2003, 34(9): 534-534.

[136] General "flyways" used by migratory shorebird species[EB/OL]. [2018-09-23] https://figshare. com/ articles/_General_flyways_used_by_migratory_shorebird_species_/1485077.

[137] European Commission. Organization for Economic Co-operation and Development[J]. Journal of Japan Society on Water Environment, 2013, 14(7): 437-443.

[138] Löfvenhaft K, Runborg S, Sjögren-Gulve P. Biotope patterns and amphibian distribution as assessment tools in urban landscape planning[J]. Landscape & Urban Planning, 2004, 68(4): 403-427.

[139] Carrete M, Tella J L, Blanco G, et al. Effects of habitat degradation on the abundance, richness and diversity of raptors across Neotropical biomes[J]. Biological Conservation, 2009, 142(10): 2002-2011.

[140] Quesnelle P E, Fahrig L, Lindsay K E. Effects of habitat loss, habitat configuration and matrix composition on declining wetland species[J]. Biological Conservation, 2013, 160(1): 200-208.

[141] Blandón A C, Perelman S B, Ramírez M, et al. Temporal bird community dynamics are strongly affected by landscape fragmentation in a Central American tropical forest region[J]. Biodiversity & Conservation, 2016, 48(2): 1-20.

[142] 中国林业网《观鸟活动的世界背景》[EB/OL]. (2011-04-07)[2018-09-23] http://www. forestry. gov. cn/ main/3134/20110407/471518. html.

[143] 程翊欣,王军燕,何鑫,等. 中国内地观鸟现状与发展[J]. 华东师范大学学报(自然科学版),2013,(2):63-74.

[144] 德宏团结报. 叹息! 盈江网红翠鸟意外身亡曾吸引约3 000人观测拍摄[EB/OL]. (2018-05-11)[2018-09-23] http://www. dehong. gov. cn/news/dh/content-16-40771-1. html.

[145] 特瑟克,亚当斯. 大自然的财富:一场由自然资本引领的商业模式革命[M]. 王玲,侯玮如,译. 北京:中信出版社,2013.

[146] 文贤继,一席. 我们为什么能吸引9万只鸟来米埔越冬[EB/OL]. (2017-10-01)[2018-09-23] https://mp. weixin. qq. com/s/CRDGol1adrb_YqEB_gp1uw.

[147] 秦卫华,邱启文,张晔,等. 香港米埔自然保护区的管理和保护经验[J]. 湿地科学与管理,2010,6(1):34-37.

[148] 陈江妹,陈仉英,肖胜和,等. 国内外城市湿地公园游憩价值开发典型案例分析[J]. 中国园艺文摘,2011,27 (4):90-93.

[149] 北京大学. 北大的课|这堂"第一课",讲北大自然保护区[EB/OL]. (2017-11-04)[2018-09-23] https://mp. weixin. qq. com/s/hcWLDF2_sXvtf0nc0r0L7A.

[150] 周晋峰. 大学应成为生物多样性保护与教育基地. 中国生物多样性保护与绿色发展基金会[EB/OL]. (2018-05-28)[2018-09-23] http://www. cbcgdf. org/NewsShow/4854/5292. html.

[151] XU S. Detecting the response of bird communities and biodiversity to habitat loss and fragmentation due to urbanization[J]. Science of the Total Environment. 2018, 624(624).

[152] 高和然. 国际自然资本核算的理论和实践启示[EB/OL]. (2017-02-17)[2018-09-23] http://www. cecrpa. org. cn/zzjx/9707. htm.

[153] Designing a new type of insurance to protect the coral reefs, economies and the planet[EB/OL]. [2018-09-23] http://www. swissre. com/global_partnerships/Designing_a_new_type_of_insurance_to_protect_the_coral_reefs_

economies_and_the_planet. html.

[154] 彭真明,殷鑫.论我国生态损害责任保险制度的构建[J].法律科学(西北政法大学学报),2013,31(3):94-104.

[155] 杨艳华.保险学[M].厦门:厦门大学出版社,2016

[156] 张代军.保险学[M].2版.杭州:浙江大学出版社,2016.

[157] 雷冬嫦,李加明,周云.基于巨灾风险的可保性研究[J].经济问题探索,2010(7):108-111.

[158] 周道许.环境污染风险的社会化管理手段研究:我国环境污染责任保险发展的路径选择与制度构想[J].环境经济,2011(5):23-35.

[159] 李华.我国环境污染责任保险发展的路径选择与制度构建[J].南京社会科学,2010(2):105-110.

[160] 蓝寿荣,刘宇.强制性环境责任保险的制度必然性[J].甘肃理论学刊,2016(1):123-127.

[161] FENG Y, MOL P J, LU Y, et al. Environmental pollution liability insurance in China:compulsory or voluntary?[J]. Journal of Cleaner Production, 2014,70(1):211-219.

[162] FENG Y, MOL P J, LU Y, et al. Environmental pollution liability insurance in China:in need of strong government backing[J]. Ambio,2014,43(5):687-702.

[163] 林芳惠,苏祖鹏.美国环境责任保险制度对我国的启示[J].水土保持应用技术,2005(5):3-6.

[164] 杜鹃.论荷兰环境保险制度变迁对我国的启示[J].生产力研究,2011(5):153-155.

[165] 别涛,樊新鸿.环境污染责任保险制度国际比较研究[J].保险研究,2007(8):89-92.

[166] 张兴伟.日本环境污染赔偿责任保险的实践与启示[J].苏州大学学报(哲学社会科学版),2016(4):65-71.

[167] 中华人民共和国环保部,中国保监会.关于开展环境污染强制责任保险试点工作的指导意见[EB/OL].(2013-01-21)[2018-08-23]http://www.gov.cn/gongbao/content/2013/content_2396623.htm.

[168] 刘耀棋.我国开展污染责任保险的现状与展望[J].中国环境管理,1996(6):16-18.

[169] 关于《环境污染强制责任保险管理办法(征求意见稿)》的编制说明[Z/OL].(2017-07-24)[2018-09-23]http://www.hqwx.com/web_news/html/2017-7/15008879803082.html.

[170] 刘家沂.海洋生态损害的国家索赔法律机制与国际溢油案例研究[M].北京:海洋出版社,2010.

[171] 上海市绿化和市容管理局,上海公园管理事务中心.上海公园管理资料汇编[G].上海:[出版者不详],2018.

名 词 索 引